MARCHA CRIANÇA
INTEGRADO

2º ano

Maria Teresa Marsico

Professora graduada em Letras pela Universidade Federal do Rio de Janeiro (UFRJ) e em Pedagogia pela Sociedade Unificada de Ensino Superior Augusto Motta. Atuou por mais de trinta anos como professora de Educação Infantil e Ensino Fundamental das redes municipal e particular de ensino no município do Rio de Janeiro.

Armando Coelho de Carvalho Neto

Atua desde 1981 com alunos da rede oficial de ensino e professores das redes oficial e particular do Rio de Janeiro. Desenvolve pesquisas e estudos sobre metodologias e teorias modernas do aprendizado. É autor de obras didáticas para Ensino Fundamental e Educação Infantil desde 1993.

Maria Elisabete Martins Antunes

Professora graduada em Letras pela Universidade Federal do Rio de Janeiro (UFRJ). Atuou durante trinta anos como professora titular em turmas do 1º ao 5º ano na rede municipal de ensino do Rio de Janeiro.

Este livro pertence a: ______________________________

____

Escola: ______________________________

____

editora scipione

editora scipione

Diretoria editorial: Lidiane Vivaldini Olo
Editoria de Anos Iniciais do Ensino Fundamental: Heloisa Pimentel
Edição: Miriam Mayumi, Angela Adriana, Tais Freire Rodrigues, Leandro dos Reis Silva, Tereza Cristina de Freitas Gouveia, Naira Gomes dos Santos
Colaboração: Nathália Matsumoto
Supervisão de arte e produção: Sérgio Yutaka
Equipe de arte: Eber Alexandre de Souza, Mauro Roberto Fernandes, Ester Harue Inakake, Cleiton Caliman
Supervisão de arte e criação: Didier Moraes
Edição de arte e criação: Tyago Bonifácio da Silva
Design gráfico (capa e miolo): UC Produção Editorial
Gerência de revisão: Hélia de Jesus Gonsaga
Equipe de revisão: Rosângela Muricy (coord.); Ana Curci, Gloria Cunha, Luís Maurício Boa Nova e Vanessa de Paula; Flávia Venézio dos Santos e Gabriela Macedo de Andrade (estags.)
Supervisão de iconografia: Sílvio Kligin
Pesquisa iconográfica: Ana Maria de Andrade e Caio Mazzilli
Tratamento de imagem: Cesar Wolf e Fernanda Crevin
Ilustrações: Adelmo Naccari, Andrea Ebert, Camila de Godoy, Cassiano Röda, Evandro Luiz, Estúdio Mil, Fabiana Shizue, Fábio Sgroi, Hagaquezart, Hiroe Sasaki, Ilustra Cartoon, José Luis Juhas, José Rodrigues, Jurandir Ribeiro, MW Editora Ilustrações Ltda., Osni de Oliveira, Sérgio Cântara
Cartografia: Mario Yoshida

Direitos desta edição cedidos à Editora Scipione S.A.
Avenida das Nações Unidas, 7221, 3º andar, Setor D
Pinheiros – São Paulo – SP – CEP 05425-902
Tel.: 4003-3061
www.scipione.com.br/atendimento@scipione.com.br

Dados Internacionais de Catalogação na Publicação (CIP)
(Câmara Brasileira do Livro, SP, Brasil)

Marsico, Maria Teresa
Marcha criança: integrado: ensino fundamental: língua portuguesa, matemática, história, geografia, ciências, inglês, arte / Maria Teresa Marsico, Maria Elisabete Martins Antunes, Armando Coelho de Carvalho Neto, – 3. ed. – São Paulo: Scipione, 2014.

Obra em 5 v.

1. Arte (Ensino fundamental) 2. Ciências (Ensino fundamental) 3. Geografia (Ensino fundamental) 4. História (Ensino fundamental) 5. Inglês (Ensino fundamental) 6. Matemática (Ensino fundamental) 7. Português (Ensino fundamental) I. Antunes, Maria Elisabete Martins. II. Carvalho Neto, Armando Coelho de. III. Título.

14-02320 CDD–372.19

Índices para catálogo sistemático:
1. Ensino integrado: Livros-texto: Ensino Fundamental 372.19

2018
ISBN 978 85 262 9392-2 (AL)
ISBN 978 85 262 9393-9 (PR)
Cód. da obra CL 738659
CAE 497801 (AL) / 497782 (PR)
3ª edição
4ª impressão

Impressão e acabamento:EGB Editora Gráfica Bernardi Ltda

Uma publicação Abril EDUCAÇÃO

MARCHA CRIANÇA INTEGRADO

Sumário

APRESENTAÇÃO

Querido aluno, querida aluna,

Preparamos esta coleção com muito carinho especialmente para você. Ela está repleta de situações e atividades motivadoras que certamente despertarão seu interesse e lhe proporcionarão momentos de alegria e muitas descobertas. Esperamos que com ela você encontre satisfação no constante desafio de aprender!

Ao final de cada unidade, apresentamos como novidade a seção **De olho...**, com a qual você e seus colegas poderão ampliar seus conhecimentos nas diferentes disciplinas.

Crie, opine, participe, aprenda e colabore para transformar o mundo em um lugar melhor. E lembre-se de compartilhar seus conhecimentos com os colegas e com o professor, oferecendo um grande exemplo de solidariedade, amizade e cidadania.

Bons estudos e um forte abraço!

Maria Teresa, Maria Elisabete e Armando

CONHEÇA SEU LIVRO

Este livro é composto de sete disciplinas.

As disciplinas regulares estão divididas sempre em quatro unidades. Cada unidade termina com a nova seção **De olho...**

No final de cada disciplina, você encontrará algumas sugestões de leitura para aprofundar seus conhecimentos.

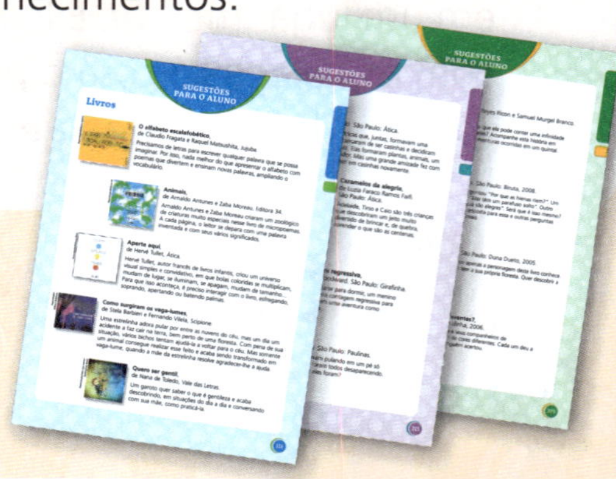

Em papel especial, um material exclusivo complementa as atividades do livro.

Para complementar seu aprendizado, você ainda receberá, à parte, um caderno de atividades.

Língua Portuguesa

SUMÁRIO

Unidade

1

Histórias contadas em versos

Andrea Ebert/Arquivo da editora

O QUE VOU ESTUDAR?

- Leitura e compreensão
- O alfabeto
- Encontro vocálico; encontro consonantal
- Sílabas

Texto 1

A peteca do pinto

Um pinto maluco
levado da breca,
cismou que queria
brincar de peteca.

E como peteca
em casa não tinha,
foi logo pedir
pra sua mãezinha.

A dona galinha
ouviu o pedido
e disse: "Não tenho,
meu filho querido.

Por que, em vez disso,
não vai ao quintal
e brinca com a bola
ou com o Tico? Que tal?"

Após dizer isso,
a dona galinha
virou-lhe as costas
e foi à cozinha.

Ilustrações: Ilustra Cartoon/Arquivo da editora

Então, nessa hora,
o pinto sagaz
notou: "Quantas penas,
ali, bem atrás!"

E o pinto maluco,
levado da breca,
pensou lá consigo:
"É a minha peteca!"

Pulou com vontade
e as penas puxou.
A dona galinha
um susto levou!

Mas já era tarde.
E muitas peninhas
o grande peralta
consigo já tinha.

A dona galinha
ficou furiosa.
Pegou o malandro
e disse, chorosa:

"Você não tem pena
de mim, nessa hora?"
E o pinto maluco
mostrou: "Tenho agora!"
[...]

Ilustrações: Ilustra Cartoon/Arquivo da editora

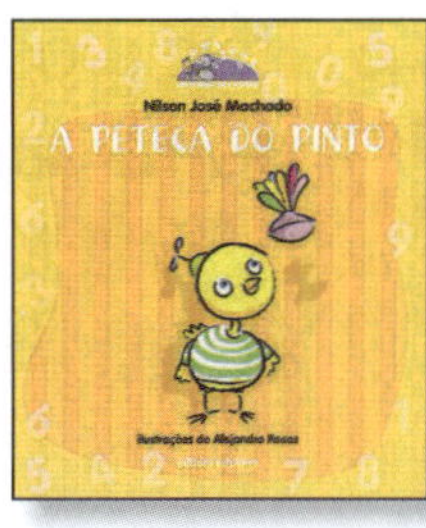

Reprodução/Editora Scipione

A peteca do pinto, de Nílson José Machado.
São Paulo: Scipione, 2005.

levado da breca: travesso.

POR DENTRO DO TEXTO

1. O que o pinto queria?

____

2. Por que ele não conseguia fazer aquilo que desejava?

____

____

3. Ligue cada palavra a seu significado.

peralta	que age como louco
cismou	pensou com insistência; teimou em fazer
maluco	esperto, observador
sagaz	travesso, traquina

4. A mesma palavra pode ter significados diferentes dependendo da frase em que estiver sendo usada. Complete os espaços com a palavra **pena**.

a) Ele juntou cada ______________ da galinha.

b) Ele morreu de ______________ dela.

- Explique o que você entendeu de cada frase.

____

____

____

5. Releia os quatro versos finais do poema e indique o significado de **pena** para a dona galinha e para o pintinho.

____

____

APRENDENDO GRAMÁTICA

O alfabeto

1. Em voz alta, diga o nome de cada animal. Depois, escreva o nome deles.

LeonP/Shutterstock/Glow Images

Mogens Trolle/Shutterstock/Glow Images

Ragozina/Shutterstock/Glow Images

Para falar, produzimos sons.
Para escrever, representamos os sons com letras.
O conjunto de letras de nossa língua é chamado de **alfabeto**.
Nosso alfabeto tem 26 letras.

Ao escrever, usamos **letras minúsculas** e **letras maiúsculas**.

O alfabeto minúsculo

a b c d e f g h i j k l m n o p q r s t u v w x y z

a b c d e f g h i j k l m n o p q r s t u v w x y z

O alfabeto maiúsculo

A B C D E F G H I J K L M N O P Q R S T U V W X Y Z

A B C D E F G H I J K L M N O P Q R S T U V W X Y Z

As letras **k**, **w** e **y** são utilizadas em nomes próprios (Karina, Wilson, Yolanda, por exemplo), em abreviaturas e símbolos (kg: quilograma; km: quilômetro, por exemplo) e em palavras estrangeiras (como *show* e *delivery*).

2. Complete a lista escrevendo o nome de coisas ou pessoas das quais você gosta iniciadas com as letras indicadas.

A de abraço e de ______

B de Bianca e de ______

C de caderno e de ______

D de desenho e de ______

E de escola e de ______

F de família e de ______

G de gato e de ______

H de história e de ______

I de iogurte e de ______

J de jogo e de ______

K de Kátia e de ______

L de lanche e de ______

M de mãe e de ______

N de natureza e de ______

O de Otávio e de ______

P de passear e de ______

Q de queijo e de ______

R de recreio e de ______

S de Sol e de ______

T de televisão e de ______

U de Universo e de ______

V de vida e de ______

W de Wílson e de ______

X de xadrez e de ______

Y de Yara e de ______

Z de zoológico e de ______

Ordem alfabética

Você já sabe quais são as letras que formam o alfabeto. Verifique mais uma vez, prestando atenção na ordem alfabética.

a b c d e f g h i j k l m n o p q r s t u v w x y z

No alfabeto, as letras seguem uma ordem, isto é, uma vem após a outra obedecendo a uma sequência: o **b** vem depois do **a**; o **c** vem depois do **b**... até chegar ao **z**.

Às vezes, as palavras devem ser organizadas seguindo a **ordem alfabética**. Para isso, temos de observar a primeira letra de cada palavra e seguir a ordem das letras no alfabeto.

Leia estas palavras e observe a letra destacada:

castelo **a**reia **f**orte **d**edo **b**arraca

Colocando as palavras na sequência do alfabeto, temos:

areia **b**arraca **c**astelo **d**edo **f**orte

1. Dê exemplos de situações em que a ordem alfabética é utilizada.

____

____

2. Leia as palavras, circule a primeira letra de cada uma e, depois, escreva-as em ordem alfabética.

menino palavra gente alegria carinho

____

____

3. No caderno, escreva o nome de quatro amigos seus em ordem alfabética.

4. No dicionário, as palavras aparecem em ordem alfabética. Veja uma página de dicionário:

Dd

dentada — **desamarrar**

dentada (den-ta-da) *substantivo*
1. Ferimento com os dentes; mordida: *Os cachorros bravos dão **dentadas** em quem se aproxima deles.* 2. Pedaço tirado com os dentes: *Ana deu uma **dentada** na maçã, antes de oferecê-la.*

dente (den-te) *substantivo*
1. Cada um dos órgãos duros que existem na boca do homem e de outros animais e que servem para morder e mastigar os alimentos: *O homem adulto tem 32 **dentes**.* 2. O que se assemelha a esse objeto: *Mamãe colocou dois **dentes** de alho no feijão.* 3. Cada uma das pontas de certos objetos: ***dente** do pente.*

dentista (den-tis-ta) *substantivo*
Aquele que tem como profissão cuidar dos dentes das pessoas; odontologista: *Para ter bons dentes, devemos sempre examiná-los no **dentista**.*

dentro (den-tro) *advérbio*
Do lado interior; no interior: *O domador fechou a jaula com o leão **dentro**.*

depois (de-pois) *advérbio*
Em seguida: *Maio é o quinto mês do ano; junho vem **depois**.*

depósito (de-pó-si-to) *substantivo*
Lugar onde se guarda grande quantidade de um produto: *O **depósito** de vinhos chama-se adega.*

depressa (de-pres-sa) *advérbio*
Com pressa; com rapidez; em pouco tempo: *Faça a prova **depressa**, está na hora de entregá-la.*

derramar (der-ra-mar) *verbo*
1. Fazer um líquido correr para fora de onde estava: *Luís esbarrou no copo e **derramou** o vinho.* 2. Deixar correr: ***derramar** lágrimas.*

derreter (der-re-ter) *verbo*
1. Tornar líquido: *A cozinheira **derreteu** a manteiga para fazer o bife.* 2. Tornar-se líquido: *O gelo **derreteu-se** com o calor.*

desabotoar (de-sa-bo-to-ar) *verbo*
Abrir o que estava abotoado, tirando o botão da casa: ***Desabotoou** o casaco para tirá-lo.*

desagradável (de-sa-gra-dá-vel) *adjetivo*
Que não é agradável: *Quando está chovendo muito, é **desagradável** andar a pé.* [Plural: *desagradáveis*.]

desamarrar (de-sa-mar-rar) *verbo*
Soltar o que estava amarrado; desatar: *Ana **desamarrou** o laço do sapato.*

103

Editora Positivo/Arquivo da editora

Aurelinho: dicionário infantil ilustrado da língua portuguesa, de Aurélio Buarque de Holanda Ferreira. Curitiba: Positivo, 2008.

a) Essa página de dicionário mostra palavras iniciadas por qual letra?

____

b) Depois dessa letra, qual será a próxima apresentada?

____

c) Por que você pode afirmar isso?

____

ESCREVENDO CERTO

b ou **p**

1. Qual é o nome certo? Circule-o.

Ilustrações: Ilustra Cartoon/ Arquivo da editora

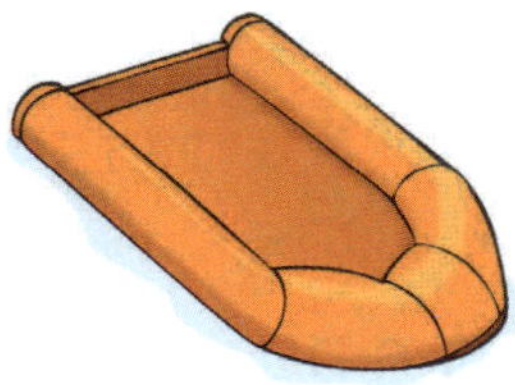

pote

bote

puxa

bucha

bato

pato

pode

bode

bule

pule

pasta

basta

2. Resolva os enigmas e escreva as palavras.

CA +  – RÇO +  – BO ____________________

 – PO +  ____________________

3. Circule no quadro apenas as palavras que o professor ditar.

batata	bicada	batida	patada
picada	partida	porta	bico
pia	bota	pico	Bia

d ou t

1. Escreva o nome das figuras. Depois, troque a letra **d** pela letra **t** e escreva as novas palavras.

Ilustrações: Ilustra Cartoon/ Arquivo da editora

2. Escreva o nome das figuras. Depois, encontre cada um no diagrama e circule-os.

D	R	T	S	W	K	L	X	Z	G	H	Y	P
D	E	S	P	E	R	T	A	D	O	R	F	T
Q	G	H	J	L	P	A	X	F	R	T	L	A
C	B	N	M	K	D	T	F	P	Z	A	T	P
B	G	H	J	H	L	U	W	S	W	T	C	E
E	B	P	X	W	N	S	A	R	Y	Z	W	T
S	F	C	A	D	E	I	R	A	C	R	T	E
C	X	T	H	J	P	N	L	B	M	Z	U	W
A	W	M	O	Q	V	H	K	L	X	T	C	L
D	R	T	X	M	O	N	T	A	N	H	A	Y
A	Q	V	S	T	D	W	S	Z	K	P	N	V
X	Z	E	W	C	Q	Z	M	P	H	T	O	R
S	O	L	D	A	D	O	Q	T	H	J	D	T
W	Z	I	H	J	K	T	Y	U	T	W	N	C
R	S	W	A	C	A	D	E	A	D	O	P	E

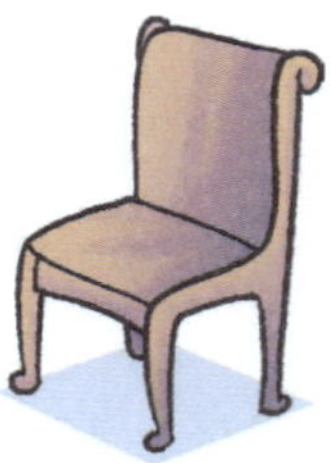

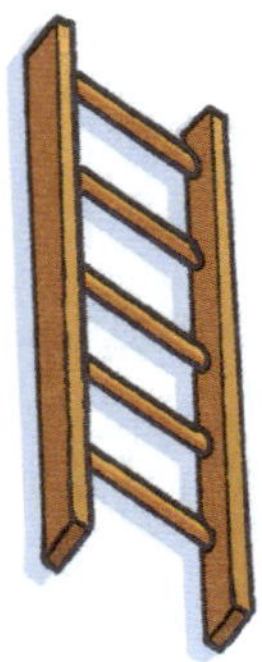

- Agora, escolha duas dessas palavras e forme frases com elas no caderno.

Texto 2

Era uma vez

Era uma vez
um mato
verde e compacto.

Tenho o retrato.

A serra veio.
O fogo veio.
Veio o homem feio.

Natureza,
cadê teu espaço
de abraço?!

Ilustra Cartoon/Arquivo da editora

Reprodução/Editora FTD

Ver de ver, de Maria Dinorah.
São Paulo: FTD, 1992.

compacto: fechado, denso.

POR DENTRO DO TEXTO

1. Complete os espaços com as palavras do quadro.

versos	título	poema	feio
rimam	retrato	espaço	Maria Dinorah

Este texto é um ______________ composto de dez ______________.

Seu ______________ é **Era uma vez**.

As palavras que ______________ são **mato**, **compacto** e ______________;

veio e ______________; ______________ e **abraço**.

A autora do poema é ______________.

2. De que o poema trata?

____

3. Pinte os versos que indicam como a natureza foi destruída.

4. Observe as fotos e indique o verso que corresponde a cada uma.

Mark Kelley/Getty Images

Árvore sendo derrubada por motosserra.

____

Ricardo Azoury/Pulsar Imagens

Floresta sendo destruída por queimada.

____

APRENDENDO GRAMÁTICA

Vogais – Encontros vocálicos/ Consoantes – Encontros consonantais

1. Complete as palavras do poema com duas ou mais vogais.

Gato-palheiro

Galo acord______,
Marreco c______,
Galinha grit______,
Peru fug______,
Ganso brig______,
Pato sum______.

Gato-palh______ro
Dentro do galinh______ro
É bagunça o dia int______ro.

Ilustra Cartoon/Arquivo da editora

Mais brasileirinhos!, de Lalau e Laurabeatriz. São Paulo: Cosac & Naify, 2003.

Quando há duas ou mais vogais juntas na mesma palavra, temos um **encontro vocálico**.

2. O texto a seguir foi escrito sem os encontros vocálicos. Complete as palavras.

Lugar de lixo é no lixo, reciclar é uma b______ id______, p______s b______ro entupido c______sa enchente e traz d______nça m______to sér______.

A poluição tem solução!, de Guca Domenico. São Paulo: Nova Alexandria, 2009. Texto adaptado.

3. Circule as consoantes que aparecem juntas nas palavras do quadro.

néctar	fortes	árvores	Brasil

- Agora, complete o texto com essas palavras.

Besouro serra-pau

Que besourão! Chega a medir até 16 cm. Vive em todo o ____________, gosta de mel e ____________ de plantas. Tem mandíbulas muito ____________ e bonitas, que os índios usam para fazer colares. Os índios também comem as larvas do serra-pau, que encontram em troncos de ____________ caídas.

Bem brasileirinhos!, de Lalau e Laurabeatriz. São Paulo: Cosac & Naify, 2004.

4. As palavras a seguir foram escritas sem os encontros consonantais. Complete-as.

bici______eta

______ores

li______o

Ilustrações: Ilustra Cartoon/ Arquivo da editora

co______a

so______ete

______ocodilo

es______ela

ti______e

cade______o

Quando duas ou mais consoantes aparecem juntas na mesma palavra, elas formam um **encontro consonantal**.

Letra maiúscula e letra minúscula

Roberto Tetsuo Okamura/Shutterstock/Glow Images

Leia a frase e observe as palavras em destaque.

Conhecido em todo o Brasil, o ipê é uma árvore que embeleza paisagens.

As palavras **Conhecido** e **Brasil** se iniciam por letra maiúscula.

Nas outras palavras da frase, a primeira letra é minúscula.

Usamos **letra maiúscula** no início de frases e no começo do nome de pessoas (ou apelido), países, cidades, ruas, escolas, títulos de livros e de revistas, por exemplo.

1. Leia o parágrafo.

Olá! Meu nome é Carlos Eduardo, mas vocês podem me chamar de Cadu. Esse é meu apelido. Moro no Rio de Janeiro, tenho 7 anos, estou no 2º ano e gosto muito de ler.

- Agora, complete com as informações do texto.

a) nome de pessoa: ____________________

b) apelido: ____________________

c) nome de cidade: ____________________

d) palavras que iniciam frase: ____________________

2. Em uma folha avulsa, desenhe o que está indicado em cada quadro e escreva o nome correspondente empregando letra maiúscula no início.

meu(minha) melhor amigo(a)

meu país

minha escola

ESCREVENDO CERTO

c ou **g**

1. Escreva o nome dos animais na coluna certa.

nomes que têm a letra **c**	nomes que têm a letra **g**	nomes que têm a letra **c** e **g**

2. Complete o quadro com o nome das figuras.

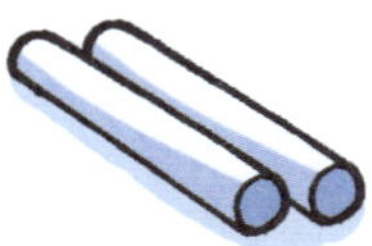 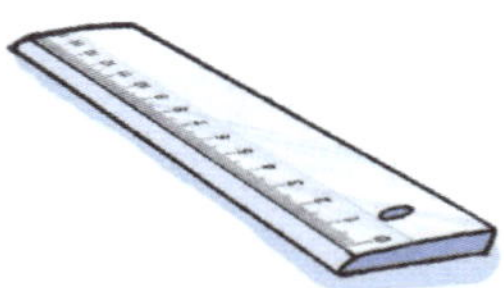  

Ilustrações: Ilustra Cartoon/ Arquivo da editora

nomes de material escolar que têm a letra **c**	nomes de material escolar que têm a letra **g**

f ou v

1. Copie, substituindo as imagens pelas palavras iniciadas por **f** ou **v**.

a)  não é .

c)  não é .

b)  não é .

d)  não é .

2. Qual é a letra que falta no nome de cada figura: **f** ou **v**? Descubra e complete as palavras.

ele____ante

____iolão

____ogueira

Ilustrações: Ilustra Cartoon/ Arquivo da editora

____amília

nu____ens

o____os

- Agora, escolha duas palavras e forme uma frase com elas.

Texto
3

Quem tem medo de quê?

Eu vou contar pra você
o que é meu maior segredo.
Há uma coisa no mundo
que me mete muito medo!

Não tenho medo de pai,
nem de mãe e nem de irmão.
Mas eu tenho muito medo
do barulho do trovão!

Do trovão? Mas que bobagem!
Que medo mais infantil!
Quando o trovão faz barulho
o raio até já caiu... [...]

Ilustra Cartoon/Arquivo da editora

Sabe do que eu tenho medo?
Que me dói o coração?
Até me arrepia a espinha...
Tenho medo de injeção!

Ah, injeção eu não gosto,
mas não fico apavorada.
Existe só uma coisa
que me deixa até gelada...

Ilustra Cartoon/Arquivo da editora

Do que eu tenho muito medo,
que me deixa num apuro...
É uma coisa meio besta:
é ter de ficar no escuro...

Que medo mais bobo o seu!
É verdade, eu asseguro,
que é só acender a luz
e pronto! Acabou-se o escuro!

Quem tem medo de quê?, de Ruth Rocha.
São Paulo: Global, 2003.

Reprodução/Editora Global

asseguro: garanto.

POR DENTRO DO TEXTO

1. Quais são os medos citados no texto?

2. Você já sentiu algum desses medos?

3. Que solução é dada para o medo de ficar no escuro?

4. O texto que você leu é um poema. Quantos versos e quantas estrofes há nele?

5. Releia a 4ª estrofe do poema.

a) Circule as palavras que rimam.

b) Copie o trecho substituindo as palavras que você circulou por outras que também rimam.

c) Escreva a palavra que tem sentido contrário de **medo**.

6. E você? Quais são seus medos? No caderno, faça uma lista com alguns deles.

APRENDENDO GRAMÁTICA

Sílaba

1. Leia o texto.

Muito antes de existir *videogame*, **computador** e brinquedos vendidos em lojas, as crianças brincavam com **boneca** de pano, **pipa**, carrinho de **rolimã**, tudo feito à **mão**.

Júlio Costa/Futura Press

carrinho de rolimã

a) Agora, leia em voz alta as palavras destacadas e verifique que elas são pronunciadas em partes. Observe este exemplo:

RO	LI	MÃ

Cada grupo de sons de uma palavra chama-se **sílaba**. Toda sílaba apresenta uma ou mais vogais.

b) Escreva o nome das figuras, colocando uma sílaba em cada quadrinho. Dica: consulte as palavras destacadas no texto.

Ilustra Cartoon/Arquivo da editora

2. Leia o bilhete que Juliana enviou à amiga e observe as palavras destacadas.

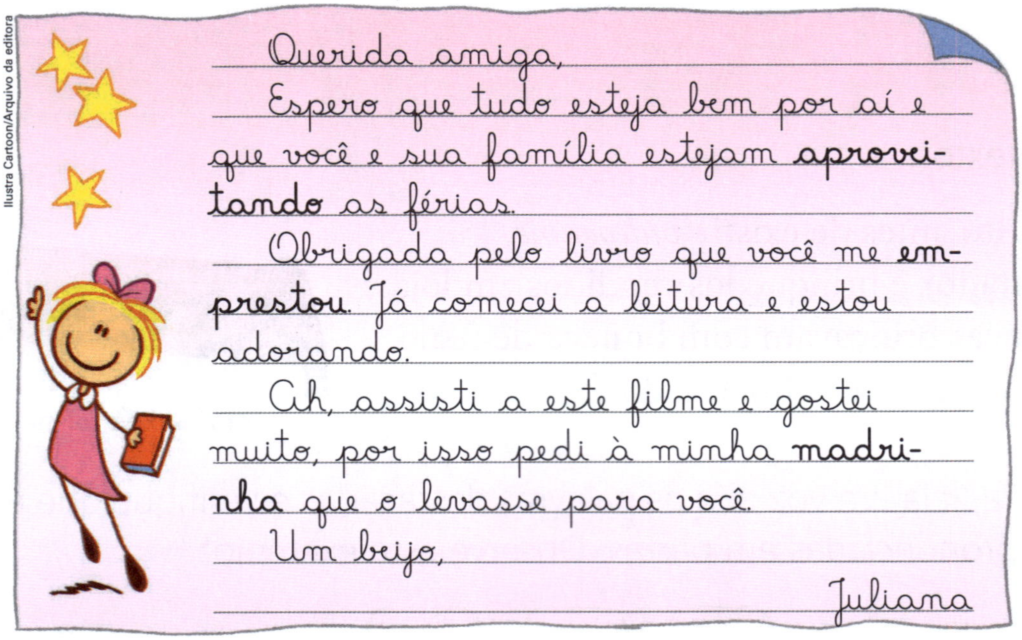
Querida amiga,

Espero que tudo esteja bem por aí e que você e sua família estejam **aprovei-tando** as férias.

Obrigada pelo livro que você me **em-prestou**. Já comecei a leitura e estou adorando.

Ah, assisti a este filme e gostei muito, por isso pedi à minha **madri-nha** que o levasse para você.

Um beijo,

Juliana

Ilustra Cartoon/Arquivo da editora

- Agora, imagine que você está escrevendo um bilhete e que algumas palavras não cabem inteiras na mesma linha. Faça como Juliana e separe as sílabas. Dica: observe as letras já escritas nos quadrinhos.

bem → [____m]

sua → [____] - [____]

aproveitando → [a] - [____o] - [____ei] - [____n] - [do]

livro → [____] - [vr____]

assisti → [____s] - [s____s] - [____]

Fique por dentro!

Ao separar as sílabas das palavras, as letras **ss** e **rr** ficam sempre separadas.

ESCREVENDO CERTO

m antes de **p** e **b**; **m** e **n** em final de sílaba

1. Observe as ilustrações e complete os espaços com as consoantes **m** ou **n**.

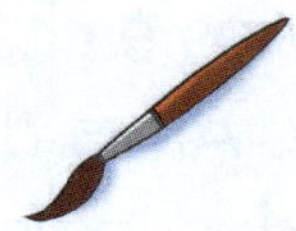

Ilustra Cartoon/
Arquivo da editora

â_____cora e_____xada lâ_____pada pi_____cel

be_____gala bo_____beiro ca_____peão ba_____bu

a) Releia as palavras e pinte de amarelo a consoante que vem depois de cada espaço que você completou.

b) Complete os espaços e leia a informação.

Antes das consoantes **p** e **b** empregamos _____.

Antes das demais consoantes empregamos _____.

2. Complete os espaços com as palavras que o professor vai ditar.

a) A _______________ é um animal selvagem.

b) As meninas caminharam para o _______________.

c) Alguém comeu o meu _______________?

d) O _______________ começa em junho.

e) _______________ o _______________ estava bom.

De olho no dicionário

O verbete

No dicionário, cada palavra que vem acompanhada de seus significados é chamada **verbete**. Além dos significados, o verbete também pode trazer exemplos de uso da palavra, a separação silábica, entre outras informações. Veja:

CASAMENTO - CATAPORA

CASAMENTO (CA-SA-MEN-TO) (*substantivo*)
Cerimônia realizada diante de testemunhas e autoridades, para unir duas pessoas que resolvem viver juntas.

CASCAVEL (CAS-CA-VEL) (*substantivo*)
Cascavel é um tipo de cobra que vive geralmente em regiões secas. Ela tem guizo ou chocalho na ponta da cauda.

CASTELO (CAS-TE-LO) (*substantivo*)
Um tipo de casa enorme, com muitos cômodos, às vezes cercada por muralhas. Era a residência de reis e seus familiares, em tempos antigos na Europa.
*No conto que Maiara escreveu, a princesa foi presa em um quarto do **castelo**.*

CASTIGAR (CAS-TI-GAR) (*verbo*)
Castigar é fazer alguém sofrer por causa de um comportamento considerado errado.

CASTIGO (CAS-TI-GO) (*substantivo*)
Castigo quer dizer o ato de castigar. O mesmo que punição.

CASULO (CA-SU-LO) (*substantivo*)
É uma espécie de capa de fio de seda. Nela, algumas larvas ficam certo tempo, para mais tarde se transformarem em insetos.
*A mariposa, em seu desenvolvimento, vive em **casulo**.*

CATACLISMO (CA-TA-CLIS-MO) (*substantivo*)
Cataclismo é um desastre muito grande. O mesmo que calamidade.

CATÁLOGO (CA-TÁ-LO-GO) (*substantivo*)
Catálogo é uma lista de nomes de pessoas, endereços, serviços, livros, etc. Geralmente, o catálogo é organizado em ordem alfabética.

CATAPORA (CA-TA-PO-RA) (*substantivo*)
É uma doença causada por vírus, que provoca febre e manchas na pele. Quando contaminada, a pessoa pode passar a doença para outras.
*É comum as crianças terem **catapora**.*

A B Cc D E F G H I J K L M N O P Q R S T U V W X Y Z

59

Meu primeiro dicionário escolar da língua portuguesa, de Waldemar Ferreira Netto. São Paulo: Scipione, 2006.

- Responda no caderno:

a) Quantos verbetes há nessa página de dicionário?

b) Circule o primeiro e o último verbetes que aparecem nessa página do dicionário.

c) Ainda nessa página, onde mais aparecem as palavras que você circulou?

d) Você sabe por que essas palavras estão escritas nesse lugar? Observe com atenção e explique.

Unidade 2

Ler é uma brincadeira

Andrea Ebert/Arquivo da editora

O QUE VOU ESTUDAR?

- Leitura e compreensão
- Emprego de sinais (acentuação e pontuação)
- Emprego correto das letras
- Palavras e frases

Texto 1

Brincando com a rima

Hoje senti vontade
de fazer do poema o amigo.
Chamei a rima: — Ei, amizade,
venha brincar comigo!
E lhe dei a mão na ciranda,
e a rima virou menina,
que canta, que roda, que anda,
que encanta e que fascina.
Depois, jogamos bola
num campinho inventado,
e a rima, que não se enrola,
virou menino levado.
Feito pipa colorida,
voamos num pé de vento,
e fomos recriar a vida
nas asas do pensamento.
Vamos lá, chegou a hora:
"Batatinha-frita, um, dois, três!"
Acho que a rima, agora,
também quer brincar com vocês.

Ilustra Cartoon/Arquivo da editora

Na corda bamba, de Hardy Guedes Alcoforado Filho.
São Paulo: Scipione, 2007.

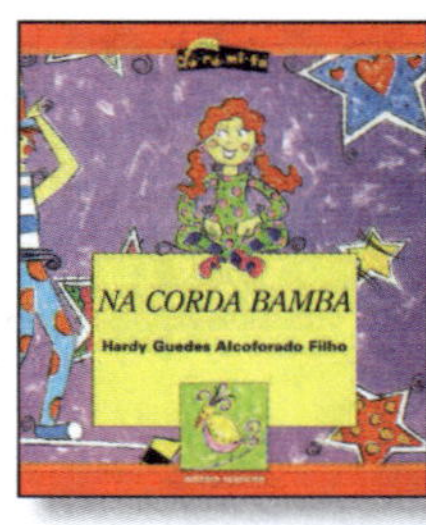

Reprodução/Editora Scipione

ciranda: dança de roda.
pé de vento: vento forte, rajada de vento.

POR DENTRO DO TEXTO

1. Quantas estrofes o poema apresenta?

____

Fique por dentro!

Nos poemas, quando há a repetição de um som no final dos versos, dizemos que as palavras **rimam** e que no poema existe **rima**.

2. Circule, com cores diferentes, as palavras que rimam. O que essas palavras têm em comum?

____

____

3. Copie do poema as palavras que rimam com estas:

amigo ____________________ colorida ____________________

menina ____________________ três ____________________

ciranda ____________________ inventado ____________________

4. O poeta diz que sentiu vontade de fazer do poema o amigo. Quem ele chamou para brincar com ele? ____________________

5. No que a rima se transformou, na imaginação do poeta:

a) quando ele lhe deu a mão na ciranda?

____

b) quando eles jogaram bola no campinho inventado?

____

APRENDENDO GRAMÁTICA

Acento agudo e acento circunflexo

Releia estes versos do poema e observe as palavras destacadas.

"Vamos **lá**, chegou a hora:
'Batatinha-frita, um, dois, **três**!'
Acho que a rima, agora,
também quer brincar com **vocês**."

O sinal colocado sobre a vogal **a** na palavra **lá** e na vogal **e** na palavra **também** ´ é chamado **acento agudo**, e o sinal colocado sobre a vogal **e** nas palavras **três** e **vocês** ^ é chamado **acento circunflexo**.

1. Leia as palavras e pinte de amarelo as que possuem acento agudo (´), e de verde as que possuem acento circunflexo (**^**).

maracujá	álbum
helicóptero	lápis
pônei	brócolis
remédio	tênis
Matemática	câmera
vôlei	alô
contêiner	hambúrguer

zcw/Shutterstock/Glow Images

brócolis

koya979/Shutterstock/Glow Images

contêiner

2. Use as palavras indicadas para completar as frases.

a) e — é

Minha mãe ______ professora ______ meu pai ______ mecânico.

b) aí — ai   esta — está

______, esta torrada ainda ______________ quente! Cuidado, não encoste ______! ______________ torradeira pode queimar você.

c) bebê — bebe

O ______________ já ______________ suco de frutas.

d) maiô — maio

Em ______________ fez muito calor! Então, Laura aproveitou para ir à praia com seu ______________ novo.

3. Escreva o nome das figuras.

- Palavras com acento agudo.

Ilustra Cartoon/ Arquivo da editora

______________ ______________ ______________

- Palavras com acento circunflexo.

______________ ______________ ______________

Emprego do til

Era **verão**, e a pata estava chocando uma **porção** de ovos.

Observe as palavras **verão** e **porção**. Nelas, sobre a vogal **a** foi colocado o sinal ~. Esse sinal chama-se **til** e é usado sobre as vogais **a** e **o** para indicar som nasal.

1. Leia estas palavras que apresentam **til**.

zangão	João
leitões	tubarão
anões	feijões
camaleão	ímã
aviões	almeirão
campeões	botões

- Agora, copie-as na coluna correta.

palavras com **til** na vogal **a**	palavras com **til** na vogal **o**

2. Complete as frases com o nome das figuras.

a) Dizem que o ____________________ é o rei dos animais.

b) Comi duas ____________________ enquanto assistia à ____________________.

c) Deixei os ____________________ assando no forno do novo ____________________.

d) Machuquei a ____________________ brincando com o ____________________.

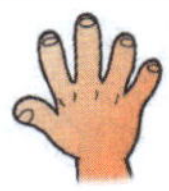 

e) Os ____________________ estão frescos.

3. Leia o poema e coloque o **til** nas palavras em que esse sinal está faltando.

A minha família

Eu gosto da
minha mae,
do meu pai,
do meu irmao.
Nem sei como
tanta gente
cabe no
meu coraçao!

Ilustrações: Ilustra Cartoon/Arquivo da editora

Por enquanto eu sou pequeno, de Pedro Bandeira.
São Paulo: Moderna, 2004.

ESCREVENDO CERTO

r inicial; **rr**; **r** entre vogais (**r** fraco)

1. Leia esta frase e observe as palavras destacadas.

Nesta **região**, os agricultores plantam **beterraba**, **cenoura** e **abóbora**.

Anna Kucherova/ Shutterstock/Glow Images

Nattika/Shutterstock/ Glow Images

Viktar Malyshchyts/ Shutterstock/Glow Images

- Em todas as palavras destacadas aparece a consoante **r**. Pronuncie-as em voz alta e preste atenção no som do **r**.

2. Leia estas palavras e preste atenção no som do **r** e do **rr**.

parede	cadeira	picareta	roupa
risada	régua	sorriso	arranhão
carroça	ferrugem	arrepio	farinha
arroz	rapaz	sarampo	rua

a) Agora, escreva as palavras na coluna correta.

palavras com **rr**	palavras que começam com **r**

b) Complete os espaços observando as colunas da atividade anterior.

O som do **r** é forte em palavras com _____ e em palavras __________ por **r**.

c) Que palavras não foram escritas no quadro? Por quê? Responda oralmente.

d) Assinale a alternativa correta.

- O som do **r** nas palavras **sorriso** e **risada** é:

☐ fraco. ☐ forte.

- O som do **r** nas palavras **parede** e **farinha** é:

☐ fraco. ☐ forte.

e) Complete os espaços e leia as informações sobre os sons do **r**.

O som forte do **r** pode ser representado por **r** no __________________

da palavra ou por _____ no meio da palavra: **r**apadura e a**rr**oz.

Já o som fraco do **r** é representado por **r** entre ________: sa**r**ampo.

3. Ordene as sílabas.

ra	jar		ra	ca	bar		tor	da	ra		ro	car

Ilustrações: Ilustra Cartoon/ Arquivo da editora

______________ ______________ ______________ ______________

- Agora, complete:

As letras **rr**, na separação de sílabas, ficam ____________________.

Texto 2

Infância 2

Joguei pião na terra,
Fiz piquenique na serra,
Quebrei bolinha de gude,
Corri o mais que pude, [...]
Ganhei uma bola nova,
Machuquei os dois pés,
Assustei um gato,
Um cachorro me assustou,
Capturei um rato,
Minha mãe não gostou,
Colecionei gibi,
Disco voador eu não vi,
Troquei figurinha,
Comi paçoquinha,
Me escondi no quintal,
Usei chapéu de jornal, [...]
Assisti filme de terror,
No calor, senti frio,
No frio, senti calor,
Peguei balão no telhado,
Brinquei de caubói,
Brinquei de índio,
Brinquei de soldado,
Fui um desenho animado.

Girassóis e outras poesias, de Lalau e Laurabeatriz.
São Paulo: Companhia das Letrinhas, 1995.

capturei: prendi.

POR DENTRO DO TEXTO

1. Quantos versos há nesse trecho do poema **Infância 2**?

2. Leia em voz alta os seguintes pares de palavras: **terra/serra**, **gato/rato**, **quintal/jornal**.

- Qual é a semelhança entre as palavras em cada par?

3. Você já aprendeu que a semelhança de sons no final dos versos de um poema produz bonitos efeitos sonoros. Qual é o nome desse recurso?

4. Releia estes versos e observe as ações destacadas.

"Joguei pião na terra,
Fiz piquenique na serra,
Quebrei bolinha de gude,
Corri o mais que pude,"

- Essas ações:

☐ já aconteceram.

☐ vão acontecer.

5. No poema **Infância 2** as lembranças são de um adulto ou de uma criança?

APRENDENDO GRAMÁTICA

Sinais de pontuação

1. Leia as palavras do quadro e use-as para completar os espaços do texto. Mas atenção: coloque também o sinal que as acompanha.

, mas	Rabicó,	os noivos.
, as galinhas	disse:	nada.
nenhuma.	Pedrinho?	festa,

O casamento

[de Emília com o marquês de Rabicó]

[...] Vieram vindo ______________________ Emília, de vestido branco e véu; ______________________ de cartola e faixa de seda em torno do pescoço. Vinha muito sério ______________________ assim que se aproximou da mesa e sentiu o cheiro das cocadas, ficou de água na boca, assanhadíssimo. Não viu mais ______________________

Logo depois veio o padre e casou-os.

[...]

Os outros animais do sítio, as cabras ______________________ e os porcos, também assistiram à ______________________ mas de longe. Olhavam, olhavam, sem compreenderem coisa ______________________

Terminada a festa, Narizinho ______________________

— E agora, ______________________

— Agora — respondeu ele — só falta a viagem de núpcias.

[...]

Reinações de Narizinho, de Monteiro Lobato.
São Paulo: Brasiliense, 1993.

Os sinais que acompanham as palavras são chamados **sinais de pontuação**.

?	Ponto de interrogação →	Este sinal indica uma pergunta.
!	Ponto de exclamação →	Este sinal indica que a frase expressa alegria, admiração, surpresa, medo ou ordem.
.	Ponto-final →	Este sinal é empregado no final de frase ou de texto.
,	Vírgula →	Este sinal é empregado para separar palavras em uma frase.
:	Dois-pontos →	Este sinal indica que alguém vai começar a falar.
—	Travessão →	Este sinal indica o início da fala de alguém.

2. Leia a piada e coloque os dois-pontos : e o travessão —.

Pescaria

Um pescador chega na beira do rio e pergunta para o outro pescador que já estava lá ☐

☐ Está bom para peixe?

☐ Está ótimo. Até agora, não peguei nenhum.

Meu primeiro livro de piadas, de Ângela Finzetto (criação). São Paulo: Todolivro, [s.d.].

3. Leia as frases a seguir e observe as ilustrações.

☐ Veja o que eu ganhei____

☐ Ganhei um boné____ uma camiseta e um chaveiro.

☐ Quem fala____

☐ Vou guardar os brinquedos na caixa____

Ilustrações: Ilustra Cartoon/Arquivo da editora

- Agora, faça o que se pede.
  a) Complete as frases com a pontuação adequada.
  b) Numere o quadrinho de cada frase de acordo com a ilustração correspondente.

ESCREVENDO CERTO

h inicial

1. Observe as ilustrações e escreva a palavra correspondente.

Ilustrações: Ilustra Cartoon/Arquivo da editora

a) O  pertence ao grupo dos mamíferos. ____________________

b) Hebe cuida da . ____________________

c) Xi! A  do helicóptero parou. ____________________

- Agora, leia em voz alta as palavras que se iniciam por **h**.

2. Complete os espaços com **h** e leia as palavras em voz alta.

____iena	____istória	____orta	____umor
____ino	____ospital	____arpa	____omem

- Preencha o diagrama com as palavras acima.

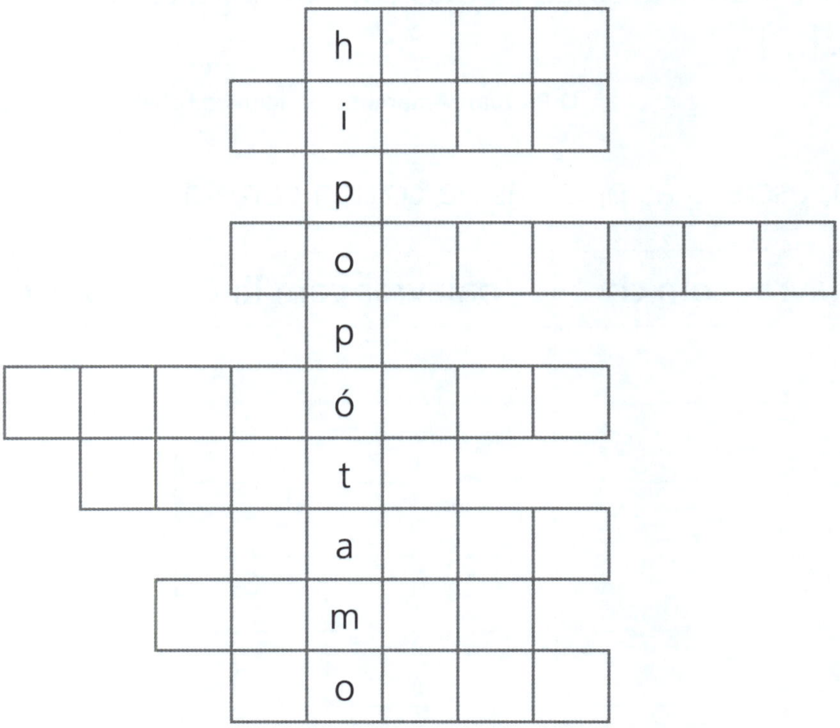

ch, lh, nh

1. Leia o texto e circule as palavras que têm **h**.

Branca de Neve e os meninos

Lá no castelo de Branca de Neve os meninos ouviam a história da galante princesinha contada por ela mesma.

— Pois é assim — dizia Branca. — A minha perversa madrasta tanto fez que me transformou em princesa. Isto é o que se chama atirar no que vê e acertar no que não vê. Os anõezinhos me salvaram. Veio o príncipe e casei-me.

[...]

Narizinho falou a Branca de Neve da maravilhosa fita que andava correndo o mundo com o título "Branca de Neve e os sete anões", feita pelo famoso Walt Disney.

— Quem é esse Disney?

— Oh, um gênio! — berrou Emília. — O maior gênio moderno [...]. Faz desenhos animados, mas com uma graça de a gente chorar de gosto. [...]

O Picapau Amarelo, de Monteiro Lobato. São Paulo: Brasiliense, 1994.

a) Agora, escreva as palavras na coluna correta.

palavras com **ch**	palavras com **lh**	palavras com **nh**

b) Leia as informações e complete os espaços com **ch**, **lh** e **nh**.

Na palavra **cachorro**, as letras ______ e **h** formam o grupo ______, que representa o som **chê**.

Na palavra **abelha**, as letras ______ e ______ formam o grupo ______, que representa o som **lhê**.

Na palavra **galinha**, as letras ______ e ______ formam o grupo ______, que representa o som **nhê**.

2. Escreva na coluna correta as palavras que o professor vai ditar.

palavras com **ch**	palavras com **lh**	palavras com **nh**
______	______	______
______	______	______
______	______	______
______	______	______
______	______	______

3. Complete as palavras com as sílabas do quadro. Depois, leia em voz alta as frases formadas.

chi	nha	lho	cho	lhi	che	nho	lha

a) Pedri______ tem uma mo______la toda verme______.

b) Quando a campai______ tocou, eu disse logo: é a vovó ______gando com o bolo de ______colate.

c) Os fi______tes de animais mamíferos mamam.

d) A abe______nha produz mel.

Texto 3

Casa da Vovó

Se a pedra
não é pedra,
ou se a pedra
não é nada,
esta pedra disfarçada
o que ela é, então?
Uma pedra pode ser
só pedregulho
ou também
— e que barulho! —
pode ser um avião...

Se a panela
da cozinha
de uma casa
não tem cabo
mas tem asa,
se transforma
num condor.
E se eu bato
no bumbum
desta panela,
num instante
viro índio
e ela vira
meu tambor...

Ilustra Cartoon/Arquivo da editora

E a corda
que inda ontem
era serpente
agora há pouco,
e de repente,
ficou sendo um cipó...

Pois um dia
nunca é
igual ao outro,
e tudo isso —
quem diria? —
no quintal
da minha vó...

Ilustra Cartoon/Arquivo da editora

Reprodução/Formato Editorial

Amigos do peito, de Cláudio Thebas.
São Paulo: Formato Editorial, 2009.

condor: ave de cerca de 1 metro de comprimento, com plumagem negra e colar de plumas brancas.

POR DENTRO DO TEXTO

1. A criança do poema brinca com brinquedos reais ou imaginados?

____

2. O que acontece nessa forma de brincar?

____

____

3. A criança do poema usa a imaginação para transformar certos objetos em brinquedos. Pinte de acordo com o código.

(verde) Objetos com que a criança brinca.

(azul) Brinquedos imaginados pela criança.

[ ]

[ ]

[ ]

Ilustrações: Ilustra Cartoon/ Arquivo da editora

[ ]

[ ]

[ ]

4. Agora, relacione as palavras aos brinquedos imaginados pela criança.

1	pedra	[ ]	condor, tambor
2	panela	[ ]	serpente, cipó
3	corda	[ ]	avião

5. Ao bater no fundo da panela, o que a criança imagina?

6. A criança diz que "um dia nunca é igual ao outro". Por que você acha que ela diz isso?

7. Circule a palavra abaixo que rima com **pedregulho**.

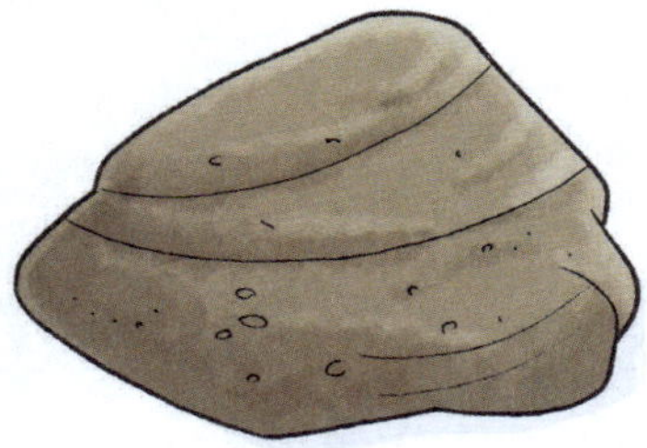

Ilustrações: Ilustra Cartoon/Arquivo da editora

avião | barulho | pedra

8. Que som você usaria para indicar o barulho do tambor?

APRENDENDO GRAMÁTICA

Frase

Paulinho está confuso. Ele recebeu um bilhete de um amigo, mas não entendeu nada.

> *Amanhã, hoje à casa eu sua ou irei.*

Ilustrações: Ilustra Cartoon/ Arquivo da editora

Paulinho pensou, pensou e reescreveu o bilhete colocando as palavras na ordem correta, até conseguir entender a mensagem de seu amigo. Veja:

> *Hoje ou amanhã, eu irei à sua casa.*

Colocando as palavras em ordem, Paulinho construiu uma **frase**.

A frase pode ser formada por uma palavra ou mais e transmite uma ideia. A frase se inicia por letra maiúscula e termina com um sinal de pontuação.

1. Faça um **X** nas alternativas que transmitem uma ideia.

☐ Esqueci meu livro.

☐ muito hoje arroz.

☐ calor banho quente não esse com.

☐ Eu gosto de chocolate, e você?

2. Leia as frases abaixo. Depois, observe as ilustrações e escreva nos balões a frase mais adequada a cada situação.

Silêncio! Socorro! Liberdade!

Ilustrações: Ilustra Cartoon/Arquivo da editora

Frase afirmativa e frase negativa

1. Leia as frases e explique o que elas têm de diferente.

Montamos a árvore de Natal.

Não montamos a árvore de Natal.

Nesta frase é feita uma **declaração afirmativa**.

Nesta frase é feita uma **declaração negativa**.

____

2. Reescreva as frases empregando a palavra **não**.

a) Você pode sair agora.

____

b) Eu vou pesquisar a palavra no dicionário.

____

c) Papai chegou de viagem.

____

d) Acabei de ler o livro.

____

e) Gosto de dias chuvosos.

____

- Agora, complete os espaços e leia a informação.

Para transformar frases declarativas ______________ em frases declarativas ______________, podemos empregar a palavra ______________.

ESCREVENDO CERTO

c ou ç

1. Leia as palavras do quadro e copie-as na coluna certa.

abraço	cigarra	palhaço	cabelo	morcego
balanço	cidade	calçada	caçula	coqueiro
criança	onça	açucareiro	paçoca	bagaço

palavras com **c**	palavras com **ç**	palavras com **c** e **ç**

Ilustrações: Ilustra Cartoon/Arquivo da editora

Fique por dentro!

O sinal colocado embaixo do **c** é chamado **cedilha**. Quando usamos a cedilha, a letra **c** representa o mesmo som que a letra **s** na palavra **sopa**: lou**c**a ⟶ lou**ç**a.

Usamos a cedilha somente depois das vogais **a**, **o** ou **u**.

2. Reescreva as palavras usando a **cedilha**. Veja o exemplo.

caco _caço_ tranca ____________

faca ____________ forca ____________

De olho no dicionário

Ordem alfabética

Observe a reprodução de uma página de dicionário.

Na página observada, todas as palavras começam com as mesmas letras (**c** seguido de **a**). Quando a primeira letra é igual, a segunda letra determina a ordem das palavras. Quando a segunda letra também é igual, observa-se a terceira. E assim por diante.

Cc

caos — caramelo

caos (ca-os) *substantivo*
Grande confusão ou desordem: *"Menino, vem já arrumar esse quarto que está um **caos**!".*

capa (ca-pa) *substantivo*
1. Parte externa, de papelão, couro ou outro material, que protege e prende as páginas de livro, revista, caderno, etc.
2. Peça do vestuário que se usa sobre a roupa para protegê-la, ou proteger quem a veste, da chuva.
3. Aquilo que serve para cobrir: *a **capa** do sofá.*

capacidade (ca-pa-ci-da-de) *substantivo*
1. Número de pessoas ou de outras unidades que podem caber num determinado lugar: *Este ônibus tem **capacidade** para trinta pessoas.*
2. Qualidade que uma pessoa tem de possuir para alcançar determinado fim: *A professora disse que Pedro tem **capacidade** para fazer boa prova.*

capim (ca-pim) *substantivo*
Nome de várias plantas de folhas longas e finas. O capim é usado para alimentar o gado.

capital (ca-pi-tal) *substantivo*
Cidade onde se acha o governo de um País ou de um Estado: *Brasília é a **capital** do Brasil. Belo Horizonte é a **capital** de Minas Gerais.*

capítulo (ca-pí-tu-lo) *substantivo*
Divisão de um livro, de uma novela, etc.: *Este livro não é muito grande, só tem seis **capítulos**.*

capivara (ca-pi-va-ra) *substantivo*
Animal mamífero, o maior dos roedores. Gosta de viver onde há capim, às margens dos rios, brejos e lagos e perto das matas. Anda em grupos, sai em geral à noite e nada muito bem.

capota (ca-po-ta) *substantivo*
Parte que cobre um automóvel ou a cabine de um caminhão ou de outro veículo.

capotar (ca-po-tar) *verbo*
Cair (o automóvel, o caminhão), girando sobre a capota, ficando de rodas para cima ou voltando a ficar sobre as rodas: *Como a estrada estava cheia de lama, o automóvel **capotou**.*

cara (ca-ra) *substantivo*
1. A parte anterior da cabeça.
2. Expressões do rosto.

caracol (ca-ra-col) *substantivo*
1. Molusco terrestre de concha redonda. Alimenta-se de folhas.
2. Qualquer coisa em forma da concha do caracol.

caramelo (ca-ra-me-lo) *substantivo*
1. Calda de açúcar queimado, própria para cobrir alguns doces.
2. Bala de chocolate, leite, etc.

70

Aurelinho: dicionário infantil ilustrado da língua portuguesa, de Aurélio Buarque de Holanda Ferreira. Curitiba: Positivo, 2008.

- Responda no caderno:

a) Explique por que a palavra **capim** vem antes da palavra **capital**.

b) Explique por que a palavra **caramelo** vem depois da palavra **caracol**.

Unidade

3

Animais reais e irreais

O QUE VOU ESTUDAR?

- Leitura e compreensão
- Identificação e emprego do substantivo
- Emprego correto das letras

Texto
1

Eles mamam na infância

Ao observar os cachorros, os gatos e outros animais de estimação, a gente começa a perceber como é o mundo dos mamíferos. Por que mamíferos? Ué, porque todos os bichos desse grupo mamam quando nascem.

O leite, alimento indispensável dos filhotes, é produzido por suas mães. Nós, humanos, também somos mamíferos.

Além de mamar, os mamíferos costumam ter pelos. Alguns, muitos; outros, poucos. E são animais de sangue quente, quer dizer, têm o corpo sempre com a mesma temperatura, ao contrário dos répteis, que têm sangue frio e precisam ficar no sol para se aquecer.

Quem pensa que todos os mamíferos têm quatro patas engana-se. Há mamíferos diferentes, que mais parecem peixes, como as baleias e os golfinhos, que vivem toda a vida na água. Há mamíferos que voam, como os morcegos. Há até mamíferos que botam ovos, como o ornitorrinco, um bicho que vive lá na Austrália.

Os mamíferos comem praticamente de tudo e são encontrados em quase todas as regiões do planeta.

Existem mais de 4 mil espécies de mamíferos, cerca de 800 delas no Brasil. No entanto, por aqui não existem mamíferos terrestres grandes, como elefantes ou rinocerontes. Mas o mar brasileiro recebe a visita dos maiores mamíferos que existem, as baleias.

[...]

Bichos brasileiros, de Frederico Mengozzi. São Paulo: Globo, 2004.

Reprodução/Editora Globo

AnetaPics

cão

AnetaPics/Shutterstock/Glow Images

gato

Natali Glado/Shutterstock/Glow Images

golfinho

Claude Huot/Shutterstock/Glow Images

baleia

Ivan Kuzmin/Shutterstock/Glow Images

morcego

worldswildlifewonders/Shutterstock/Glow Images

ornitorrinco

POR DENTRO DO TEXTO

1. Releia o primeiro parágrafo e copie o trecho que possibilitou que o título do texto fosse **Eles mamam na infância**.

____

____

2. Indique os mamíferos mencionados no texto.

____

____

- Complete os espaços, de acordo com o texto.

  a) Mamíferos que vivem na água: ____________ e golfinhos.

  b) Mamífero que ____________: morcego.

  c) Mamífero que bota ovo: ____________.

  d) Mamíferos terrestres ____________: elefantes e ____________.

  e) O ____________ dos mamíferos: baleia.

  f) Mamíferos de estimação: ____________ e ____________.

3. Indique em que parágrafos do texto são tratados os assuntos a seguir.

a) Definição de animal mamífero e sua alimentação.

____

b) Características físicas e biológicas dos mamíferos.

____

c) Alimentação e distribuição dos mamíferos no planeta.

____

APRENDENDO GRAMÁTICA

Substantivo

1. Leia as palavras e use-as para completar o quadro a seguir.

Lili	queijo	tartaruga	arroz	borracha
peteca	Ruth	Fernando	sopa	raposa
caderno	régua	ioiô	grilo	bambolê

palavras que indicam		
pessoa	**brinquedo**	**alimento**
bairro	**material escolar**	**animal**

a) Por que uma das partes do quadro não foi preenchida?

____

____

____

b) Escreva no quadro palavras que indicam bairros de sua cidade.

Fique por dentro!

Cada uma das palavras que você escreveu nos espaços do quadro da página anterior recebe o nome de **substantivo**.

O substantivo indica o nome dos seres: pessoas, animais, plantas e objetos, por exemplo.

2. Leia as dicas e escreva o substantivo correspondente. Depois, complete a cruzadinha com os substantivos.

1 Calçado que cobre o pé. ____________

2 Animal que se locomove saltando e alimenta-se de insetos. ____________

3 Pequeno objeto que produz som quando assoprado. ____________

4 Objeto redondo com o qual se joga futebol. ____________

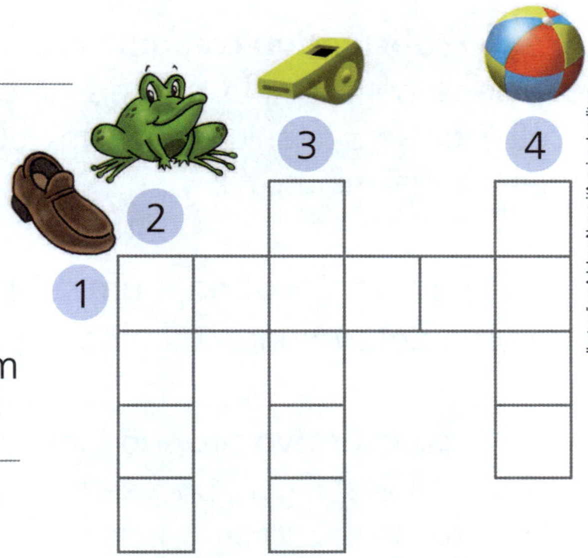

Ilustrações: Adelmo Naccari/Arquivo da editora

3. Observe os exemplos e escreva as palavras correspondentes.

alegre *alegria*	educado *educação*
sedento ____________	mole ____________
rápido ____________	sonolento ____________
esperto ____________	valente ____________
bondoso ____________	faminto ____________

Fique por dentro!

Cada uma das palavras que você escreveu indica sentimentos e sensações. Cada uma delas é um **substantivo**.

Substantivo comum e substantivo próprio

Leia esta frase:

Carolina e as outras meninas comeram melancia.

O **substantivo** pode ser **comum** ou **próprio**.

As palavras **meninas** e **melancia** são substantivos comuns, porque indicam quaisquer meninas e qualquer melancia.

O **substantivo comum** indica elementos de um grupo da mesma espécie, por exemplo, animais (gatos, cachorros, etc.), objetos (cola, lápis, etc.), pessoas (meninas, meninos, etc.). O substantivo comum é escrito com letra inicial minúscula.

A palavra **Carolina** é um substantivo próprio porque indica o nome de uma determinada menina.

O **substantivo próprio** indica uma determinada pessoa, rua, bairro, cidade, floresta, país, por exemplo. Os substantivos próprios são escritos com letra inicial maiúscula.

1. Leia as palavras abaixo e escreva-as no quadro, na coluna correta.

Brasil	morangos	avô	Donald	Ceará
escola	Copacabana	pipa	astronauta	Rafael

substantivos	
comuns	**próprios**

2. Escreva um substantivo próprio para cada substantivo comum abaixo.

a) Meu **amigo** chama-se ______________________________.

b) O nome da minha **cidade** é ______________________________.

c) A **professora** ______________________________ ainda não chegou.

d) Meu **cachorrinho** chama-se ______________________________.

3. Leia a informação abaixo e copie o substantivo que indica um país.

A jaguatirica, o maior gato-do-mato do Brasil, dorme o dia todo e caça pequenos mamíferos de manhã cedinho ou ao entardecer.

____

- Por que esse substantivo é escrito com inicial maiúscula?

____

____

4. Encontre no diagrama seis substantivos e circule-os.

A	B	A	C	A	X	I	B	C	U	R	I	T	I	B	A	P	M
X	E	W	T	Q	G	M	L	P	W	Q	F	Z	X	J	K	Y	E
O	L	Q	L	A	R	A	N	J	A	C	B	Q	A	M	R	P	L
N	É	G	V	W	S	K	I	Q	Z	P	E	X	Q	Y	Ç	T	Ã
L	M	R	X	A	R	M	A	C	E	I	Ó	P	U	S	W	Q	O

a) Identifique os três substantivos que são nomes de frutas.

- Os nomes de frutas são:

☐ substantivos próprios. ☐ substantivos comuns.

b) Identifique os três substantivos que são nomes de cidades.

- Os nomes de cidades são:

☐ substantivos próprios. ☐ substantivos comuns.

ESCREVENDO CERTO

ge/gi; je/ji

1. Observe as imagens e leia os nomes em voz alta.

tan**ge**rina

berin**je**la

Ilustrações: Ilustra Cartoon/ Arquivo da editora

girafa

jiboia

- Agora, complete a afirmação.

  Antes de **e** ou **i** a letra **g** tem o mesmo som da letra ______.

2. Reescreva as frases substituindo as figuras pelos nomes correspondentes. Dica: Os nomes das figuras são escritos com **j**.

a) Pedrinho não gosta de tomar 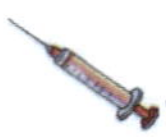.

____

b) O  é um meio de transporte.

____

c) Aninha sonhou com um  e uma fada voando pelo céu.

____

3. Reescreva as frases substituindo as figuras pelos nomes correspondentes. Dica: Os nomes das figuras são escritos com **g**.

a) Alice ganhou um  no Natal.

____

b) A mãe de Valéria comprou uma  pequena.

____

c) Alexandre gosta de ler .

____

4. Complete a cruzadinha.

Ilustrações: Ilustra Cartoon/ Arquivo da editora

Texto 2

A galinha ruiva

Um dia, a galinha ruiva estava ciscando no quintal e achou um grão de trigo.

— Quem quer plantar este grãozinho de trigo? — perguntou ela.

— Eu não quero — disse o pato.

— Eu também não — respondeu o gato.

— Nem eu — disse o cão.

"Muito bem, então eu mesma o plantarei", pensou a galinha ruiva. E assim fez. Passado algum tempo, o pé de trigo cresceu e ficou maduro.

— Quem quer colher as espigas do trigo? — perguntou a galinha ruiva.

— Eu não quero — respondeu o pato.

— Eu também não — disse o gato.

— Nem eu — falou o cão.

"Muito bem, então eu mesma o colherei", resolveu a galinha ruiva. E o colheu. Ao terminar, tornou a perguntar:

— Quem quer debulhar o trigo?

— Eu não quero — disse o pato.

— Eu também não — disse o gato.

— Nem eu — respondeu o cão.

— Muito bem, então eu o debulharei.

E o debulhou. Depois perguntou:

— Quem quer levar o trigo ao moinho, para ser moído e virar farinha?

— Eu não quero — respondeu o pato.

Ilustra Cartoon/Arquivo da editora

— Eu também não — disse o gato.

— Nem eu — falou o cão.

"Muito bem, então eu mesma o levarei", resolveu a galinha.

Quando voltou de lá com a farinha de trigo, perguntou:

— Quem quer fazer um pão com esta farinha?

— Eu não quero — disse o pato.

— Eu também não — disse o gato.

— Nem eu — disse o cão.

"Muito bem, então eu mesma farei."
E fez um pãozinho que ficou muito gostoso.

— E agora, quem vai comer o pão?

— Oh, eu o comerei — disse o pato.

— Eu também — disse o gato.

— E eu — disse o cão.

Então a galinha ruiva ficou toda arrepiada e lhes disse:

— Pois fiquem sabendo que não vão provar nem um pedacinho, seus preguiçosos.

Chamou os pintinhos e repartiu o pão com eles. O gato, o pato e o cão ficaram muito tristes e aprenderam o quanto é feio ser preguiçoso.

Ilustra Cartoon/Arquivo da editora

Contos e poesias, adaptação de Veronica S. Hutchinson. World Book International/ Encyclopaedia Britannica do Brasil Publicações Ltda., 1995. v. 1.

ciscando: remexendo o solo.

POR DENTRO DO TEXTO

1. Releia o texto e vá numerando os parágrafos.

2. Quais são os personagens da história **A galinha ruiva**?

3. Releia o primeiro parágrafo e copie a expressão que indica onde a história acontece.

4. Leia as frases e numere os quadrinhos de acordo com a sequência dos fatos na história.

- [ ] Decidiu plantar o grão de trigo sozinha.
- [ ] A galinha perguntou quem queria plantar o grão de trigo, mas o pato, o gato e o cão não quiseram.
- [ ] A galinha estava no quintal e encontrou um grão de trigo.
- [ ] A galinha colheu o trigo, debulhou-o...
- [ ] ... e levou-o ao moinho para fazer farinha.
- [ ] Com a farinha ela fez um pão.

5. O texto abaixo tem relação com uma palavra do décimo segundo parágrafo.

> Tirar ou separar os grãos, os bagos ou as sementes de (cereal, fruta, legume). Retirar a casca de (cereal, fruta, legume).

- Localize no texto a palavra correspondente e escreva-a.

6. Quando a galinha perguntou "— E agora, quem vai comer o pão?", no vigésimo nono parágrafo, o pato, o gato e o cão responderam.

a) Pinte de verde a resposta do pato, de azul a do gato e de amarelo a do cão.

b) Em quais parágrafos aparece a reação da galinha à resposta dos três?

____

c) Você acha que a galinha agiu corretamente? Por quê?

____

____

7. Releia o trigésimo quinto parágrafo e indique:

a) quem comeu o pão: ______________________________

b) o que fizeram o pato, o gato e o cão: ______________________

____

8. Assinale a figura que mostra a galinha ciscando no quintal.

Ilustrações: Ilustra Cartoon/Arquivo da editora

APRENDENDO GRAMÁTICA

Substantivo masculino e substantivo feminino

Leia a frase e observe os substantivos destacados.

A **galinha**, o **galo** e os **pintinhos** vivem ciscando para encontrar as **minhocas** e os **grãos** de que se alimentam.

Ilustra Cartoon/Arquivo da editora

Nessa frase, o substantivo **galinha** está acompanhado por **a**; e o substantivo **minhocas**, por **as**; o substantivo **galo**, por **o**; e os substantivos **pintinhos** e **grãos** estão acompanhados por **os**.

Quando pode ser acompanhado por **a** ou **as**, dizemos que o substantivo é **feminino**, como **galinha** e **minhocas**.

Quando pode ser acompanhado por **o** ou **os**, dizemos que o substantivo é **masculino**, como **galo**, **pintinhos** e **grãos**.

1. Leia o texto.

Era uma vez uma fazenda linda, cheia de bichos.

Tinha cavalos, éguas e uma porção de cavalinhos.

Tinha bois, vacas e uma porção de bezerrinhos.

Tinha bodes, cabras e uma porção de cabritinhos.

Tinha porcos, porcas e uma porção de porquinhos.

[...]

Quenco, o pato, de Ana Maria Machado. São Paulo: Ática, 2004.

a) Observe os substantivos do quadro e escreva antes deles **os** ou **as**.

substantivos ______	substantivos ______
______ cavalos	______ éguas
______ bodes	______ cabras
______ bois	______ vacas
______ porcos	______ porcas

b) Observe os substantivos e complete o título de cada coluna do quadro.

2. Leia estes substantivos e escreva-os na coluna correta.

sal	bandeja	grão	trigo	espigas
moinho	farinha	pão	broa	bolacha
torta	massa	cozinheira	pé	forno

substantivo masculino	substantivo feminino
______	______
______	______
______	______
______	______
______	______
______	______
______	______
______	______

Substantivo singular e substantivo plural

1. Observe estas fotos.

1

johnfoto18/Shutterstock/ Glow Images

galinha

2

Fotokostic/Shutterstock/ Glow Images

galinhas

- Complete os espaços com o substantivo correspondente.

  Na foto 1, aparece uma __________________; na foto 2, aparecem duas __________________.

O substantivo **galinha** indica um animal dessa espécie; é um **substantivo singular**, pois indica apenas um ser.

O substantivo **galinhas** indica mais de um animal dessa espécie; é um **substantivo plural**, pois indica dois seres ou mais.

2. Leia os substantivos e escreva-os no quadro de acordo com as indicações.

relógio	sabonete	blusa	chuteiras
escova	camisetas	bonés	uniforme
chinelos	meia	brinquedos	vestidos

substantivos masculinos no singular	substantivos masculinos no plural
substantivos femininos no singular	**substantivos femininos no plural**

3. Complete o quadro com a forma plural dos substantivos indicados. Veja o exemplo.

substantivos no singular (indicam um só elemento)	substantivos no plural (indicam dois ou mais elementos)
a estrela	as estrelas
um elefante	uns ______
um avião	uns ______
o leão	os ______
um peão	uns ______
um coração	uns ______
o dragão	os ______
um camarão	uns ______
o animal	os ______
um pastel	uns ______
o anel	os ______
uma cor	umas ______
o doutor	os ______
um jardim	uns ______
o trem	os ______
um bombom	uns ______

Ilustrações: Ilustra Cartoon/Arquivo da editora

- Agora, escolha duas dessas palavras e forme frases com elas.

____

____

____

ESCREVENDO CERTO

s inicial; ss

1. Leia as palavras e circule as que têm **ss**.

semana	avesso	passarinho	sítio
sandália	sabão	passar	suco
pessoal	missa	vassoura	passo
sopa	pêssego	assinatura	serenata

- Agora, separe as sílabas das palavras que você circulou.

__________	__________
__________	__________
__________	__________
__________	__________
__________	__________

2. Complete os espaços e, depois, leia a informação.

Para representar o som **sê**, podemos usar a consoante **s** no

____________ da palavra e ________ no meio.

3. O professor vai fazer um ditado. Escreva as palavras na coluna correta.

palavras iniciadas por **s**	palavras com **ss**
__________	__________
__________	__________
__________	__________
__________	__________

s com som de z

1. Observe as fotos e escreva a palavra correspondente a cada uma.

tesoura	zebra	besouro	azeitona

Patryk Kosmider/Shutterstock/Glow Images

r.classen/Shutterstock/Glow Images

Nordling/Shutterstock/Glow Images

Dionisvera/Shutterstock/Glow Images

______________ ______________ ______________ ______________

- Leia as palavras que você escreveu e compare o som da letra **z** e da letra **s**. O que você percebeu?

____

2. Leia as palavras do quadro e distribua-as na coluna correta de acordo com o som da consoante **s**.

aviso	selo	casa	sapato
casaco	sinal	subir	raposa

s com som **sê**	**s** com som **zê**

- Complete os quadrinhos.

O som **zê** pode ser representado pela consoante ____, como em **buzina**, e pela consoante ____ entre vogais, como em **música**.

Quando está entre vogais, a letra **s** tem o mesmo som que a letra **z**.

Texto 3

O patinho feio

Era uma vez uma linda pata que vivia em um lago coberto de plantas, próximo de um castelo. Era verão e a pata estava chocando seus ovos no meio da folhagem. Às vezes, ela recebia a visita de algumas amigas e lhes dizia:

— Não vejo a hora de os meus filhotes nascerem!

— Calma, amiga! Tudo a seu tempo. Eles nascerão lindos e saudáveis.

O tempo passou e, numa manhã ensolarada, as cascas dos ovos começaram a quebrar. Eram os patinhos que estavam nascendo, finalmente. A pata não cabia em si de tanta alegria. Porém, um dos ovos, o maior de todos, continuava inteiro. Mamãe pata ficou preocupada:

— Por que este aqui não nasceu ainda? Vou chocá-lo mais um pouco. [...]

Finalmente, a casca do ovo se quebrou e dela saiu um filhote grande. Mamãe pata olhou para ele e pensou:

“Nossa Senhora! Como é feio o coitadinho! [...]”

Ilustra Cartoon/Arquivo da editora

Comparado a seus irmãos, o pobre patinho era considerado muito feio. Os outros patos, os gansos, as galinhas, todos o maltratavam. Até mesmo seus irmãos viviam dando bicadas no pobrezinho.

O patinho era muito infeliz. Certo dia, decidiu ir embora daquele lago.

Bem longe dali, encontrou um pântano onde viviam alguns patos selvagens. Eles também desprezaram o pobre filhote, que lhes implorou:

— Por favor, deixem-me passar só esta noite aqui.

— Tudo bem, mas amanhã bem cedo você terá de ir embora!

Pobre patinho feio! Por onde passava, ninguém o acolhia! [...]

O patinho estava cansado de ser maltratado e passou a viver escondido de todos os outros animais. [...]

Quando a primavera chegou, o patinho resolveu sair de seu esconderijo. Voou para um lago que ficava perto de uma casa e de um bosque.

De repente, viu três cisnes saírem do bosque para nadar no lago. [...]

Mesmo com medo de ser maltratado mais uma vez, o patinho resolveu se aproximar [...].

— Ei, amigos! Posso me juntar a vocês?

Depois de dizer isso, o patinho feio abaixou a cabeça, muito tímido, e viu sua imagem refletida na água do lago. Ele ficou surpreso: era a imagem de um cisne! [...]

E assim o patinho feio, que na verdade era um cisne, encontrou seu lugar no mundo. Nunca mais foi maltratado e viveu feliz com seus companheiros.

Ilustra Cartoon/Arquivo da editora

Reprodução/Editora Scipione

O patinho feio, de Hans Christian Andersen. Recontado por Sâmia Rios. São Paulo: Scipione, 2010.

pântano: lugar alagado, com águas paradas.

POR DENTRO DO TEXTO

1. O texto **O patinho feio** é:

- [ ] um poema.
- [ ] uma HQ.
- [ ] um texto de catálogo.
- [ ] um passatempo.
- [ ] um conto.
- [ ] uma notícia de jornal.

2. Por que o patinho feio era chamado assim?

____

____

3. Um dia, a casca do ovo se quebrou e dela saiu um filhote grande. O que a mamãe pata pensou ao olhar para ele?

____

4. Por que o patinho feio resolveu ir embora do lago?

____

____

5. Que aves ele encontrou no pântano?

____

6. O que o patinho feio pediu a essas aves?

____

7. Os cisnes que o patinho feio encontrou no lago o maltrataram? Por quê?

____

____

8. Em que estação do ano o patinho feio nasceu?

☐ inverno ☐ primavera ☐ verão

9. Em que estação ele finalmente percebeu que era um cisne?

____

10. No texto **O patinho feio**, os fatos acontecem num determinado tempo. Quais destas expressões do conto indicam tempo? Assinale com um **X**.

☐ Era uma vez ☐ O tempo passou

☐ Finalmente ☐ No lago

11. Você acha que o patinho era feio ou apenas diferente? Explique sua resposta.

____

____

12. Em sua opinião, os patos, os gansos, as galinhas e os patos selvagens, que maltrataram o patinho, agiram de forma certa ou errada?

____

____

____

13. Muitas histórias se iniciam pela expressão "Era uma vez". Você já deve ter ouvido ou lido histórias que também começam assim. Faça uma lista com o título dessas histórias.

____

____

____

APRENDENDO GRAMÁTICA

Substantivo aumentativo e substantivo diminutivo

1. Leia as palavras e distribua-as no quadro corretamente.

Ilustrações: Ilustra Cartoon/ Arquivo da editora

casa

casebre

casarão

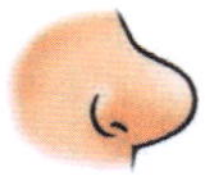
nariz

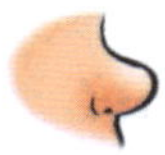
narizinho

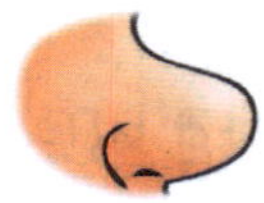
narigão

barca

barquinha

barcaça

boca

boquinha

bocarra

cão

cãozinho

canzarrão

forma		
normal	aumentativo	diminutivo

2. Complete o quadro com as formas que estão faltando.

normal	aumentativo	diminutivo
lobo	______	______
ponteiro	______	ponteirinho
cachorro	______	______
______	homenzarrão	______
______	______	canequinha
______	tigelão	______
chapéu	______	______
______	______	escovinha
mochila	______	______

- Agora, complete os espaços.

  Os substantivos terminados em **-inho** e **-inha** indicam tamanho ______, e os terminados em **-ão** indicam tamanho ______.

3. Leia estes substantivos e circule o que está no diminutivo.

vizinha	cozinha	docinho	andorinha

- E agora, será que você sabe qual é o substantivo que não está no aumentativo? Circule-o.

amigão	casarão	livrão	explicação

Substantivo coletivo

1. Leia, observe os substantivos destacados e complete a frase.

Ilustrações: Ilustra Cartoon/Arquivo da editora

Dona Célia ganhou de seu filho um **buquê** de **flores** no seu aniversário.

Buquê é um conjunto de ________________.

Buquê é um **substantivo coletivo**.

O **substantivo coletivo** dá nome a um conjunto ou uma grande quantidade de seres.

2. Observe as ilustrações e complete as frases.

a)  **Cardume** é um conjunto de ________________.

b)  **Bando** é um conjunto de ________________.

c)  **Rebanho** é um conjunto de ________________.

d)  **Constelação** é um conjunto de ________________.

3. Observe as imagens e pinte de amarelo os substantivos coletivos nas frases.

Ilustrações: Ilustra Cartoon/Arquivo da editora

No álbum de Vítor há fotos de seu cãozinho.

Flávio entrou para o time de futebol na escola.

4. Complete as frases com os substantivos coletivos do quadro.

biblioteca	cacho	alfabeto	ninhada

a)  Paulinho comprou um ______________ de bananas no mercado.

b)  Clara leu o livro de contos na ______________ da escola.

c)  No sítio do avô de Lia nasceu uma ______________ de pintinhos amarelos.

d)  A primeira letra do ______________ é a letra **A**.

ESCREVENDO CERTO

x com som de **ch**, de **s**, de **z**, de **ss** e de **cs**

1. Leia esta frase.

Jiri Hera/Shutterstock/Glow Images

Chuparam as balas, mas não jogaram o papel na lixeira.

a) Copie a palavra que tem **ch** e a que tem **x**.

____

b) Leia, em voz alta, as palavras que você copiou e preste atenção no som das letras **ch** e **x**.

2. Leia estas frases.

- Nesta estrada, a velocidade máxima permitida é 80 quilômetros por hora.
- Tanta bala de hortelã pode dar intoxicação.
- Ele está aprendendo a jogar xadrez.
- Naquela região, as mulheres usam xale.
- O fluxo do rio corre em direção ao mar.
- Quem é o próximo passageiro para o táxi?
- O resultado exato da divisão é 20.
- O cientista disse que já existiu água naquele planeta.

a) Circule as palavras que têm **x** e leia-as em voz alta.

b) Complete o quadro com as palavras que você circulou.

sons do **x**	
ch: ______________	z: ______________
ss: ______________	cs: ______________

3. Encontre no diagrama cinco palavras com **x**.

E	X	E	M	P	L	O	Q	R	A
X	E	X	A	G	E	R	A	D	O
N	R	P	Q	R	P	S	F	G	P
F	I	X	O	B	T	P	I	Q	T
J	F	V	A	U	X	Í	L	I	O
Y	E	G	U	T	S	V	W	H	J

4. Leia as palavras em voz alta e assinale com um **X** a resposta correta.

	x com som de			
	ch	s	z	cs
xícara				
axila				
experimentar				
exagerado				
pirex				
examinar				
rouxinol				
extintor				

Ilustrações: Ilustra Cartoon/ Arquivo da editora

5. Leia as palavras de cada grupo, prestando atenção no som da letra **x**. Qual é a palavra que não pertence a cada grupo? Pinte-a de amarelo.

1
ameixa enxada
explosão caixote

2
táxi oxigênio
exemplo reflexo

- Agora, complete.

a) Grupo 1: Na palavra ______________________ a letra **x** tem som de **s**.

Nas outras palavras a letra **x** tem som de ______.

b) Grupo 2: Na palavra ______________________ a letra **x** tem som de **z**.

Nas outras palavras a letra **x** tem som de ______.

De olho no dicionário

O verbete e seus significados

Algumas palavras possuem mais de um significado. No dicionário cada significado é indicado por um número. Veja:

pilha (pi-lha) *substantivo*
1. Conjunto de coisas arrumadas umas sobre as outras: *uma **pilha** de livros; uma **pilha** de roupas.*
2. Pequeno aparelho para produzir eletricidade: *Tenho uma lanterna de **pilha** que dá uma forte luz.*

Aurelinho: dicionário infantil ilustrado da língua portuguesa, de Aurélio Buarque de Holanda Ferreira. Curitiba: Positivo, 2008.

- Em cada um dos espaços abaixo, faça um desenho representando os dois significados do verbete **pilha**. Depois, embaixo de cada desenho, escreva uma frase utilizando o significado expresso pelo desenho.

Significado 1	Significado 2

Unidade
4

Cuidar do verde, um bom negócio

Andrea Ebert/Arquivo da editora

O QUE VOU ESTUDAR?

- Leitura e compreensão
- Adjetivo
- Sinônimo e antônimo
- Palavras que indicam ação (verbo)
- Presente, passado e futuro
- Emprego correto das letras

Texto 1

Carolina e as plantas

Histórias da Carolina: a menina sonhadora que quer mudar o mundo, de Ziraldo. São Paulo: Globo, 2007.

POR DENTRO DO TEXTO

1. Qual é o título do texto?

____

2. Em sua opinião, por que o texto tem esse título?

____

____

3. Releia o primeiro quadrinho da história. Você concorda com as palavras da mãe de Carolina? Por quê?

____

____

4. Releia o quadrinho a seguir.

Ziraldo/Editora Globo

a) O que Carolina fez para proteger as plantas?

____

____

____

b) Você acha que com essa atitude, levando as plantas para casa, ela está realmente as protegendo? Por quê?

____

____

5. "Minha mãe quer que eu jogue fora todas as minhas plantinhas...". Você acha que Carolina deveria fazer isso?

☐ sim ☐ não

6. Copie do primeiro quadrinho a palavra que a mãe de Carolina usou para indicar que a filha trouxe plantas demais para casa.

____

7. "Admiro sua **consciência ecológica**". A expressão destacada significa:

☐ não saber o quanto é importante proteger a natureza.

☐ saber muito bem o quanto é importante proteger a natureza.

8. No terceiro quadrinho, há uma palavra escrita separada em sílabas.

a) Copie-a: _______________________________

b) Agora, complete a informação com as palavras do quadro.

sílabas	já	autor	demora

O ______________ da história escreveu essa palavra separada em ______________ para destacar que as plantas deveriam ser retiradas de casa ______________, sem ______________.

9. O que a expressão "e ponto-final!", no quarto quadrinho, indica? Assinale a alternativa correta.

Ziraldo/Editora Globo

☐ Tire essas plantas daqui e jogue-as fora.

☐ Leve essas plantas para o Jardim Botânico.

☐ Tire essas plantas daqui e não quero mais conversa.

APRENDENDO GRAMÁTICA

Adjetivo

Leia a frase e observe a palavra destacada.

A bela bailarina dançava ao som da melodia.

A palavra **bela** indica uma característica do substantivo **bailarina**.

Classificamos a palavra **bela** como **adjetivo**.

Adjetivo é a palavra que atribui característica ao substantivo.

1. Leia o texto e circule os adjetivos.

Eu tenho uma irmãzinha que se chama Anabela. Ela é bonita e eu gosto muito dela. Anabela é educada, muito meiga e carinhosa. É muito pequena ainda, mas já sabe brincar das coisas de que eu gosto!

2. Escolha os adjetivos do quadro que melhor caracterizam os substantivos ilustrados e escreva-os abaixo de cada figura.

cheirosa	estudioso	veloz

Ilustrações: Ilustra Cartoon/Arquivo da editora

_______________ _______________ _______________

3. Observe o exemplo e complete os espaços com adjetivos.

Menina que estuda é **estudiosa**.

Meninas que estudam são **estudiosas**.

Camila de Godoy/Arquivo da editora

a) **Cachorro** que tem medo é _______________.

Cachorros que têm medo são _______________.

b) **Guerreiro** que tem coragem é _______________.

Guerreiras que têm coragem são _______________.

c) **Pai** que tem orgulho é _______________.

Mãe que tem orgulho é _______________.

- Leia as frases acima e complete os quadros.

substantivos masculinos no singular e adjetivos masculinos no singular	substantivos masculinos no plural e adjetivos masculinos no plural
cachorro _______________	cachorros _______________
_______________ corajoso	
pai _______________	

substantivos femininos no singular e adjetivos femininos no singular	substantivos femininos no plural e adjetivos femininos no plural
_______________ estudiosa	meninas _______________
mãe _______________	guerreiras _______________

4. No caderno, escreva o nome de três colegas (substantivos) e uma característica que você acha positiva (adjetivo) para cada um.

ESCREVENDO CERTO

ca, co, cu; qua, que, qui, quo

1. Leia, em voz alta, as palavras destacadas e observe o som representado pelas letras **qu**.

Carolina queria proteger as plantas, mas sua mãe não quis todas elas em casa.

a) Copie, da frase acima, as palavras que apresentam a consoante **c**.

____

b) Complete os espaços e leia a informação sobre o som **quê**.

O som **quê** pode ser representado por ____ e por ____.

São exemplos de palavras com som **quê** representado por **c**:

____aranguejo, por____o e ____upim.

São exemplos de palavras com som **quê** representado por **qu**:

____eijo e mos____ito.

2. Leia estas palavras em voz alta.

camelo	periquito	esquilo	cocada	quiabo
cutia	queijo	cubo	esquina	boca

a) Pinte a vogal que vem depois de **c** ou de **qu** em cada palavra do quadro e complete os espaços abaixo.

Depois de ____ vêm as vogais ____, ____ e ____.

Depois de ____ vêm as vogais ____ e ____.

b) Agora, escreva as palavras do quadro na coluna correta.

som **quê** representado por **c**	som **quê** representado por **qu**
______________________	______________________
______________________	______________________
______________________	______________________
______________________	______________________
______________________	______________________

c) As letras **c** e **qu**, nessas palavras, têm o mesmo som?

____

3. Leia as palavras do quadro e use-as para completar as frases.

coqueiro	quando	periquito	aquarela
Raquel	quarto	ventríloquo	

a) ____________ ☐ está terminando de pintar uma ____________ ☐.

b) O ____________ ☐ fugiu da gaiola e foi para o ____________ ☐.

c) ____________ ☐ vou dormir, entro no ____________ ☐ e logo pego um livro.

d) O ____________ ☐ apresentou-se no circo.

- Escreva nos quadrinhos a vogal que aparece depois do **qu**. Em seguida, complete os espaços abaixo e leia a informação.

Pronunciamos a letra **u** nas palavras ______________________________

____.

Não pronunciamos a letra **u** nas palavras ______________________________

____.

ga, go, gu; gua, gue, gui

4. Leia, em voz alta, as palavras do quadro abaixo.

Miguel	canguru	foguete	guitarra	goiaba
Guilherme	gaveta	gambá	Hugo	agulha

a) Qual é a consoante comum a todas as palavras do quadro?

____

b) Distribua as palavras do quadro na coluna adequada.

palavras com				
ga	go	gu	gue	gui
________	________	________	________	________
________	________	________	________	________

5. Você conhece estes animais?

mlorenz/Shutterstock/Glow Images
jaguatirica

Gerry van der Walt/Shutterstock/Glow Images
guepardo

Graeme Knox/Shutterstock/Glow Images
enguia

Krzysztof Wiktor/Shutterstock/Glow Images
jaguar

Wayne Lynch/All Canada Photos/Getty Images
lemingue

Richard Lowthian/Shutterstock/Glow Images
águia

- Leia em voz alta os nomes dos animais e complete as afirmações.

Nas palavras com **gu**, a letra **u** não é pronunciada quando vem antes de ______ e ______, como em ______________, ______________, ______________ e ______________.

Nas palavras com **gu**, a letra **u** é pronunciada quando vem antes de ______, como em ______________ e ______________.

Texto 2

Por que devemos cuidar das árvores?

Renato, Lilian e seu avô vão passear no bosque. De repente, vovô João para diante de uma árvore.

— Esta árvore nasceu na mesma época que eu — diz ele sorrindo. — Eu sempre vinha visitá-la.

— Mas você não conversava com ela, não é? — pergunta Lilian.

— Claro que sim! — respondeu o avô. — Eu gosto dela como de um amigo. Vocês sabiam que não podemos viver sem as árvores?

[...]

Para viver, precisamos do oxigênio liberado pelos vegetais. A vegetação e as árvores melhoram a qualidade do ar. Para preservá-las, evite pisar nas plantinhas ainda novas e arrancar plantas.

A madeira é usada para fazer papel, móveis... É por isso que árvores muito procuradas, como a teca ou o mogno, estão ficando cada vez mais raras.

Ilustra Cartoon/Arquivo da editora

Reprodução/Editora Ática

O meio ambiente: por que não devemos jogar papel no chão?, de Françoise Rastoin-Faugeron. São Paulo: Ática, 2006.

liberado: lançado de si (gás ou outra substância); produzido.

POR DENTRO DO TEXTO

1. Copie do texto o nome:

a) da menina: ______________________________.

b) do menino: ______________________________.

c) do avô: ______________________________.

2. Marque com um **X** o local onde os personagens do texto passeiam.

Ilustrações: Ilustra Cartoon/Arquivo da editora

3. O que o avô quis dizer com "Esta árvore nasceu na mesma época que eu"?

____

____

4. Observe as imagens abaixo. Em qual ambiente você acha que a qualidade do ar é melhor? Assinale com um **X** e explique.

Ilustrações: Ilustra Cartoon/Arquivo da editora

5. O texto traz um conselho para preservar as árvores. Qual é esse conselho?

6. Como você pode ajudar a preservar as plantas que você vê pelo caminho?

APRENDENDO GRAMÁTICA

Sinônimo e antônimo

Leia as frases e pense no sentido das palavras destacadas.

O elefante é um mamífero grande.

O elefante é um mamífero enorme.

Talvi/Shutterstock/Glow Images

elefante

Os adjetivos **grande** e **enorme** indicam qualidades muito parecidas, isto é, essas palavras possuem **significado parecido**.

Uma é **sinônimo** da outra.

Agora, leia esta outra frase.

Os mamíferos são animais de sangue quente, ao contrário dos répteis, de sangue frio.

O adjetivo **quente** possui sentido oposto, contrário ao sentido do adjetivo **frio**.

A palavra **quente** é **antônimo** de **frio**.

1. Complete o quadro de sinônimos e antônimos.

	sinônimo	antônimo
feliz	alegre	____________, infeliz
caminhar	____________	parar
____________	gargalhar	chorar
bravo	feroz	____________
saboroso	____________	ruim
grande	enorme	____________
____________	idêntico	____________

2. Copie as frases substituindo a palavra destacada por seu antônimo.

a) Comi pipoca **doce** e tomei chocolate **quente**.

____

b) O dia hoje está **ensolarado**.

____

c) A loja **vende** móveis **novos**.

____

3. Circule, em cada grupo, a palavra que não é sinônimo das outras.

grupo 1	grupo 2	grupo 3	grupo 4
acabar terminar iniciar	triste contente alegre	rápido devagar ligeiro	auxiliar ajudar atrapalhar

4. Encontre no diagrama os antônimos das palavras destacadas abaixo e complete as frases.

C	C	O	M	E	Ç	A	R	M
U	S	F	B	A	I	X	O	N
R	T	V	R	A	S	L	N	C
T	A	M	Q	R	X	C	D	I
O	V	J	O	L	O	N	G	E

a) Lívia tem cabelo **comprido** e Luana tem cabelo ______________.

b) Gabriel é um garoto **alto** e seu amigo Rafael é ______________.

c) Luísa mora **perto** da escola e Aline mora ______________ da escola.

d) Depois de **terminar** a aula, vamos ______________ a brincadeira.

ESCREVENDO CERTO

al, el, il, ol, ul

Ilustra Cartoon/Arquivo da editora

Em **quintal** e **anel** o **l** tem som de **u**.

1. Observe as ilustrações, complete os espaços e copie o substantivo correspondente a cada uma.

Ilustrações: Camila de Godoy/Arquivo da editora

a_____face

____

funi_____

____

pape_____

____

pu_____seira

____

so_____

____

bo_____sa

____

ar, er, ir, or, ur

2. Leia estas palavras e observe a consoante **r**.

ca**r**ta	ago**r**a
inve**r**no	chei**r**inho
melho**r**	**r**ecado

a) Separe as sílabas dessas palavras.

____

____

____

____

b) Circule as sílabas terminadas em **r**.

3. Acrescente **r** após a vogal destacada e forme novas palavras.

p**e**na ______________________ p**e**de ______________________

l**a**go ______________________ p**a**to ______________________

cal**o** ______________________ b**a**ba ______________________

4. O professor vai ditar algumas palavras. Escreva-as no espaço correto.

a) Que ______________! Carla não poderá jogar bola porque machucou a ______________.

b) Artur mostrou o ______________ que ganhou para sua ______________.

Texto 3

Uma horta em casa

Que tal preparar uma refeição com legumes e verduras fresquinhas? Você mesmo pode fazer uma pequena horta na sua casa sem precisar de muito espaço.

Alface, almeirão, beterraba, cenoura, tomate, couve-flor ou rabanete podem muito bem ser plantados em vasos ou latas vazias. Caixas de madeira e jardineiras também servem.

Seja qual for o recipiente escolhido, ele tem que ter no mínimo 30 centímetros de altura, para que as raízes das plantas possam se desenvolver direitinho. Também tem que ficar num lugar onde receba a luz do sol da manhã.

Em vasos menores, dá para plantar cebolinha, hortelã, salsa e outros temperos. As sementes você pode encontrar em lojas de jardinagem.

Na hora de plantar, coloque algumas pedrinhas no fundo dos vasos para que a terra não escape pelos furos. Encha-os de terra. Distribua as sementes e cubra-as com uma camada fina de terra. Por último, umedeça bem todo o vaso.

Ilustra Cartoon/Arquivo da editora

Se, quando surgirem os primeiros brotos, você perceber que elas vão ficar apertadas, retire algumas mudas com uma colher e plante-as em outro lugar.

Regue a terra todos os dias, no finalzinho da tarde. Tire os matinhos que aparecerem. Logo as suas plantas estarão prontinhas para virarem salada.

Manual da roça do Chico Bento, de Mauricio de Sousa. São Paulo: Globo, 2001.

Mauricio de Sousa Produções Ltda./Editora Globo

mudas: plantinhas no começo do seu crescimento.

POR DENTRO DO TEXTO

1. O texto propõe o preparo de uma refeição com legumes e verduras fresquinhas. Assinale com um **X** a cesta em que os vegetais parecem estar fresquinhos.

Ilustrações: Ilustra Cartoon/Arquivo da editora

2. O texto **Uma horta em casa** está dividido em partes. Quantos parágrafos há nesse texto?

____

Fique por dentro!

Cada parte do texto é chamada **parágrafo**, que é indicado deixando um pequeno espaço entre a margem esquerda da folha e o início do texto.

3. O que o texto ensina a fazer?

____

4. Copie o parágrafo que ensina o que fazer na hora de plantar.

____

____

____

____

5. Assinale a imagem que mostra os primeiros brotos da planta.

Ilustrações: Ilustra Cartoon/Arquivo da editora

6. Escreva abaixo de cada figura as palavras do quadro.

cuidar	ver crescer	comer	plantar

APRENDENDO GRAMÁTICA

Palavras que indicam ação (Verbo)

Observe a cena.

Ilustra Cartoon/Arquivo da editora

Escreva palavras que indicam ação para descrever o que as pessoas estão fazendo.

a) As crianças: ______________________________

b) Os adultos: ______________________________

As palavras que indicam ação são classificadas como **verbo**.

Presente, passado e futuro

1. Leia o poema.

Ilustrações: Ilustra Cartoon/Arquivo da editora

O gato dengoso

O gato dengoso
se encolhe,
se enrosca,
se estica,
se lambe,
se lava,
[...]
se arrisca
num pulo,
num salto
felino.

O bailado: primeiros movimentos, de Hardy Alcoforado Filho. São Paulo: Scipione, 1999.

- No trecho "O gato dengoso/se encolhe", a palavra **encolhe** indica o que o gato faz. Circule, no poema, as outras palavras que indicam o que ele faz.

Cada palavra que indica o que o gato faz é classificada como **verbo**.

2. Leia as frases e circule os verbos.

a) O gato pega a sardinha e pula o muro.

b) A lagartixa come a aranha.

c) O colibri suga açúcar das flores e a libélula voa sobre o lago.

Leia estas frases e observe os verbos.

O gato **bebe** leite.
O gato **bebeu** leite.
O gato **beberá** leite.

Tudo o que o gato faz — todas as suas ações — acontece em tempos diferentes.

bebe →	presente →	A ação está acontecendo ou acontece com frequência.
bebeu →	passado →	A ação já aconteceu.
beberá →	futuro →	A ação vai acontecer.

O verbo indica as ações no tempo em que elas acontecem, aconteceram ou acontecerão.

3. Complete as frases com o verbo **pular**.

a) O gato ______________ o muro. presente

b) O gato ______________ o muro. passado

c) O gato ______________ o muro. futuro

Ilustra Cartoon/Arquivo da editora

4. Releia as frases da atividade 2 e, no caderno, escreva-as no passado e no futuro.

5. Complete os espaços com um dos verbos do quadro, leia as frases e escreva se os verbos estão no presente, no passado ou no futuro.

ficou	brincam	transformará	sentiram

a) O gatinho e a bruxa ______________ na sala. [ ]

b) A bruxa ______________ furiosa. [ ]

c) A bruxa ______________ o rádio em cachorro. [ ]

d) A bruxa e o gatinho ______________ medo. [ ]

ESCREVENDO CERTO

as, es, is, os, us

1. Leia as palavras e atente para a diferença de sentido e grafia. Depois, complete as frases corretamente.

a) Ester ________ muito dinheiro com a alimentação de sua ________.

gata — gasta

b) Luís deixou cair o ________ de mel perto do ________ elétrico da rua em que ele mora.

pote — poste

c) O boi está no ________ e o ________ está na lagoa.

pato — pasto

d) Desenhei uma linha ________, e sei que ________ pouco tempo para desenhar outras linhas.

reta — resta

2. Observe as ilustrações e escreva a palavra correspondente a cada uma.

____

____

____

Ilustrações: Ilustra Cartoon/ Arquivo da editora

____

____

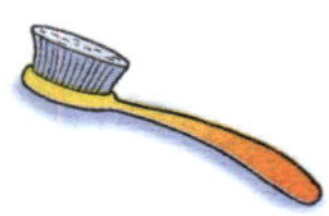
____

- Complete os espaços e leia a informação sobre a consoante **s**.

Nas palavras acima, a consoante ____ está ________ das vogais **a**, **e**, **i**, **o**, **u**.

az, ez, iz, oz, uz

3. Leia estas palavras e observe a consoante destacada.

ve**z**	chafari**z**	arro**z**	capa**z**	capu**z**

- O que essas palavras têm em comum?

____

- Complete os espaços com as palavras do quadro acima.

a) O ______________ fica no meio do jardim.

b) Era uma ______________ um príncipe que encontrou uma princesa...

c) No almoço costumamos comer ______________ e feijão.

d) O blusão não tinha ______________.

e) Você é ______________ de fazer sozinho, tenho certeza.

4. Leia estas palavras e observe a posição da consoante **z**.

cuscuz	xadrez	perdiz	dez	avestruz
paz	veloz	juiz	arroz	cartaz
surdez	atriz	luz	rapaz	albatroz

- Forme cinco grupos com essas palavras, de acordo com a terminação de cada uma.

az	ez	iz	oz	uz

Informações do verbete

Os verbetes de dicionário, além dos significados, também podem trazer mais informações, como separação silábica, sinônimos e indicação se a palavra é um substantivo, adjetivo, verbo, etc.

Dd

dicionário — diminutivo

dicionário (di-cio-ná-rio) *substantivo*
Livro que explica o significado das palavras de uma língua e mostra como elas devem ser escritas. Essas palavras estão relacionadas em ordem alfabética: *Um bom **dicionário** nos ensina a usar bem as palavras.*

didático (di-dá-ti-co) *adjetivo*
Relativo ao ensino ou à instrução: *Na escola, usamos livros **didáticos** para ajudar no ensino de todas as matérias.*

diferente (di-fe-ren-te) *adjetivo*
Que não é igual: *Eu e minha irmã temos vestidos **diferentes**.*

difícil (di-fí-cil) *adjetivo*
Que não é fácil; que apresenta dificuldade para ser feito: *Na prova de Matemática, havia um problema muito **difícil**.*

dificuldade (di-fi-cul-da-de) *substantivo*
1. Qualidade do que é complicado, trabalhoso: *João teve **dificuldade** para fazer a pesquisa sobre Tiradentes, pois não tinha material.* 2. Complicação; obstáculo: *Não vejo **dificuldade** na tarefa de hoje.*

digestão (di-ges-tão) *substantivo*
Transformação dos alimentos que comemos em substâncias que são aproveitadas pelo organismo. [Plural: *digestões*.]

digital (di-gi-tal) *adjetivo*
1. Relativo aos dedos: *No documento de identidade, deixamos nossa impressão **digital**.* 2. Que é representado por meio de dígitos: *O relógio **digital** é aquele que apresenta os algarismos no lugar dos ponteiros.*

digitar (di-gi-tar) *verbo*
Inserir dados num computador por meio de teclado.

dígito (dí-gi-to) *substantivo*
Cada um dos algarismos arábicos de 0 a 9.

diminuir (di-mi-nu-ir) *verbo*
1. Tornar-se menor; ficar menor; reduzir; encurtar: *Com as chuvas, o calor **diminuiu**.* 2. Subtrair ou tirar um número de outro: *Se de 100 **diminuímos** 20, restam 80.*

diminutivo (di-mi-nu-ti-vo) *substantivo*
Palavra que dá ideia do que é menor, em comparação com a original: *Mesinha é **diminutivo** de mesa.*

109

Aurelinho: dicionário infantil ilustrado da língua portuguesa, de Aurélio Buarque de Holanda Ferreira. Curitiba: Positivo, 2008.

1. Circule a informação da separação silábica da palavra **dificuldade**.

2. Qual é a classificação das palavras **dicionário**, **didático** e **digitar**?

____

____

SUGESTÕES PARA O ALUNO

Livros

Reprodução/Editora Jujuba

O alfabeto escalafobético,
de Claudio Fragata e Raquel Matsushita, Jujuba.

Precisamos de letras para escrever qualquer palavra que se possa imaginar. Por isso, nada melhor do que apresentar o alfabeto com poemas que divertem e ensinam novas palavras, ampliando o vocabulário.

Reprodução/Editora 34

Animais,
de Arnaldo Antunes e Zaba Moreau, Editora 34.

Arnaldo Antunes e Zaba Moreau criaram um zoológico de criaturas muito especiais nesse livro de micropoemas. A cada página, o leitor se depara com uma palavra inventada e com seus vários significados.

Reprodução/Editora Ática

Aperte aqui,
de Hervé Tullet, Ática.

Hervé Tullet, autor francês de livros infantis, criou um universo visual simples e convidativo, em que bolas coloridas se multiplicam, mudam de lugar, se iluminam, se apagam, mudam de tamanho... Para que isso aconteça, é preciso interagir com o livro, esfregando, soprando, apertando ou batendo palmas.

Reprodução/Editora Scipione

Como surgiram os vaga-lumes,
de Stela Barbieri e Fernando Vilela, Scipione.

Uma estrelinha adora pular por entre as nuvens do céu, mas um dia um acidente a faz cair na terra, bem perto de uma floresta. Com pena de sua situação, vários bichos tentam ajudá-la a voltar para o céu. Mas somente um animal consegue realizar esse feito e acaba sendo transformado em vaga-lume, quando a mãe da estrelinha resolve agradecer-lhe a ajuda.

Reprodução/Vale das Letras/Ilustrações: Boris

Quero ser gentil,
de Nana de Toledo, Vale das Letras.

Um garoto quer saber o que é gentileza e acaba descobrindo, em situações do dia a dia e conversando com sua mãe, como praticá-la.

Reciclagem: a aventura de uma garrafa,
de Mick Manning e Brita Granström, Ática.

Uma garrafa que é jogada fora pode passar por grandes aventuras, navegar até praias distantes ou transformar-se numa garrafa nova. Esse livro acompanha o caminho do lixo quando é descartado sem cuidado e mostra como é importante a reciclagem para a preservação da natureza.

CD

Os saltimbancos,
de Chico Buarque, Universal.

As músicas da peça musical homônima escrita pelo músico e autor brasileiro Chico Buarque contam a história de um burro, um cachorro, uma galinha e uma gata que desejam, juntos, ir até a cidade formar um grupo musical.

Sites

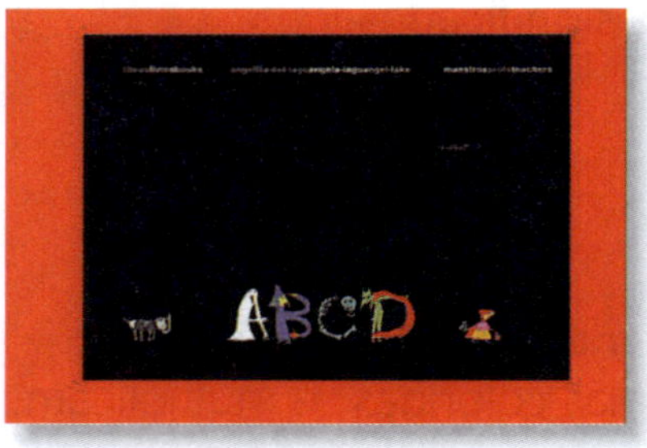

Angela-Lago
<www.angela-lago.net.br/>

No *site* da escritora e ilustradora mineira Angela-Lago, seus livros ganham vida, dando ao pequeno leitor a oportunidade de interagir com os personagens.

Ecokids
<www2.uol.com.br/ecokids/>

Com enfoque no meio ambiente, a página traz informações, histórias em quadrinho e jogos que, além de divertir, ensinam a preservar a natureza.

Vídeo

Os sem-floresta,
de Tim Johnson e Karey Kirkpatrick, Paramount.

Quando Verne, uma cautelosa tartaruga, e seus amigos acordam após um longo sono de inverno, descobrem uma enorme cerca dividindo os limites da floresta e de um condomínio de luxo. Agora, os animais e os seres humanos devem aprender a conviver com o novo e estranho mundo bem ali ao lado.

Matemática

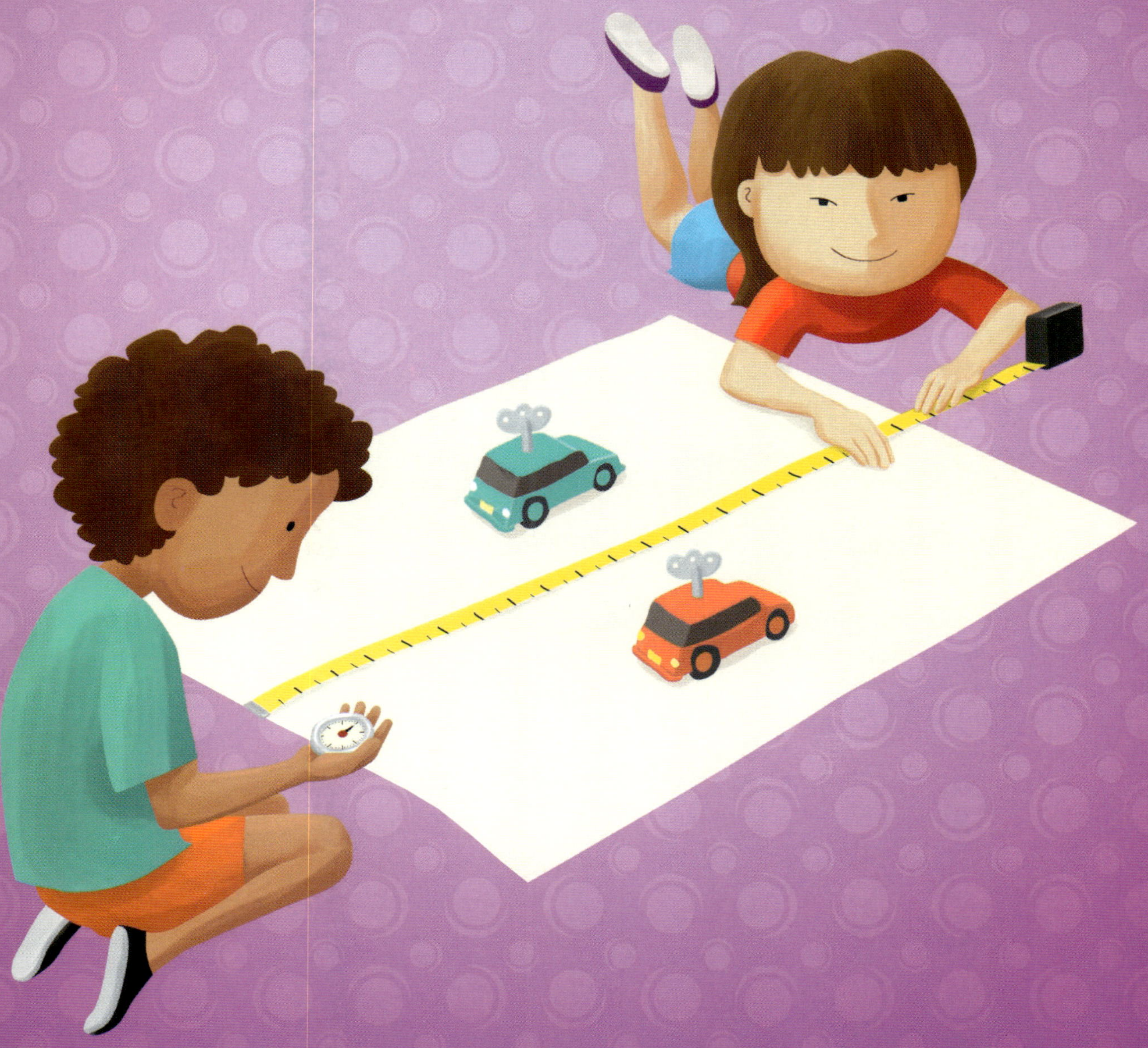

SUMÁRIO

Unidade

1

Os números na nossa vida

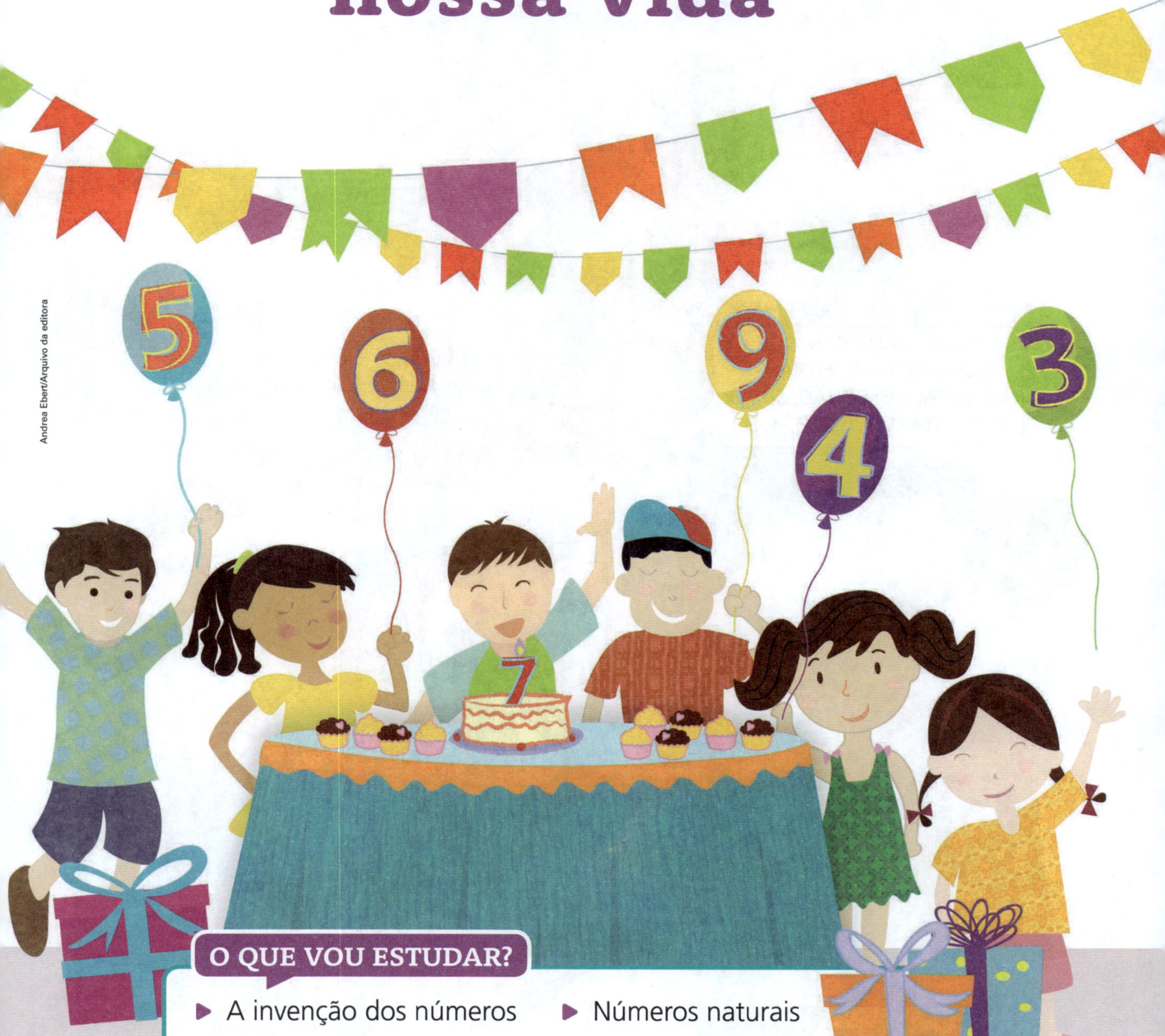

Andrea Ebert/Arquivo da editora

O QUE VOU ESTUDAR?

- A invenção dos números
- Formando grupos
- Números naturais

1

A invenção dos números

Quando os números ainda não existiam, as pessoas criavam maneiras diferentes de contar. Como será que elas contavam, por exemplo, a quantidade de ovelhas que possuíam?

Ilustrações: Ilustra Cartoon/Arquivo da editora

1. Você já reparou como os números estão presentes em seu dia a dia? Desde a hora que acordamos até quando vamos dormir, os números nos acompanham em várias situações. Eles estão presentes até nas brincadeiras. Observe a cena, converse com os colegas sobre ela e responda às questões propostas.

a) De que as crianças estão brincando?

____

b) Quantas crianças estão brincando? ☐

c) Até que número o pegador já contou? ☐

2. Circule os números que aparecem em cada cena.

Ilustrações: Ilustra Cartoon/Arquivo da editora

Formando grupos

Você já pensou se no supermercado as mercadorias não estivessem agrupadas?

1. Recorte figuras de revistas, jornais ou folhetos de supermercado e cole-as aqui, agrupando os produtos na prateleira correta.

MW Editora Ilustrações Ltda./Arquivo da editora

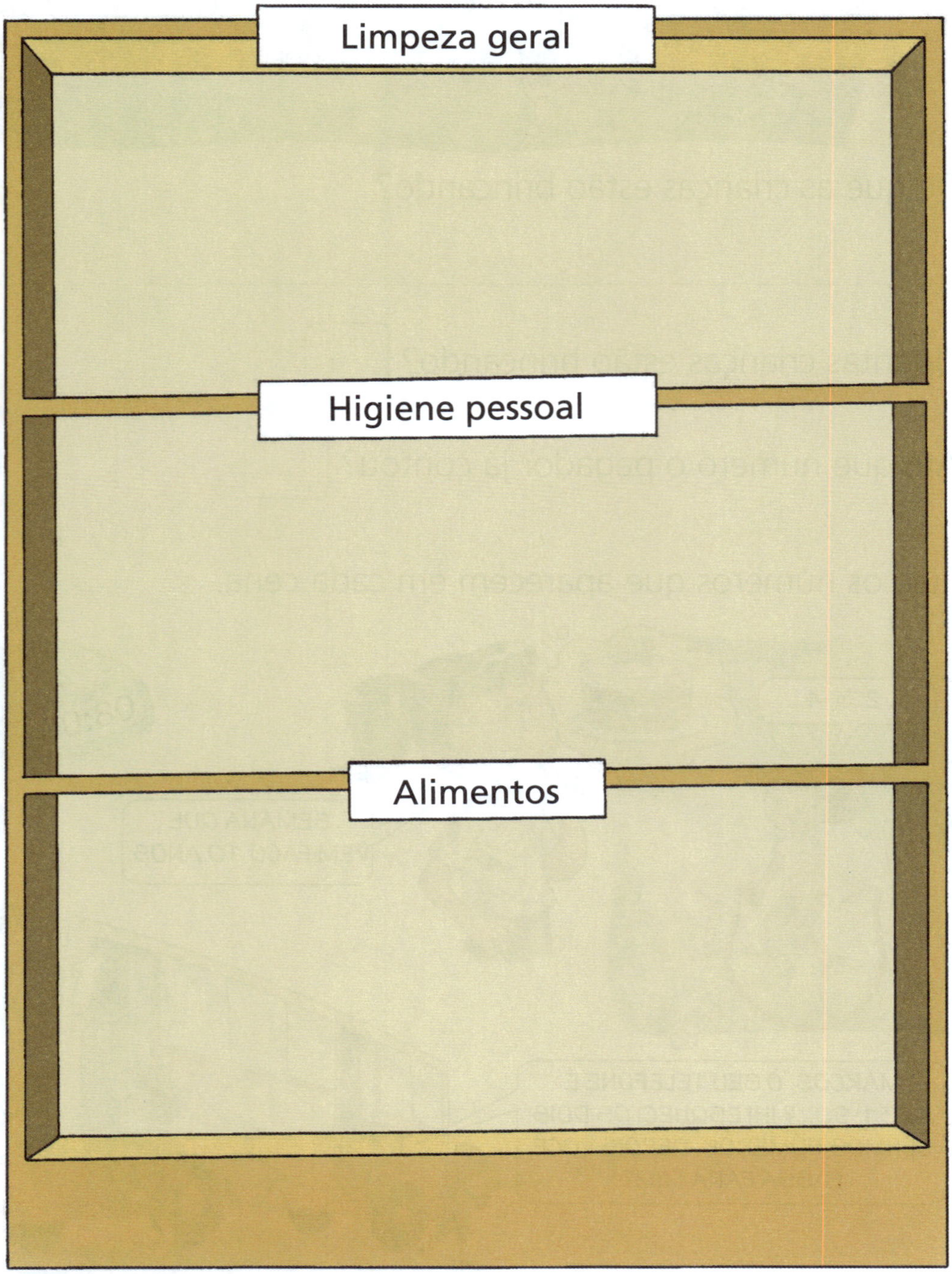

2. Agrupe as equipes para uma gincana. Cada cor de camiseta representa um grupo e cada grupo tem 6 componentes.

- Quantas crianças compareceram? Quantas faltaram?

compareceram	faltaram
🔵	
🔴	
🟢	

Observando, comparando e registrando

Observe a cena:

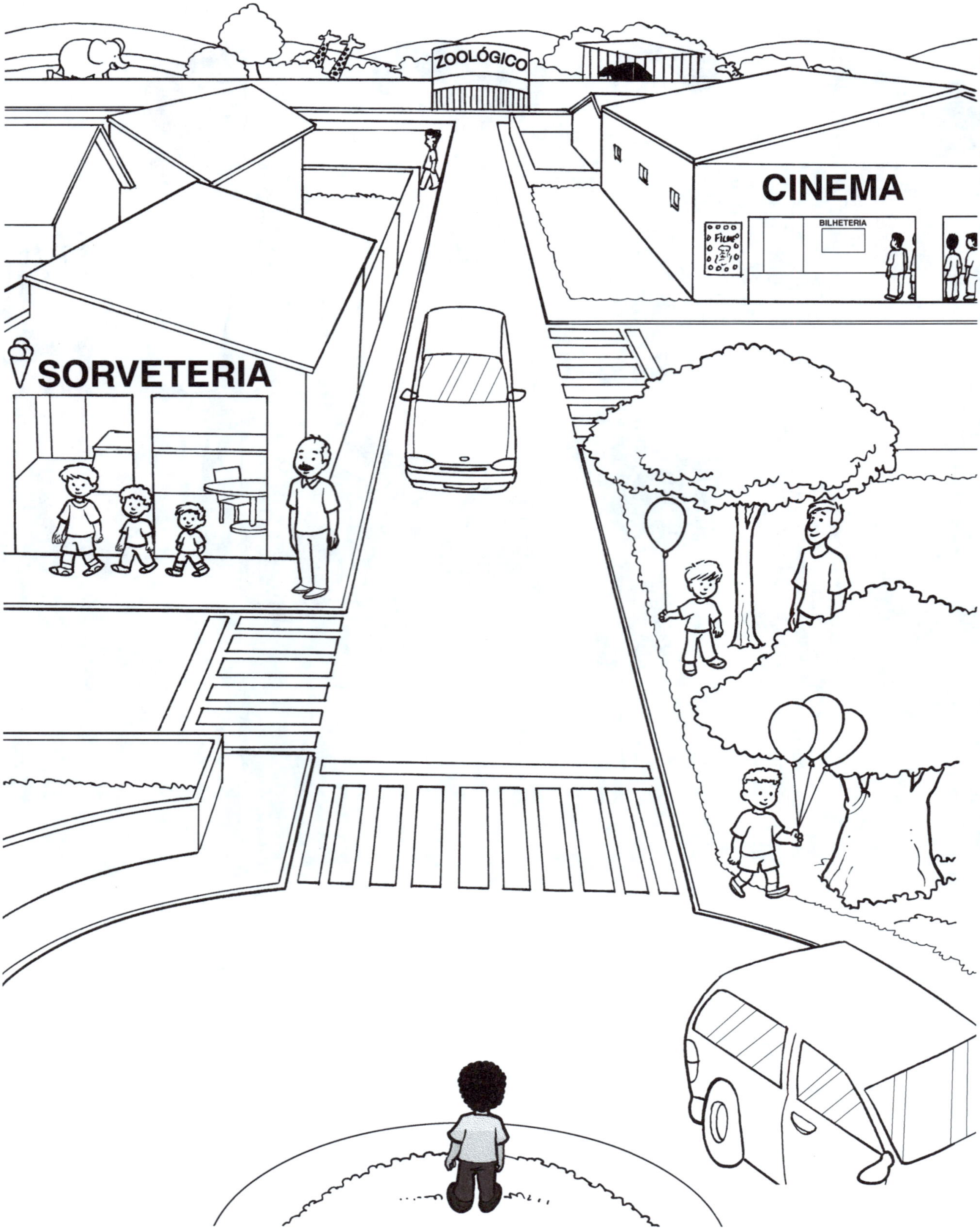

Ilustra Cartoon/Arquivo da editora

1. Faça as atividades de acordo com o que você observou na página anterior.

a) Para ir ao zoológico, o menino deve:

☐ virar à esquerda. ☐ ir em frente. ☐ virar à direita.

b) Se o menino quiser ir até a sorveteria, ele deve:

☐ virar na próxima esquerda. ☐ seguir em frente.

☐ entrar à direita.

c) Se o menino pegar a rua à direita, ele vai passar na frente:

☐ do cinema. ☐ do zoológico. ☐ da sorveteria.

d) Encontre a criança que tem mais balões e pinte-os.

e) Circule a criança que está perto da árvore de tronco fino.

f) Pinte a árvore que tem tronco mais grosso.

g) Na frente da sorveteria há três crianças. Pinte a mais alta e circule a mais baixa.

2. Assinale com um **X** a sala de aula em que há menos crianças.

Ilustrações: MW Editora Ilustrações Ltda./Arquivo da editora

3

Números naturais

Representação de números

Para representar uma quantidade usamos os símbolos:

0, **1**, **2**, **3**, **4**, **5**, **6**, **7**, **8** e **9**.

São os **algarismos**. Com eles podemos contar qualquer quantidade e formar qualquer número.

Os números que usamos para contar são chamados **números naturais**.

Complete com o número correspondente à quantidade de bolinhas de gude:

Ilustrações: Estúdio Mil/Arquivo da editora

	0	zero
		um
		dois
		três
		quatro
		cinco
		seis
		sete
		oito
		nove
		dez

1. Continue a escrever os numerais seguindo os movimentos indicados pelas setas.

1 1 ________

2 2 ________

3 3 ________

4 4 ________

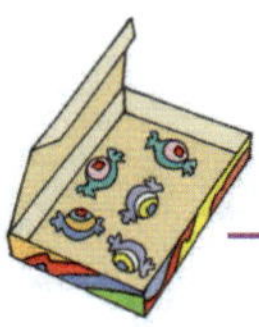
5 5 ________

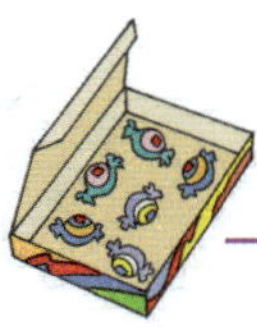
6 6 ________

7 7 ________

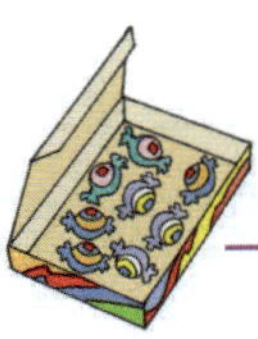
8 8 ________

9 9 ________

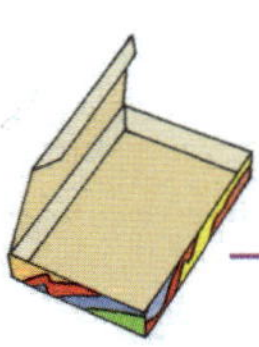
0 0 ________

Ilustrações: Ilustra Cartoon/Arquivo da editora

2. Continue escrevendo o nome de cada número.

1 um

2 dois

3 três

4 quatro

5 cinco

6 seis

7 sete

8 oito

9 nove

0 zero

3. Na aula de recreação, a professora pediu aos alunos que formassem grupos de acordo com as brincadeiras de que gostassem.

Ilustrações: Ilustra Cartoon/Arquivo da editora

- Agora, responda:

a) Quantas crianças participam das brincadeiras? ____________

b) Quantos grupos foram formados? ____________

c) Quantas crianças jogam boliche? ____________

d) Quantas crianças jogam peteca? ____________

e) Quantos grupos estão do lado esquerdo do pátio? ____________

f) E do lado direito? ____________

g) Quantos grupos estão no meio do pátio? ____________

Comparação de números

Igualdade e desigualdade

A professora pediu a cada criança que trouxesse gibis para montar uma gibiteca na sala de aula. Elas trouxeram diferentes gibis e em quantidades variadas.

- Mesma quantidade:

2 **é igual a** 2

$2 = 2$

3 **é diferente de** 5

$3 \neq 5$

Ilustrações: Ilustra Cartoon/Arquivo da editora

1. Escreva a quantidade de elementos de cada grupo e complete usando os símbolos $=$ ou $\neq$.

 ______ ______ ______ 

Andrey_Kuzmin/Shutterstock/Glow Images

 ______ ______ ______ 

Anki21/Shutterstock/Glow Images

 ______ ______ ______ 

Popartic/Shutterstock/Glow Images

2. Desenhe as quantidades de bolas indicadas e complete com $=$ ou $\neq$.

4 ______ 3

6 ______ 6

Maior que e menor que

Observe como ficou o jogo de varetas após uma rodada:

Ilustrações: Ilustra Cartoon/Arquivo da editora

Com os números naturais podemos saber se um número é menor ou maior que outro.

Compare a quantidade de varetas vermelhas de Tiago com a quantidade de varetas vermelhas de Rosângela.

6 **é menor que** 7

$6 < 7$

Para indicar que uma quantidade é menor que a outra usamos o sinal $<$.

Agora, compare a quantidade de varetas amarelas de cada um.

8 **é maior que** 5

$8 > 5$

Para indicar que uma quantidade é maior que a outra usamos o sinal $>$.

1. Pinte a quantidade de quadrinhos que o número estiver indicando.

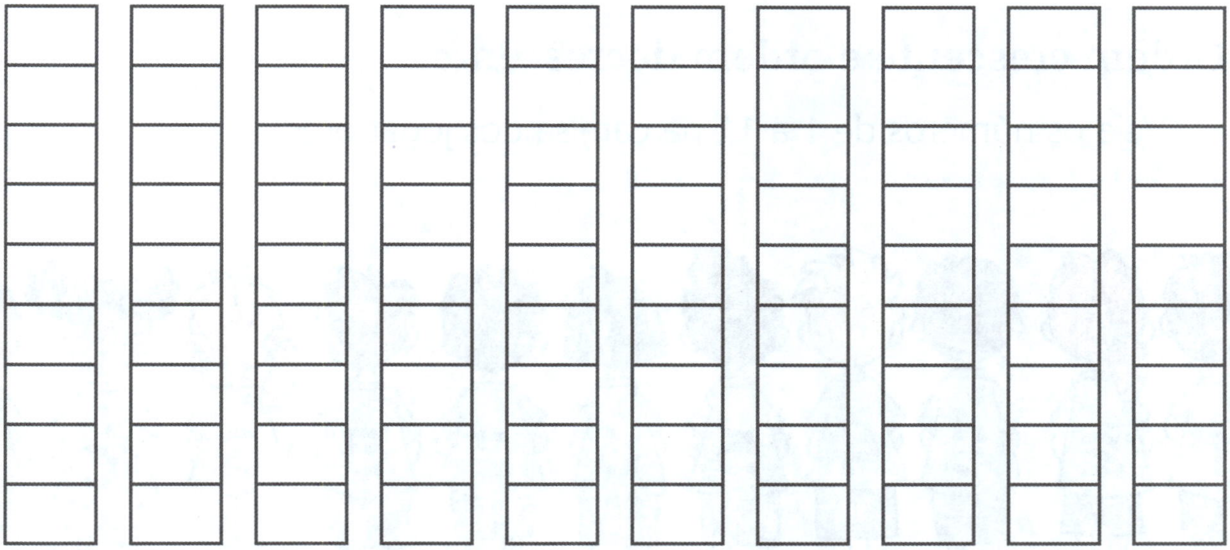

9 3 8 4 7 5 1 6 0 2

- Escreva os números, do menor para o maior, usando o símbolo $<$.

____

2. Observe a reta numerada e complete a sequência.

0	1			4		6			9

- Agora, responda:

a) Qual número vem antes do 1? ______

b) Qual número está entre o 3 e o 5? ______

c) Qual número vem logo antes do 4? ______

d) Qual número vem logo depois do 6? ______

3. Assinale **V** (verdadeiro) ou **F** (falso).

a) $5 < 4$ ☐

b) $9 < 7$ ☐

c) $1 > 4$ ☐

d) $6 > 5$ ☐

e) $2 < 5$ ☐

f) $1 < 2$ ☐

g) $2 > 8$ ☐

h) $5 > 2$ ☐

i) $7 < 9$ ☐

Ordenação de números

Ordem crescente e ordem decrescente

Veja os números de 1 a 11 na camisa dos jogadores.

Os números estão escritos do menor para o maior. Estão em **ordem crescente**. Representamos essa ordem assim:

$$1 < 2 < 3 < 4 < 5 < 6 < 7 < 8 < 9 < 10 < 11$$

Veja agora como estão organizados os mesmos jogadores.

Ilustrações: MW Editora Ilustrações Ltda./Arquivo da editora

Os números estão escritos do maior para o menor. Estão em **ordem decrescente**. Representamos essa ordem assim:

$$11 > 10 > 9 > 8 > 7 > 6 > 5 > 4 > 3 > 2 > 1$$

1. Complete a sequência dos números de 0 a 99.

0	1	2							9
10		12		14					
20					25				
		32							
40				44					
			53						
		62							
						76			
		82			85				
							97		

- Os números da sequência acima estão organizados:

☐ do maior para o menor. ☐ do menor para o maior.

2. Qual é o número vizinho mais próximo de:

18 → ☐ ☐ ← 22 ☐ ← 70

☐ ← 86 97 → ☐ 40 → ☐

☐ ← 32 → ☐ ☐ ← 80 → ☐

3. Organize os números abaixo, do menor para o maior.

Estúdio Mil/ Arquivo da editora

De olho na resolução de problemas

Faça em seu caderno

1. Caio tem 15 bolinhas de gude. Ele quer colocar 5 bolinhas em cada saquinho. De quantos saquinhos ele vai precisar? Antes de responder agrupe as bolinhas.

Ilustra Cartoon/Arquivo da editora

2. A professora pesquisou os sabores de suco preferidos dos seus alunos. Para cada aluno ela pintou um quadrinho. Veja:

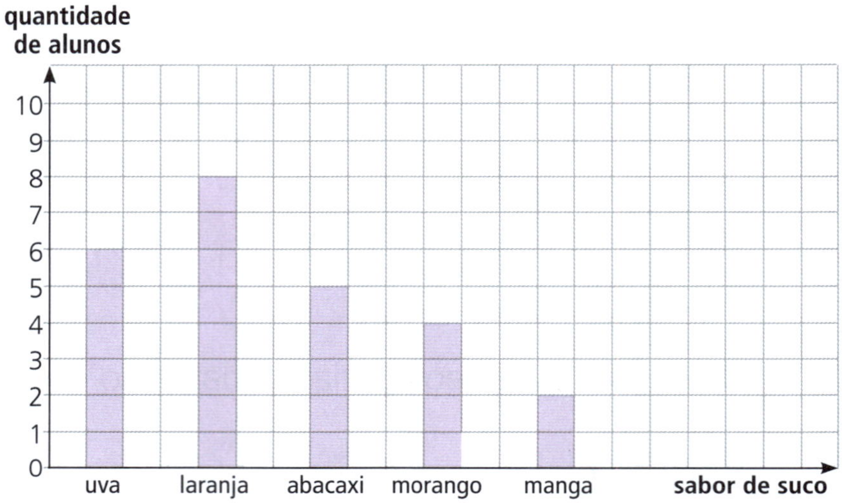

a) Qual foi o suco preferido da classe? Quantos alunos escolheram esse suco?

b) Qual foi o segundo suco mais escolhido? Quantos alunos escolheram esse suco?

c) Escreva o nome do suco que ficou em último lugar. Quantos alunos escolheram esse suco?

d) Se você tivesse que escolher um dos sucos acima, qual você escolheria? Quantos votos teria esse suco, contando com o seu?

Unidade

2

Sistemas de numeração e geometria

Andrea Ebert/Arquivo da editora

O QUE VOU ESTUDAR?

- Sistemas de numeração
- Noções de geometria
- Figuras e sólidos geométricos

4 Sistemas de numeração

Sistema de numeração decimal

Grupos de até 9 unidades

Para representarmos a quantidade em um grupo de até 9 elementos, usamos o quadro que representa a ordem das unidades.

Jorge Butsuem/Arquivo da editora

U
1

Fotos: Arquivo da editora
girafa e leão – Marcelo Zocchio;
abelha – André Nazareth/Strana;
elefante e joaninha – Ricardo Salgado

U
5

Rubens Chaves

U
9

Mas, e se quisermos representar a quantidade em um grupo com mais elementos? Para descobrir, leia a história em quadrinhos a seguir com os colegas e o professor.

Grupo de 10 unidades

Todos os dias, Eduardo e seu pai contavam suas cabras.

Ilustra Cartoon/Arquivo da editora

NO OUTRO DIA, AO CONTAR AS CABRAS, EDUARDO SE ATRAPALHOU E ACABOU DERRUBANDO O SACO COM AS PEDRINHAS NO CHÃO. VENDO AS PEDRAS ESPALHADAS, O PAI TEVE UMA IDEIA.

Ilustrações: Ilustra Cartoon/Arquivo da editora

DESSE DIA EM DIANTE, EDUARDO E SEU PAI PASSARAM A CONTAR AS CABRAS FORMANDO GRUPOS DE 10.

Ilustrações: Ilustra Cartoon/Arquivo da editora

Um grupo de 10 elementos é chamado **dezena**, e cada elemento, **unidade**. Observe:

1 unidade

2 unidades

3 unidades

4 unidades

5 unidades

6 unidades

7 unidades

8 unidades

9 unidades

10 unidades

ou

1 dezena

1. Tito está formando grupos de 3. Veja como ele formou o primeiro e faça o mesmo com os outros grupos.

grupos de 3	unidades que sobraram
4	1

grupos de 3	unidades que sobraram

grupos de 3	unidades que sobraram

Ilustrações: Ilustra Cartoon/Arquivo da editora

2. Separe as margaridas em grupos de 10.

Kim Nguyen/Shutterstock/Glow Images

- Agora, responda:

a) Quantos grupos foram formados? ______________________

b) No total, há quantas dezenas? ______________________

c) E quantas unidades? ______________________

3. Complete as operações até formar 1 dezena:

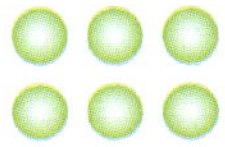 

6 + _____ } = 10 = { 2 + _____

Ordem das dezenas

Para formar o número dez, usamos os símbolos **1** e **0**. Cada um desses símbolos é escrito em uma posição chamada ordem. Observe:

ordem das dezenas	ordem das unidades
1	0

Simplificamos o quadro assim:

D	U
1	0

Os personagens da história que apresentamos anteriormente, Eduardo e seu pai, descobriram que ficava mais fácil trocar cada grupo de 10 pedrinhas por 1 pedaço de madeira. Vamos fazer como eles?

Vamos trocar por  cada grupo de 10 unidades ou **1 dezena**.

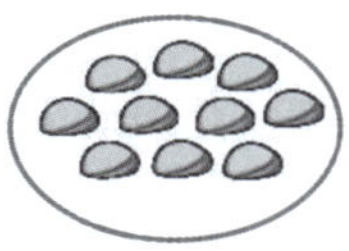

dezenas	unidades

1	0

1 grupo de 10 → 1 dezena → 10 unidades

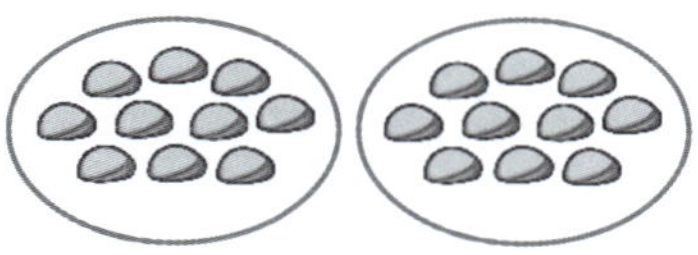

dezenas	unidades
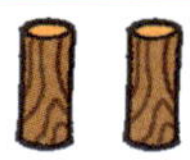	
2	0

2 grupos de 10 → 2 dezenas → 20 unidades

dezenas	unidades

______ grupos de 10 → ______ dezenas → ______ unidades

Ilustrações: Ilustra Cartoon/Arquivo da editora

Ilustrações: Ilustra Cartoon/Arquivo da editora

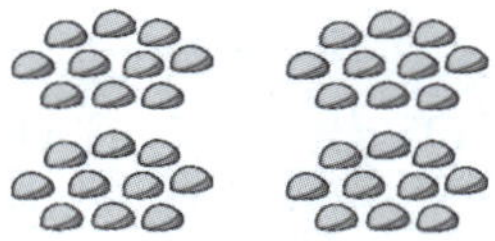

dezenas	unidades

_____ grupos de 10 → _____ dezenas → _____ unidades

dezenas	unidades

_____ grupos de 10 → _____ dezenas → _____ unidades

dezenas	unidades

_____ grupos de 10 → _____ dezenas → _____ unidades

dezenas	unidades

_____ grupos de 10 → _____ dezenas → _____ unidades

dezenas	unidades

_____ grupos de 10 → _____ dezenas → _____ unidades

dezenas	unidades

_____ grupos de 10 → _____ dezenas → _____ unidades

1. Eduardo e seu pai trocavam 10 pedrinhas por um pedaço de madeira, simbolizando, assim, a dezena.
No material dourado, trocam-se 10 cubinhos por uma barra.

Ilustra Cartoon/Arquivo da editora

- Agora, complete:

a) Preciso de ______ cubinhos para formar uma barra.

b) Uma barra tem ______ unidades.

c) Uma barra representa ______ dezena.

2. Complete a tabela.

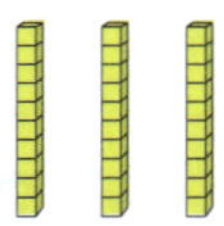	30	trinta
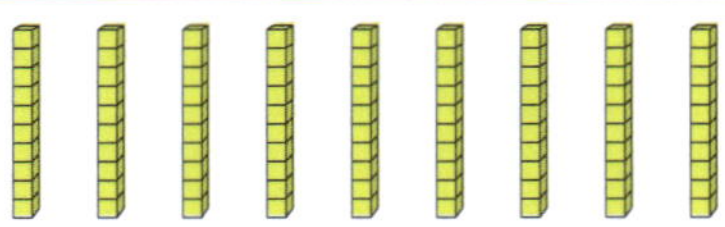		
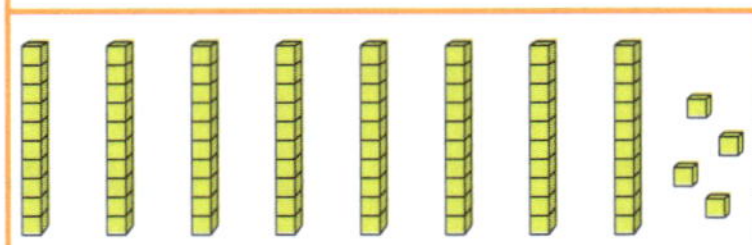		
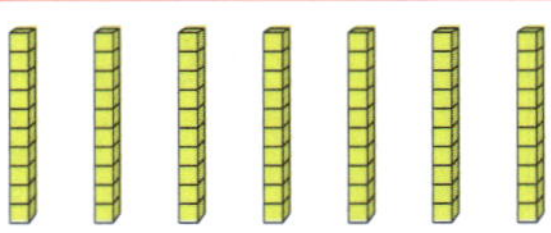		
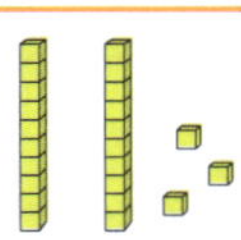		

3. Conte os alunos e os livros. Depois, escreva os números no quadro correspondente.

a) 

dezenas	unidades

Ilustrações: MW Editora Ilustrações Ltda./Arquivo da editora

b) 

dezenas	unidades

4. Vamos contar de 10 em 10? Escreva o número que vem antes e o que vem depois. Observe o exemplo:

10	20	30

	30	

	60	

	50	

5. Para descarregar um caminhão de tijolos, os operários fazem pilhas de 10 unidades. Observe:

Ilustra Cartoon/Arquivo da editora

- Agora, responda:

a) Quantas pilhas de 10 tijolos foram descarregadas? ______________

b) Nessas pilhas, quantos tijolos há? ______________

Grupo de 10 dezenas

Leonardo coleciona bolinhas de gude. Ele arrumou suas bolinhas em caixas. Em cada uma colocou 10 bolinhas, ou seja, 1 dezena.

1 dezena 1 dezena 1 dezena

1 dezena 1 dezena 1 dezena 1 dezena

1 dezena 1 dezena 1 dezena

Leonardo formou 10 dezenas.

Se contarmos as bolinhas de gude da coleção de Leonardo, uma a uma, veremos que ele tem 100 bolinhas.

Leonardo tem 1 **centena** de bolinhas de gude.

Ordem das centenas

Ilustrações: Ilustra Cartoon/Arquivo da editora

Observe nos quadros a representação das quantidades.

1 unidade

U
1

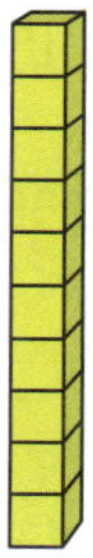

10 unidades

D	U
1	0

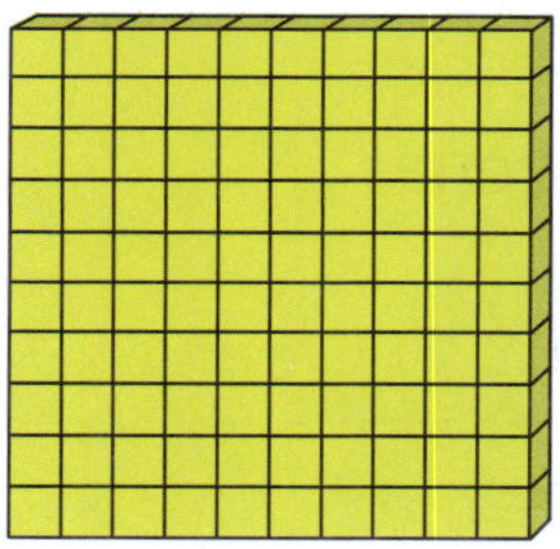

100 unidades

C	D	U
1	0	0

100 UNIDADES → 10 DEZENAS → 1 CENTENA

1 CENTENA → 100 (CEM)

Agora, observe e complete:

1 dezena → [ ] unidades

10 dezenas → [ ] unidades

100 unidades → [ ] centena

1 centena → [ ] dezenas

1. Represente a quantidade indicada em cada quadro.

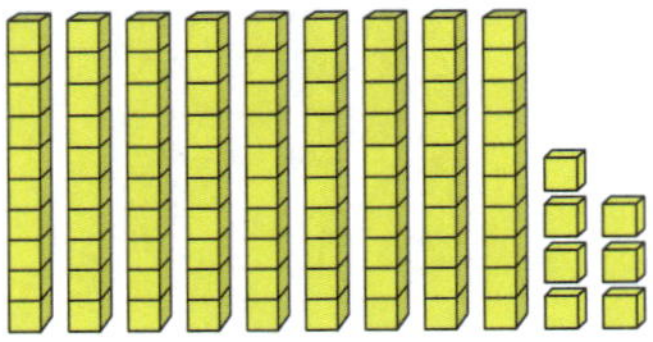

______ dezenas e ______ unidades

ou ______ unidades

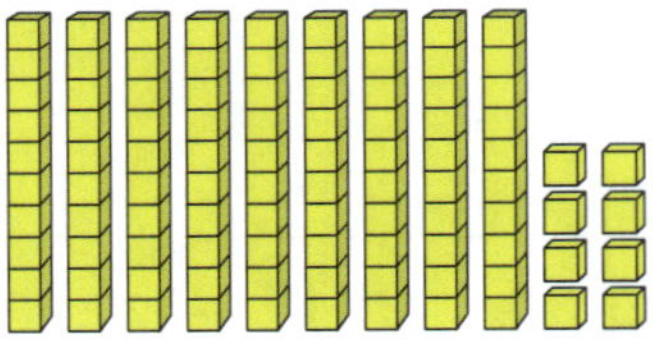

______ dezenas e ______ unidades

ou ______ unidades

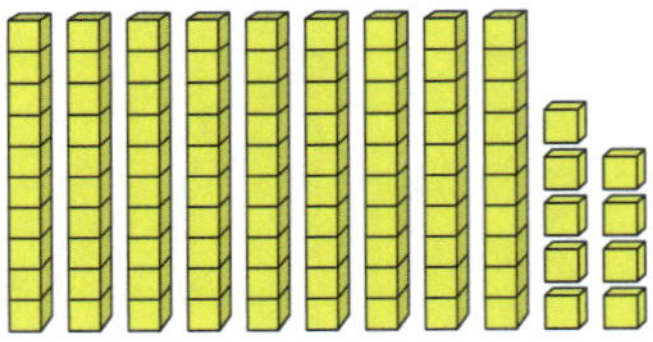

______ dezenas e ______ unidades

ou ______ unidades

______ centena ou ______ dezenas

ou ______ unidades

2. Continue a decompor os números.

a) 133 → 1 centena + 3 dezenas + 3 unidades

b) 154 → ______

c) 160 → ______

d) 124 → ______

e) 107 → ______

f) 111 → ______

g) 178 → ______

3. Observe os exemplos e continue a escrever os números.

	C	D	U	por extenso
1 centena mais 2 dezenas mais 5 unidades	1	2	5	cento e vinte e cinco
1 centena mais 5 dezenas mais 0 unidade	1	5	0	cento e cinquenta
1 centena mais 1 dezena mais 8 unidades				
1 centena mais 3 dezenas mais 2 unidades				
1 centena mais 6 dezenas mais 5 unidades				
1 centena mais 0 dezena mais 7 unidades				
1 centena mais 3 dezenas mais 7 unidades				
1 centena mais 1 dezena mais 0 unidade				
1 centena mais 9 dezenas mais 7 unidades				
1 centena mais 8 dezenas mais 1 unidade				
1 centena mais 4 dezenas mais 7 unidades				

Centenas exatas

A professora de Ester distribuiu uma cartela com desenhos de cubinhos a cada um dos alunos para que descobrissem quantos cubinhos havia nela.

Ester logo respondeu:

Ilustrações: Ilustra Cartoon/Arquivo da editora

Agora, vamos contar de 100 em 100:

1 centena → 100 unidades

2 centenas → 200 unidades	6 centenas → 600 unidades
3 centenas → 300 unidades	7 centenas → 700 unidades
4 centenas → 400 unidades	8 centenas → 800 unidades
5 centenas → 500 unidades	9 centenas → 900 unidades

Veja como lemos e escrevemos por extenso esses números:

100 → cem	
200 → duzentos	600 → seiscentos
300 → trezentos	700 → setecentos
400 → quatrocentos	800 → oitocentos
500 → quinhentos	900 → novecentos

1. Veja as cartelas que a professora de Ester distribuiu:

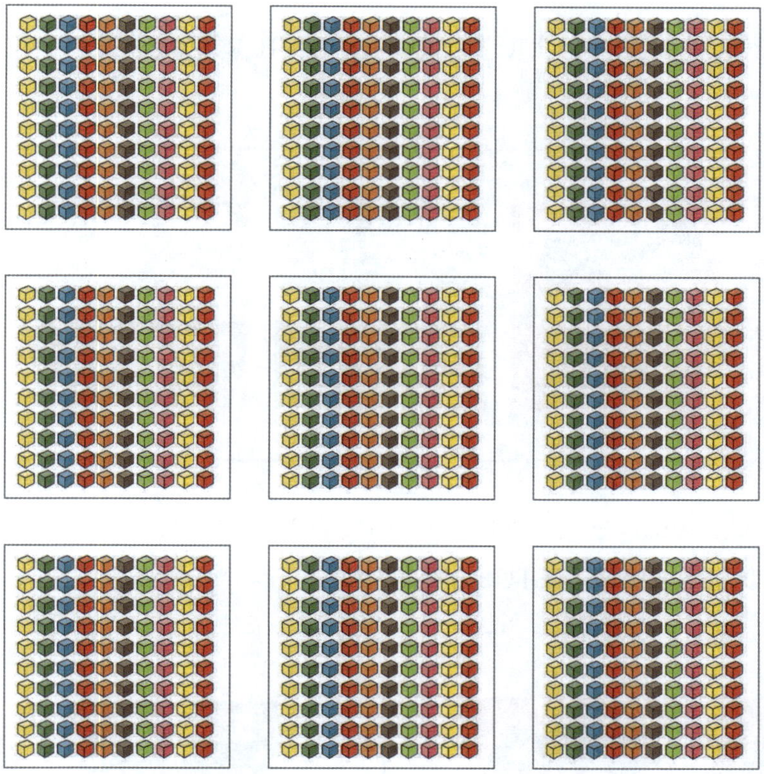

Ilustra Cartoon/Arquivo da editora

- Agora, complete:

a) Em 1 cartela há ________ cubinhos.

b) Em 2 cartelas há ________ cubinhos.

c) Em 6 cartelas há ________ cubinhos.

d) Em 9 cartelas há ________ cubinhos.

2. Complete a sequência seguindo as setas.

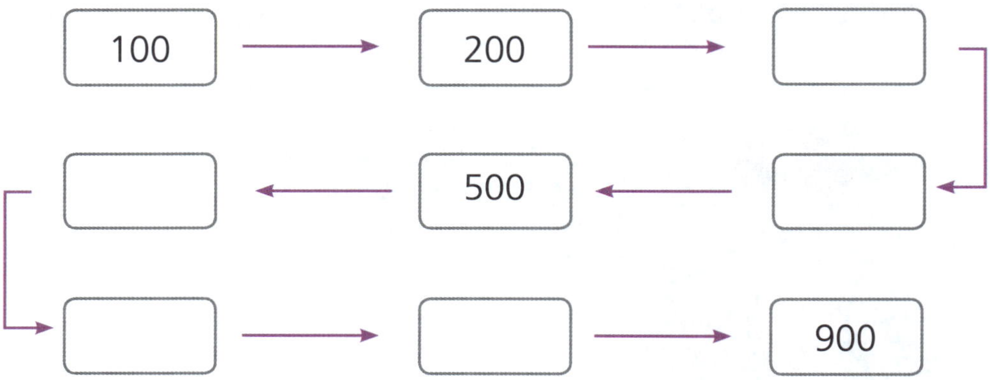

Números pares e números ímpares

Marcel coleciona selos. Ele costuma contar seus selos agrupando-os de 2 em 2.

Neveshkin Nikolay/Shutterstock/Glow Images

Hoje, o pai de Marcel chegou do trabalho e deu a ele mais um selo. Então, o garoto fez estes agrupamentos:

6

Marcel agrupou de 2 em 2 e não sobrou nenhum selo.

O número 6 é **par**.

5

Marcel agrupou de 2 em 2 e sobrou 1 selo.

O número 5 é **ímpar**.

Neveshkin Nikolay/Shutterstock/Glow Images

Ilustra Cartoon/Arquivo da editora

Podemos reconhecer se um número é par ou ímpar da seguinte forma:

1. Pinte de amarelo os números pares e, de vermelho, os números ímpares.

86	33	1	64
2	95	24	77
17	3	5	18

2. Observe, leia e complete:
Daniel e Pedro estão brincando de par ou ímpar. Daniel vence se der número ímpar e Pedro, se der número par.

Na primeira vez, Daniel mostrou 3 dedos e Pedro, 1.

$3 + 1 = 4$ 4 é __________, então _______________ venceu.

Depois, Daniel mostrou 5 dedos e Pedro, 2.

$5 + 2 = 7$ 7 é __________, então _______________ venceu.

Numeração ordinal

Quando queremos indicar **ordem**, **posição** ou **lugar**, usamos os **números ordinais**.

Ilustra Cartoon/Arquivo da editora

Vamos conhecer os números ordinais até 30?

1º → primeiro	11º → décimo primeiro	21º → vigésimo primeiro
2º → segundo	12º → décimo segundo	22º → vigésimo segundo
3º → terceiro	13º → décimo terceiro	23º → vigésimo terceiro
4º → quarto	14º → décimo quarto	24º → vigésimo quarto
5º → quinto	15º → décimo quinto	25º → vigésimo quinto
6º → sexto	16º → décimo sexto	26º → vigésimo sexto
7º → sétimo	17º → décimo sétimo	27º → vigésimo sétimo
8º → oitavo	18º → décimo oitavo	28º → vigésimo oitavo
9º → nono	19º → décimo nono	29º → vigésimo nono
10º → décimo	20º → vigésimo	30º → trigésimo

- Observe a ordem de chegada em um campeonato de ciclismo:

Ilustra Cartoon/Arquivo da editora

- Responda:

a) Quem chegou em segundo lugar? ______________________

b) Em que lugar chegou Felipe? ______________________

c) Quem foi o último a chegar? ______________________

d) Quem venceu a competição? ______________________

e) Qual é a posição de Juliana? ______________________

- Agora, escreva por extenso a ordem de chegada de cada criança.

Marcelo: sexto lugar. Sabrina: ____________ lugar.

Fábio: ____________ lugar. Juliana: ____________ lugar.

Pedro: ____________ lugar. Felipe: ____________ lugar.

Sistema de numeração romano

Há muitos e muitos anos o ser humano aprendeu a contar, criando símbolos para representar quantidades.

Alguns povos criaram seus próprios símbolos.

Os romanos, por exemplo, escreviam os números usando 7 letras do alfabeto. Observe:

Anno de M. DCC. XLVII.

Arquivo da editora

Hoje em dia, os números romanos aparecem em:

- mostradores de alguns relógios.

João Seabra/Shutterstock/Glow Images

- nomes de reis, imperadores e papas.

Coleção particular

Dom Pedro II

- numeração de eventos, volumes e capítulos de livros, etc.

<www.iea.usp.br/iea/mudancasglobais.html>. Acesso em: 28 mar. 2011.

Vamos conhecer os números romanos até 20:

1 → I	6 → VI	11 → XI	16 → XVI
2 → II	7 → VII	12 → XII	17 → XVII
3 → III	8 → VIII	13 → XIII	18 → XVIII
4 → IV	9 → IX	14 → XIV	19 → XIX
5 → V	10 → X	15 → XV	20 → XX

1. Desenhe os livros na estante, arrumando-os pela numeração dos volumes em ordem crescente.

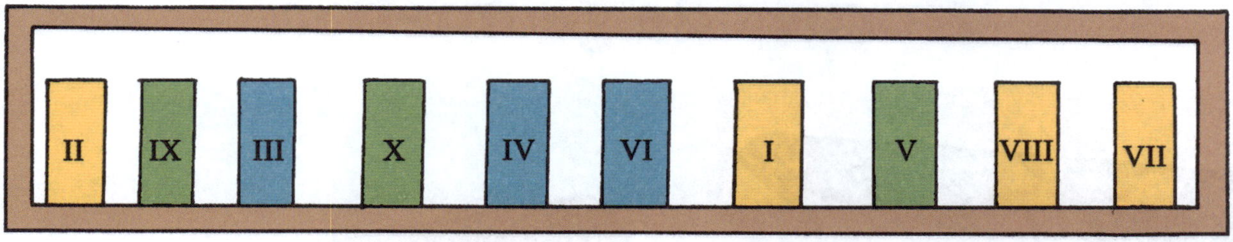

Ilustrações: MW Editora Ilustrações Ltda./Arquivo da editora

2. Alguns relógios ainda apresentam mostradores com números romanos. Que horas marca cada relógio?

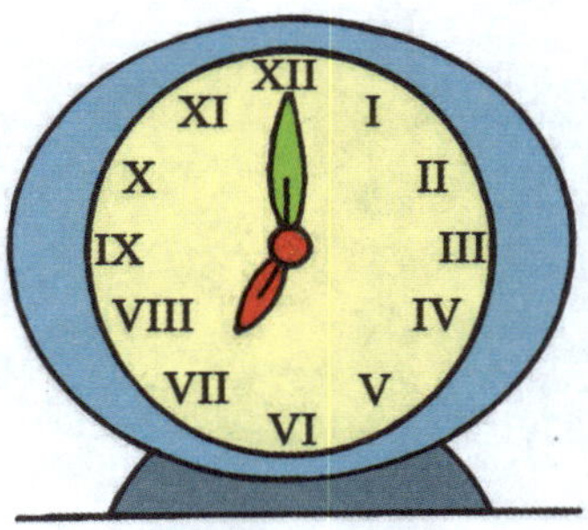

______ horas

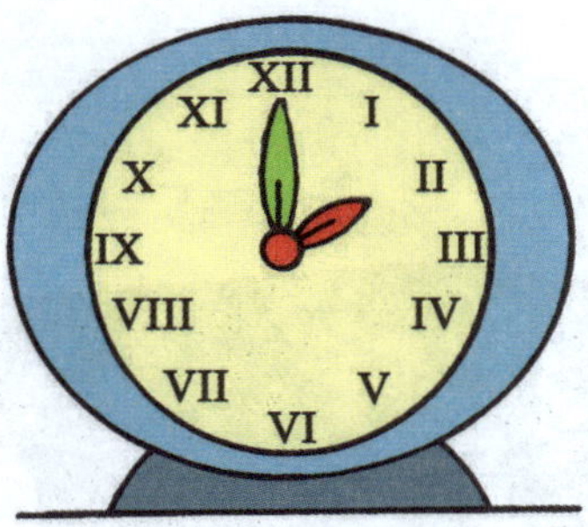

______ horas

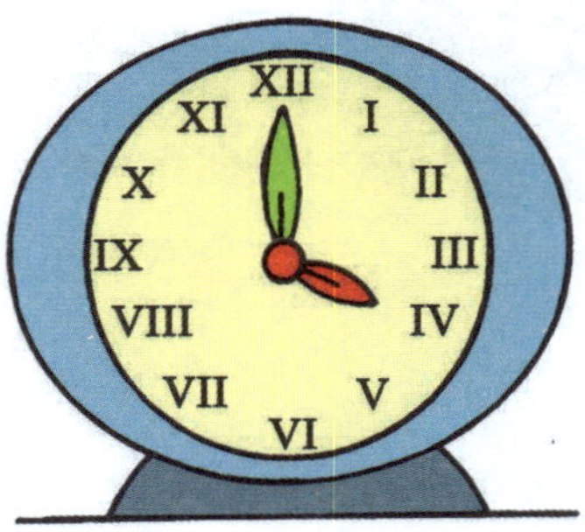

______ horas

______ horas

5

Noções de geometria

PhotoDisc

PhotoDisc

PhotoDisc

Dynamic Graphics

PhotoDisc

Linhas retas e linhas curvas

Observe as fotos acima e tente identificar os elementos que podem representar **linhas retas** e **linhas curvas**.

1. Observe novamente as fotos da página anterior. Desenhe abaixo uma linha reta e uma linha curva.

linha reta	linha curva

2. Veja as linhas que as crianças estão pintando.

Ilustra Cartoon/Arquivo da editora

a) Quem está pintando uma linha reta, o menino ou a menina?

____

b) Quem está pintando uma linha curva?

____

3. Com uma régua, trace retas de um ponto a outro.

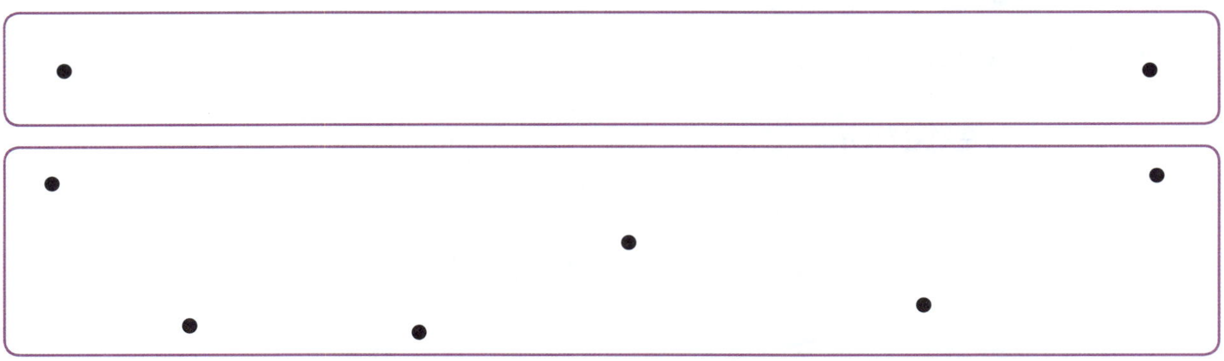

Linhas abertas e linhas fechadas

Nas fotos, em geral, também encontramos elementos que podem representar **linhas abertas** e **linhas fechadas**.

Vitaly M/Shutterstock/Glowimages

Rubens Chaves

Agora, veja:

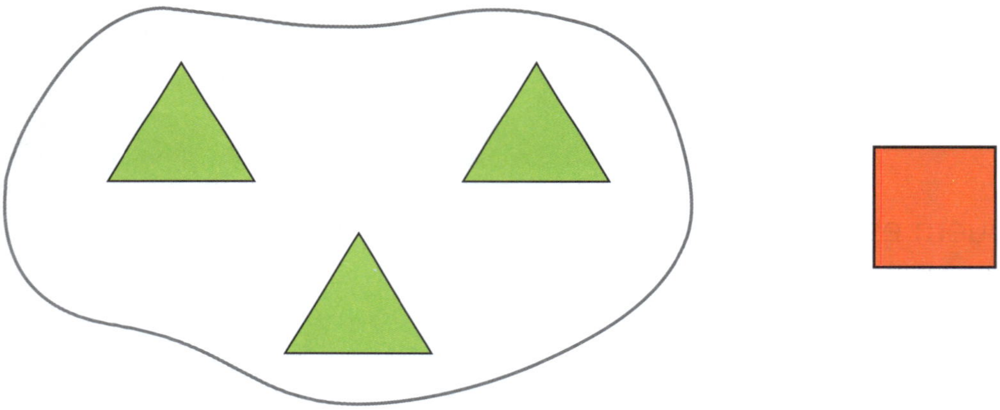

Os triângulos estão dentro da linha fechada, isto é, estão na parte **interior**. O quadrado está fora da linha fechada. Ele está, portanto, na parte **exterior**.

A linha fechada é a **fronteira**. Ela separa o interior do exterior.

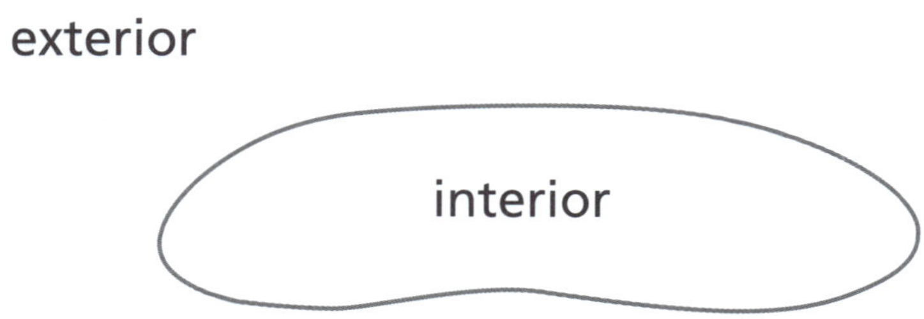

1. Ligue os pontos e escreva se você traçou uma linha aberta ou uma linha fechada.

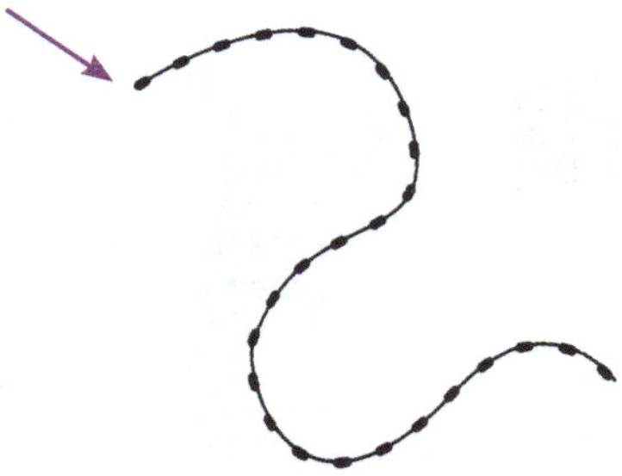

linha aberta

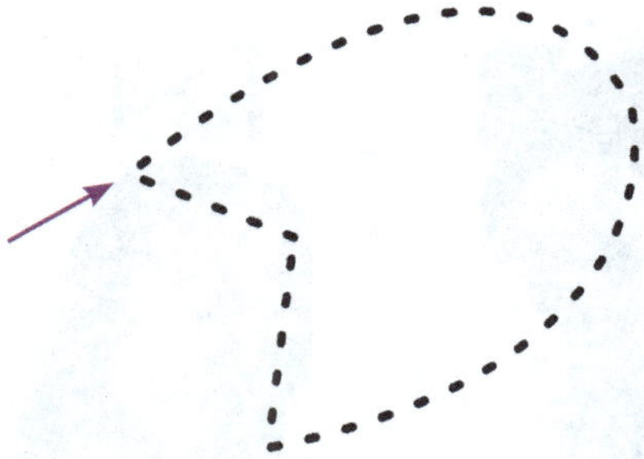

linha ____________

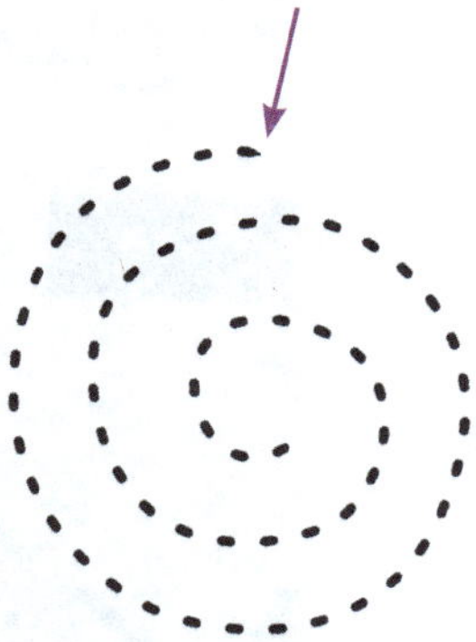

linha ____________

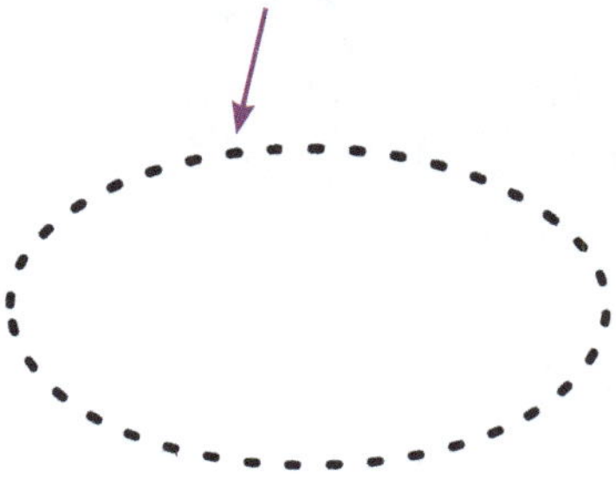

linha ____________

linha ____________

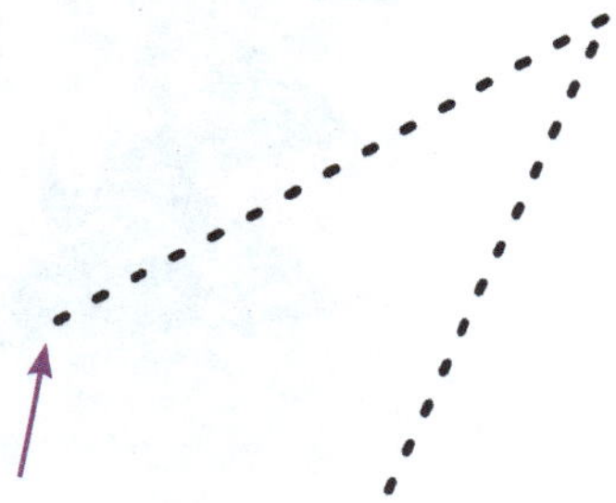

linha ____________

2. As linhas também servem para indicar caminhos. Trace no quadriculado o caminho que a tartaruga fez, seguindo o código.

Os números indicam a quantidade de casas que é preciso percorrer. As setas indicam o sentido.

1	1	2	1	1	1	3
→	↑	→	↑	←	↑	→

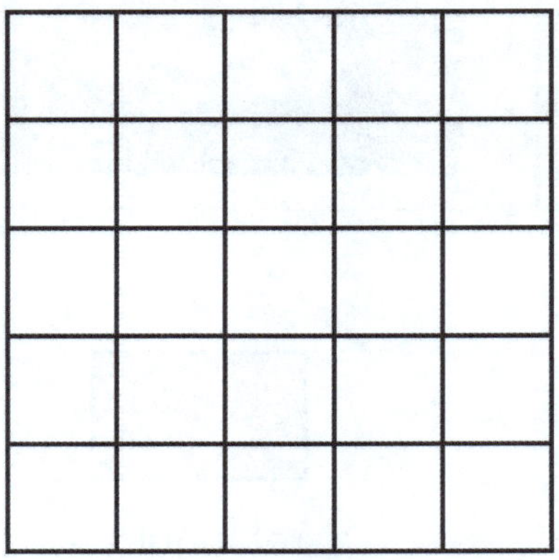

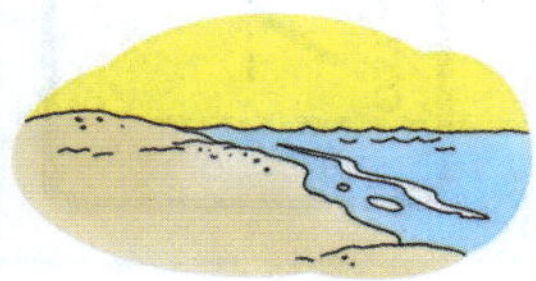

Ilustrações: Ilustra Cartoon/Arquivo da editora

6

Figuras e sólidos geométricos

Rubens Chaves

Figuras geométricas planas

Alguns objetos que usamos no dia a dia podem representar figuras geométricas planas. Observe:

Koosen/Shutterstock/Glow Images

quadrado

Andrey Burmakin/Shutterstock/Glow Images

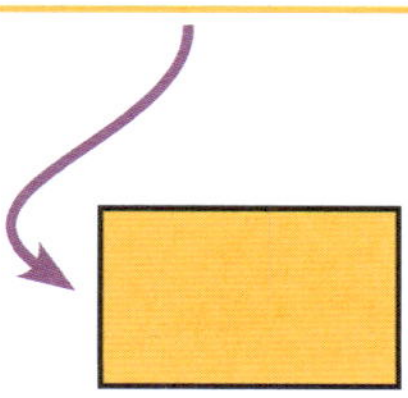

retângulo

Ruslanchik/Shutterstock/Glow Images

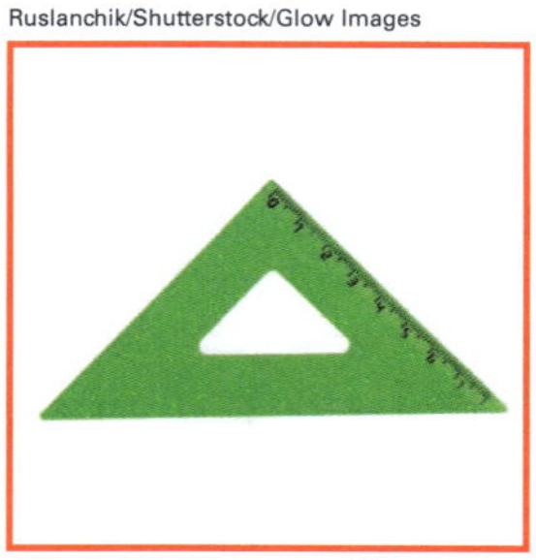

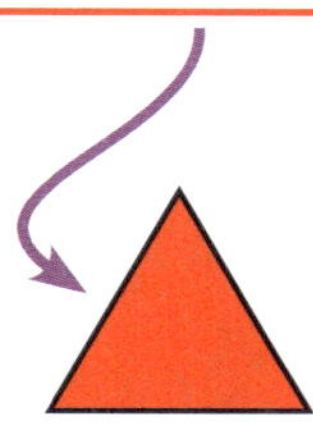

triângulo

Limpido/Shutterstock/Glow Images

círculo

1. Quantos triângulos e quantos retângulos aparecem no barquinho?

Ilustra Cartoon/Arquivo da editora

_______ retângulo

_______ triângulos

2. Ligue as figuras geométricas ao nome correspondente.

círculo

triângulo

quadrado

retângulo

Sólidos geométricos

Você já reparou na forma dos objetos do nosso dia a dia? Muitas vezes eles lembram a forma dos sólidos geométricos.

Rubens Chaves

Siamionau Pavel/Shutterstock/Glow Images

Observe as formas e seus nomes:

Spe/Shutterstock/Glow Images

Este chapéu e os objetos parecidos com ele têm a forma de um **cone**.

Fotos: Arquivo da editora

Zoran Karapancev/ Shutterstock/Glow Images

Esta construção e os objetos parecidos com ela têm a forma de uma **pirâmide**.

Lana Langlois/ Shutterstock/Glow Images

Esta caixa e os objetos parecidos com ela têm a forma de um **paralelepípedo**.

Sarah2/Shutterstock/ Glow Images

Esta embalagem e os objetos parecidos com ela têm a forma de um **cilindro**.

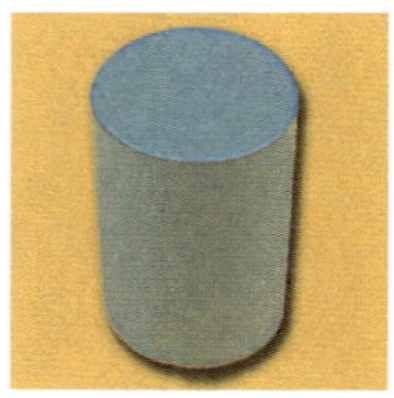

Aptyp_koK/Shutterstock/ Glow Images

Esta bola e os objetos parecidos com ela têm a forma de uma **esfera**.

Swapan Photography/ Shutterstock/Glow Images

Este dado e os objetos parecidos com ele têm a forma de um **cubo**.

- Leia, observe e responda:

a) Alice comprou um chapéu para a festa do Dia das Bruxas. Um chapéu de bruxa tem a forma de que sólido geométrico?

Ilustrações: Ilustra Cartoon/Arquivo da editora

b) Seu João está pintando a casa. Um rolo para pintar parede tem a forma de que sólido geométrico?

c) Dona Amélia abriu a caixa de pasta de dentes. Essa caixa tem a forma de que sólido geométrico?

d) Cláudio joga futebol. A bola de futebol tem a forma de que sólido geométrico?

Vista de frente, de lado e de cima

No passeio ao zoológico, Diego ficou encantado com os jabutis.

Observe algumas das fotos que o pai de Diego tirou:

Jabuti visto de frente.
(visão frontal)

Jabuti visto de lado.
(visão lateral)

Jabuti visto de cima.
(visão superior)

Fotos: Fabio Colombini

Dona Maria deu uma bicicleta de presente para os filhos, Ewerton e Raquel.

Ilustrações: Ilustra Cartoon/Arquivo da editora

Quem vê a bicicleta assim?

vista de cima

____

vista de frente

____

vista de lado

____

1. Pedro colocou no chão uma caixa de sapatos e olhou para ela bem de cima. Veja:

Ilustrações: Ilustra Cartoon/Arquivo da editora

Depois, Pedro desenhou a vista superior da caixa. Qual foi o desenho que Pedro fez? Circule-o.

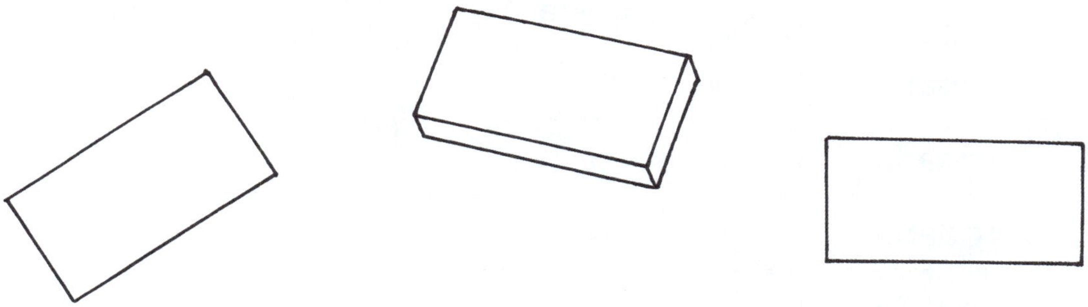

2. Ligue os objetos a suas vistas superiores.

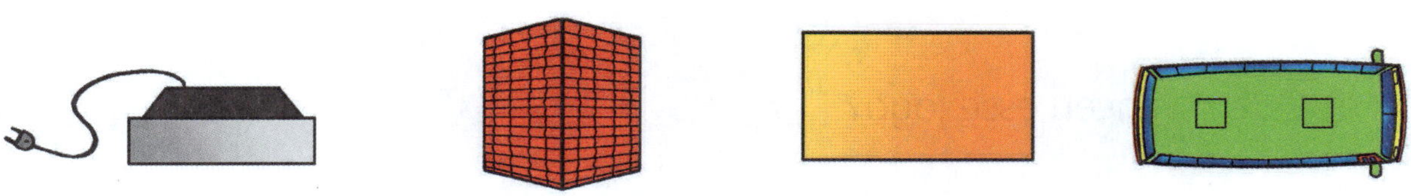

De olho na resolução de problemas

Faça em seu caderno

1. Juliana coleciona gibis. Para arrumar sua coleção ela fez pilhas de 10. Observe e, em seguida, responda.

Ilustra Cartoon/ Arquivo da editora

a) Quantas pilhas de 10 gibis Juliana arrumou? ______

b) Quantos gibis há na coleção de Juliana? ______

2. Veja o resultado de um jogo de dados. Depois, responda:

	Luciara	Joana
1ª rodada	9	14
2ª rodada	6	2
3ª rodada	4	5
4ª rodada	12	7

a) Quantos pontos Luciara marcou na 1ª rodada? E Joana?

______

b) Quantos pontos Luciara marcou na última rodada? E Joana?

______

c) No total, quantos pontos cada jogadora marcou?

______

d) Quem venceu esse jogo? ______

Unidade

3

Sistema monetário e operações com números naturais

Andrea Ebert/Arquivo da editora

O QUE VOU ESTUDAR?

- Nosso dinheiro: o real
- Registrando informações
- Operações com números naturais

7

Nosso dinheiro: o real

Cada país ou grupo de países tem seu dinheiro.

Nosso dinheiro é o **real**.

O símbolo do real é **R$**.

O real está dividido em cem partes iguais. Cada uma dessas partes chama-se **centavo**.

O real apresenta-se em cédulas e moedas.

Fotos: Casa da Moeda do Brasil/Ministério da Fazenda

1. Larissa tem R$ 4,50. Faça um **X** no brinquedo que ela pode comprar com esse dinheiro.

Russ Witherington/Shutterstock/Glow Images

R$ 6,00 ☐

Perry Correll/Shutterstock/Glow Images

R$ 30,00 ☐

Renewer/Shutterstock/Glow Images

R$ 3,00 ☐

2. Numere a 2ª coluna de acordo com a 1ª.

1 

2 

3 

4 

5 

6 

☐ 

☐ 

☐ 

☐ 

☐ 

☐ 

Fotos: Casa da Moeda do Brasil/Ministério da Fazenda

8

Registrando informações

Tabelas e gráficos

Na sala de aula de Angélica, foi realizada uma pesquisa para verificar os esportes preferidos dos alunos. Cada aluno citou um esporte.

Com o resultado da pesquisa, a professora montou uma tabela e um gráfico. Veja:

Ilustrações: Sérgio Cântara/Arquivo da editora

- Na semana da criança, a escola promoveu um campeonato para os alunos. Observe na tabela o número de inscritos por jogo e responda às questões.

jogo	número de alunos
pingue-pongue	18
boliche	12
varetas	20
dominó	25
dama	18

a) Qual jogo obteve a segunda colocação em número de alunos inscritos?

____

b) Qual jogo teve mais alunos inscritos? ____________________

c) Quais jogos tiveram o mesmo número de inscritos?

____

d) Qual jogo teve menos alunos inscritos? ____________________

e) Complete o gráfico abaixo pintando os espaços de acordo com os dados da tabela.

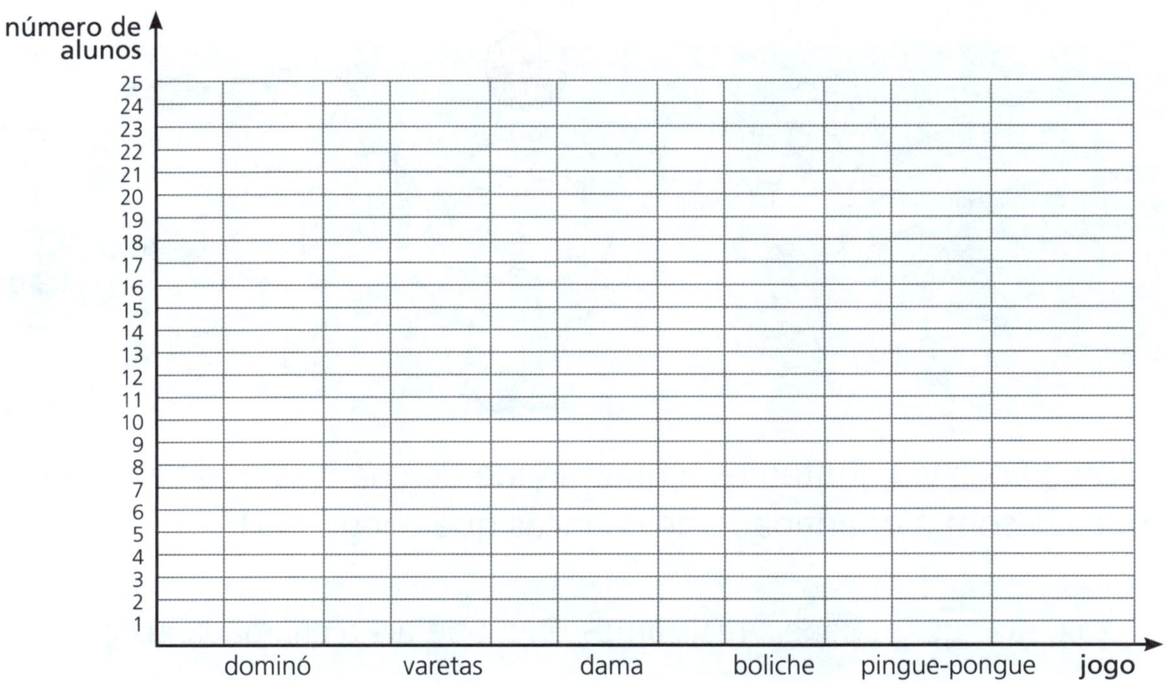

9

Operações com números naturais

Adição

Você já aprendeu que o número surgiu da necessidade que o ser humano teve de contar quantidades.

Em seguida, surgiu a necessidade de **fazer contas** com essas quantidades. Observe:

Duas crianças brincavam no parque quando mais uma se juntou a elas.

Ilustrações: Sérgio Cântara/Arquivo da editora

Assim, com a chegada de mais uma criança ao parque, ficaram três crianças ao todo.

Como você viu, juntamos a quantidade de crianças que havia no parque (2) com a quantidade de crianças que chegou (1).

Ao juntar quantidades, realizamos uma operação chamada **adição**.

Em Matemática, escrevemos:

3 mais 2 é igual a 5

E representamos assim:

3	+	2	=	5
parcela		parcela		soma ou total

\+ é o sinal da operação de **adição**.

Podemos representar a adição nas seguintes formas:

horizontal

$3 + 3 = 6$

$3 + 1 + 2 = 6$

vertical

$$\begin{array}{r} 15 \\ +\ 14 \\ \hline 29 \end{array} \qquad \begin{array}{r} 15 \\ 14 \\ +\ 20 \\ \hline 49 \end{array}$$

Saiba mais

Origem do símbolo +

O símbolo + foi usado pela primeira vez em 1489 em um livro do alemão Johann Widman, escrito para ensinar a Matemática usada no comércio. Nessa época, o sinal de + significava que a mercadoria estava **a mais** (em excesso).

1. Faça as somas abaixo e ligue os números ao resultado correto.

8 + 2 + 1	**10**
6 + 4	**8**
5 + 4	**7**
7 + 1	**11**
3 + 2 + 2	**9**

2. Encontre o total e pinte as somas de acordo com o código.

Código:

verde	6
laranja	9
rosa	10
roxo	5
amarelo	7

0 + 7	10 + 0	5 + 2	6 + 3
4 + 3	3 + 2	5 + 5	7 + 2
2 + 3	3 + 3	6 + 1	5 + 1
0 + 6	5 + 4	6 + 4	2 + 7

3. Observe:

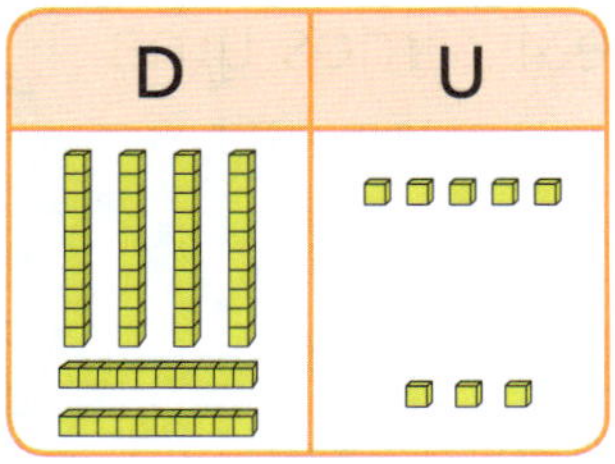

4 5 → 1ª parcela	45 quarenta e cinco
+ 2 3 → 2ª parcela	23 vinte e três
6 8 68 → soma ou total	68 sessenta e oito

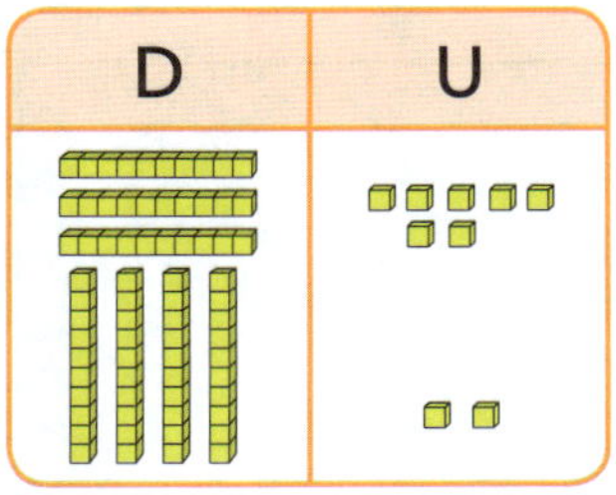

3 7 → 1ª parcela

\+ 4 2 → 2ª parcela

→ soma ou total

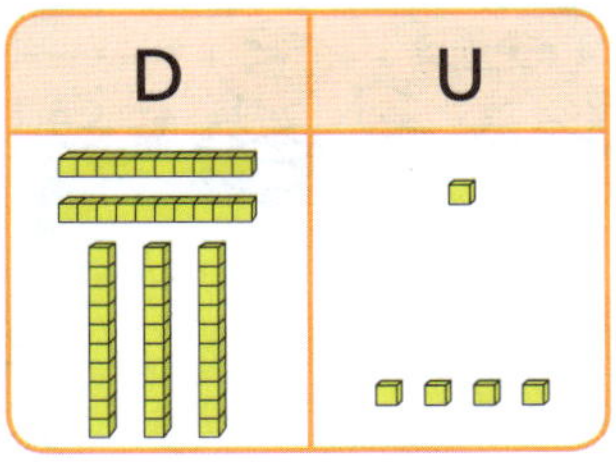

2 1 → 1ª parcela

\+ 3 4 → 2ª parcela

→ soma ou total

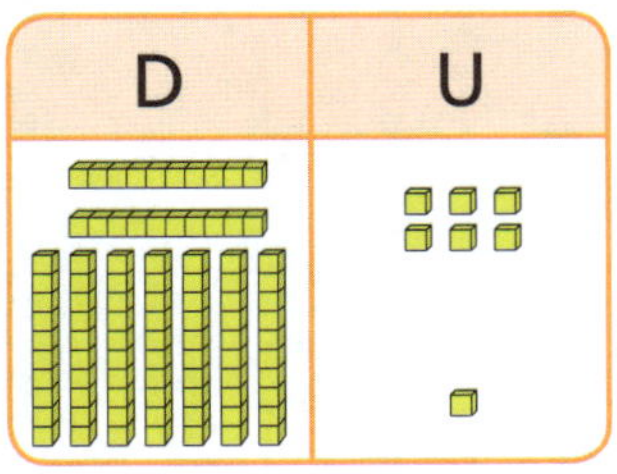

2 6 → 1ª parcela

\+ 7 1 → 2ª parcela

→ soma ou total

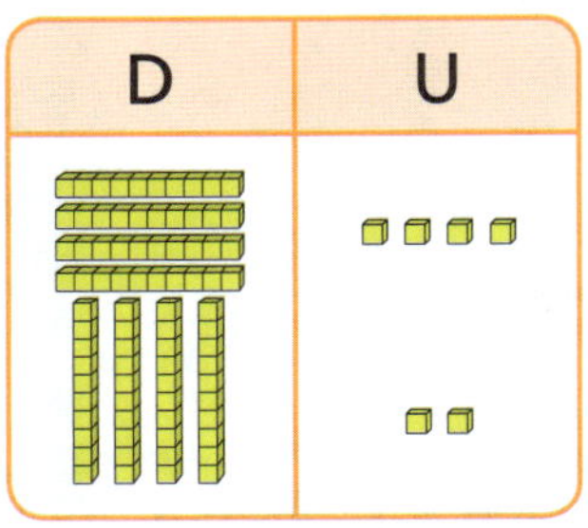

4 4 → 1ª parcela

\+ 4 2 → 2ª parcela

→ soma ou total

Subtração

Já vimos que, ao juntar duas ou mais quantidades, realizamos uma operação chamada adição.

Agora vamos conhecer outra operação. Observe:

- Ideia de **tirar**

Dona Joaquina tinha 8 laranjas em sua fruteira. Para fazer um suco, ela usou 6 laranjas. Quantas restaram?

Restaram 2 laranjas.

Sérgio Cântara/Arquivo da editora

Para encontrar essa resposta, fazemos assim:

Da quantidade de laranjas (8) tiramos outra quantidade (6). Então:

8 menos 6 é igual a 2

Representação:

8	−	6	=	2
minuendo		subtraendo		resto ou diferença

− é o sinal da operação de **subtração**.

Quando tiramos uma quantidade de outra, realizamos uma operação chamada **subtração**.

- Ideia de **quanto a mais**

Raquel e sua prima Amanda colecionam bonecas. Raquel tem 12 bonecas e Amanda, 8. Quantas bonecas Raquel tem a mais que a prima?

Fotos: Rubens Chaves/Arquivo da editora

Para saber quantas bonecas Raquel tem a mais, fazemos:

$$12 - 8 = 4$$

- Ideia de **quanto falta**

Carlos está lendo um livro de 24 páginas. Ele está terminando de ler a página 11. Quantas páginas faltam para Carlos terminar o livro?

Se Carlos está na página 11, ele ainda deverá ler 13 páginas para chegar à página 24, pois de 11 para 24 faltam 13.

Representação: $24 - 11 = 13$.

Assim como a adição, a subtração também pode ser representada nas formas:

horizontal

6	−	**2**	=	**4**
minuendo		subtraendo		resto ou diferença

vertical

6	→ minuendo
− 2	→ subtraendo
4	→ resto ou diferença

1. Observe com atenção as figuras, faça a sua representação e resolva as subtrações.

Ilustrações: Sérgio Cântara/Arquivo da editora

_____ − _____ = _____ _____ − _____ = _____

2. Observe a figura e complete:

a) Podemos ver _____ bolas na loja.

b) Pinte as bolas, sabendo que 4 são amarelas e as outras são brancas.

c) Quantas são as bolas brancas? São _____.

_____ − _____ = _____.

d) Na vitrine, há _____ bolas amarelas e _____ brancas.

3. Compare e responda:

William

Péricles

Fotos: Rubens Chaves/Arquivo da editora

Quem fez mais pontos: William ou Péricles? ______________________

Quantos pontos a mais? ______

Há mais bolas ou petecas? ______________________

Quantas a mais? ______

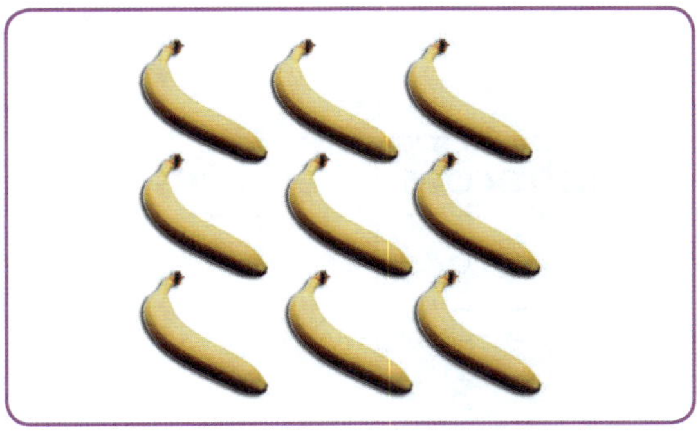

Fotos: Dynamic Graphics/Arquivo da editora

Há mais bananas ou maçãs? ______________________

Quantas a mais? ______

Operações inversas: adição e subtração

Somando e subtraindo, Sofia fez uma descoberta. Observe:

5	parcela	8	minuendo
+ 3	parcela	− 3	subtraendo
8	soma ou total	5	resto ou diferença

Agora, é a sua vez! Desfaça as adições:

Ilustrações: Sérgio Cântara/Arquivo da editora

adições	subtrações
4 + 3 7	
3 + 2 5	

adições	subtrações
23 + 12 35	
47 + 31 78	

Outra descoberta de Sofia:

9	minuendo	7	parcela
− 2	subtraendo	+ 2	parcela
7	resto ou diferença	9	soma ou total

Agora, desfaça as subtrações:

subtrações	adições
8 − 2 6	
3 4 − 2 3 2	

subtrações	adições
5 6 − 3 3 2 3	
8 0 − 1 0 7 0	

1. Descubra o segredo e complete:

11 − 2 = 9	→	9 + 2 = 11
10 − 3 =	→	+ 3 = 10
− 3 = 4	→	4 + 3 =
6 + = 14	→	14 − = 6
9 − 4 =	→	+ 4 = 9
5 + = 8	→	8 − = 5

2. Vamos treinar mais um pouco? Faça e desfaça as adições e as subtrações.

adições	subtrações
30 + 10	
24 + 3	
76 + 23	

subtrações	adições
98 − 5	
66 − 36	
47 − 36	

Adição com reagrupamento

1º exemplo:

Havia 36 pessoas em um restaurante. Depois chegaram mais 8. Quantas pessoas estão agora no restaurante?

Ilustrações: Ilustra Cartoon/ Arquivo da editora

Juntamos a quantidade de pessoas que já estavam no restaurante com a quantidade que chegou depois: 36 + 8.

Representando essas quantidades, temos:

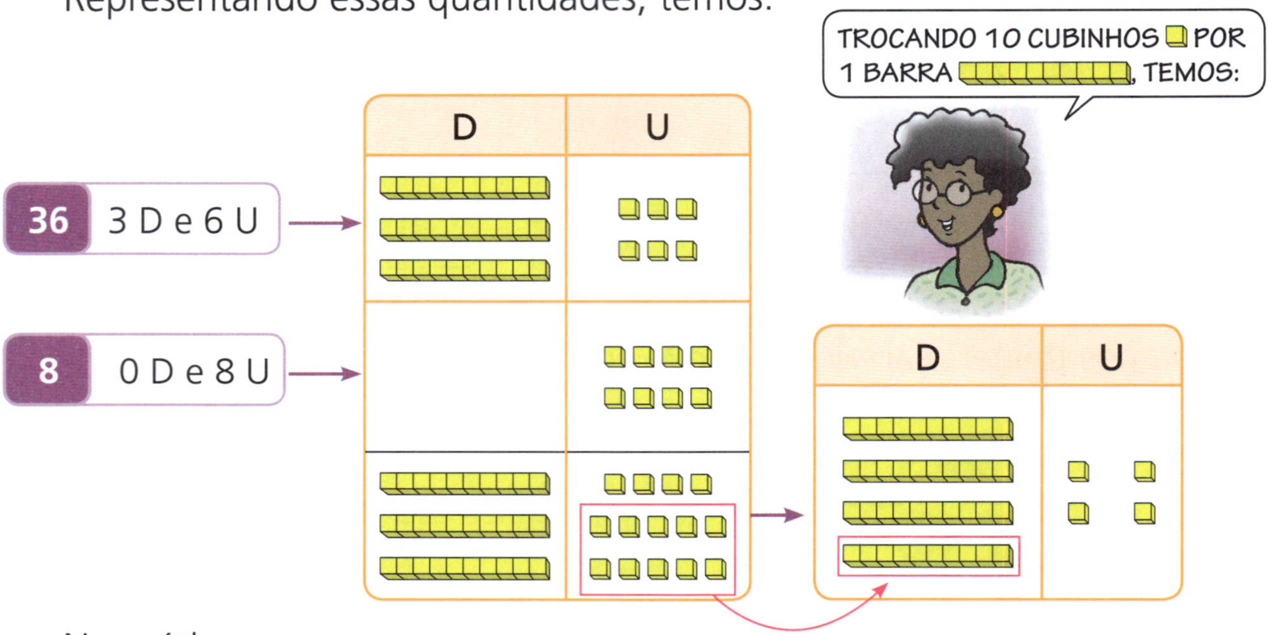

Na prática:

	D	U
reserva	(1) 3	6
	+ 0	8
	4	4

Somando as unidades:

$6 + 8 = 14 \rightarrow$ (1) dezena e 4 unidades (reserva)

Somando as dezenas:

$(1) + 3 + 0 = (4) \rightarrow$ 40 unidades (dezenas)

Assim, há agora 44 pessoas no restaurante.

2º exemplo:

No Cantinho da Leitura da sala de aula de Tatiane, já havia 18 livros. Após uma campanha de doação, 22 alunos deram 1 livro cada um. Quantos livros há agora no Cantinho da Leitura?

Ilustrações: Sérgio Cântara/Arquivo da editora

Para resolver esse problema, devemos juntar a quantidade de livros que havia com a quantidade de livros doados: 18 + 22.

Representando essas quantidades, temos:

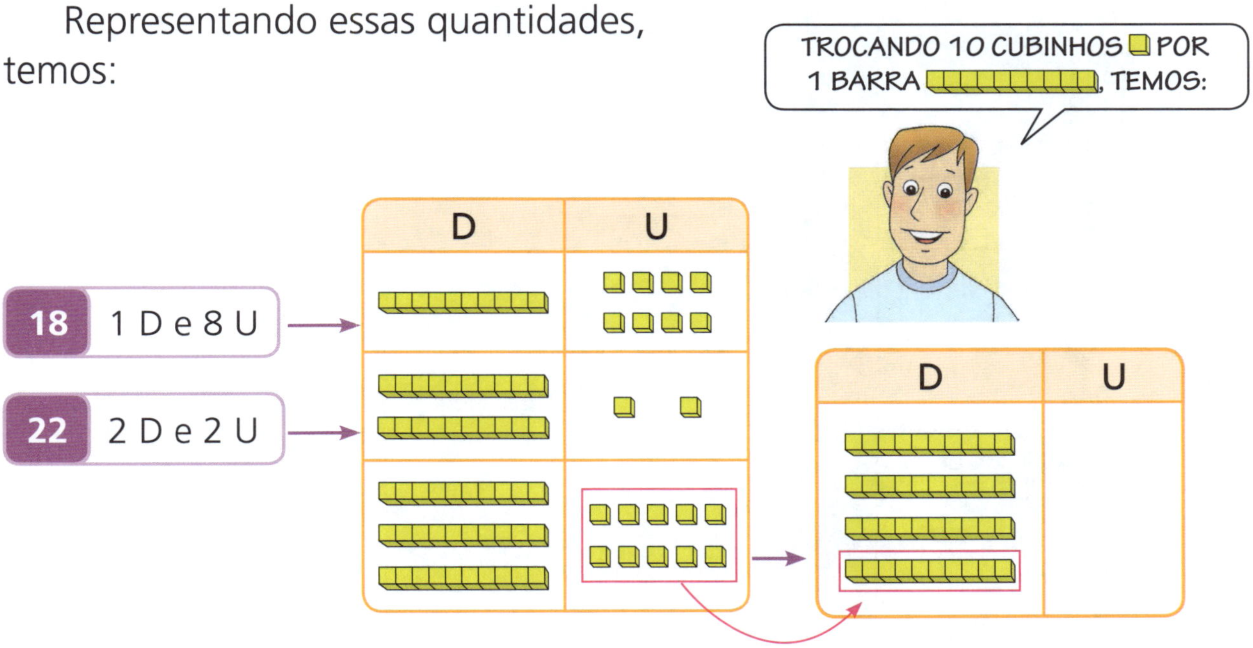

Como você viu, ao trocar 10 unidades por 1 dezena, houve um reagrupamento. Quando isso acontece, dizemos que foi feita uma reserva.

Veja isso na prática:

	D	U
reserva	(1) 1	8
	+ 2	2
	4	0

Somando as unidades:

8 + 2 = 10 → (1) dezena (reserva)

Somando as dezenas:

(1) + 1 + 2 = (4) → 40 unidades (dezenas)

Assim, há agora 40 livros no Cantinho da Leitura.

1. Efetue as adições.

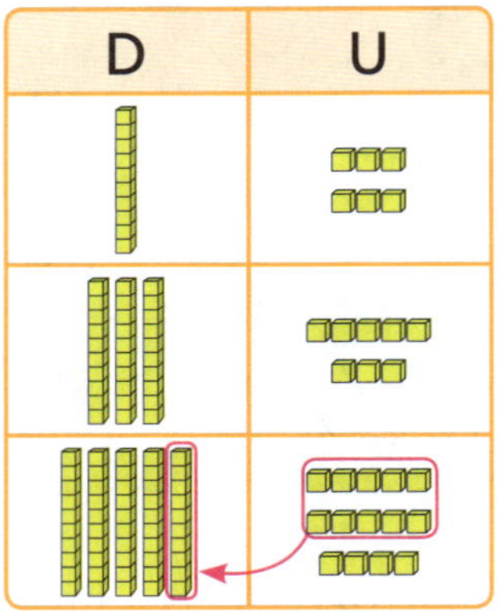

D	U
(1) 1	6
+ 3	8
5	4

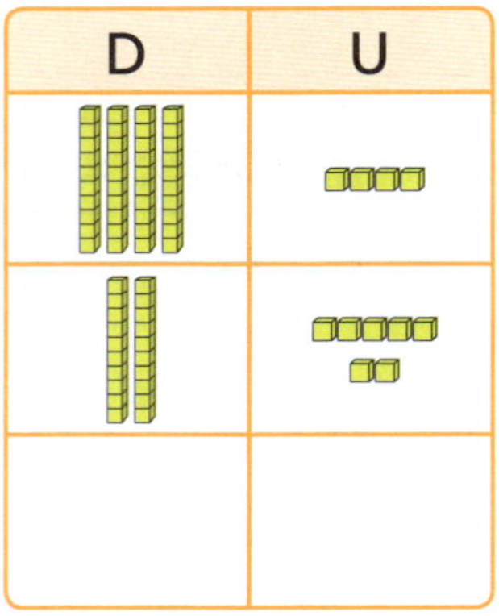

D	U
◯	

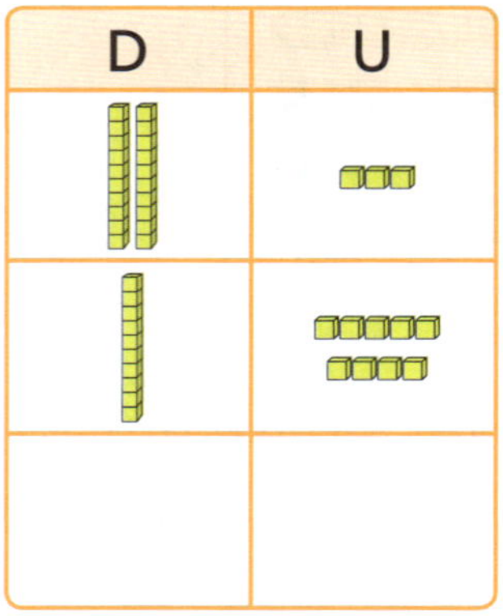

D	U
◯	

2. Usando os quadros de ordens, calcule:

18 + 2

D	U
◯	

87 + 7

D	U
◯	

47 + 5

D	U
◯	

64 + 9

D	U
◯	

3. Para sair do labirinto, é preciso percorrer o caminho marcado pelos números que são resultados das adições a seguir, em ordem crescente.

27 + 14 = ______ 28 + 5 = ______ 39 + 12 = ______

53 + 19 = ______ 65 + 15 = ______ 15 + 77 = ______

Ilustra Cartoon/Arquivo da editora

4. Calcule as somas.

37 + 26	29 + 43	35 + 57
$\begin{array}{r} 3\ 7 \\ +\ 2\ 6 \\ \hline \end{array}$	$\begin{array}{r} 2\ 9 \\ +\ 4\ 3 \\ \hline \end{array}$	$\begin{array}{r} 3\ 5 \\ +\ 5\ 7 \\ \hline \end{array}$

78 + 5	83 + 9	6 + 34
$\begin{array}{r} 7\ 8 \\ +\ \ \ 5 \\ \hline \end{array}$	$\begin{array}{r} 8\ 3 \\ +\ \ \ 9 \\ \hline \end{array}$	$\begin{array}{r} 6 \\ +\ 3\ 4 \\ \hline \end{array}$

Subtração com reagrupamento

Érica já colou 19 de suas 37 figurinhas em seu álbum. Quantas figurinhas ela ainda tem para colar?

Sérgio Cântara/Arquivo da editora

Para resolver esse problema, precisamos tirar da quantidade total de figurinhas a quantidade que foi colada, isto é, devemos calcular 37 − 19.

Veja como isso é feito:

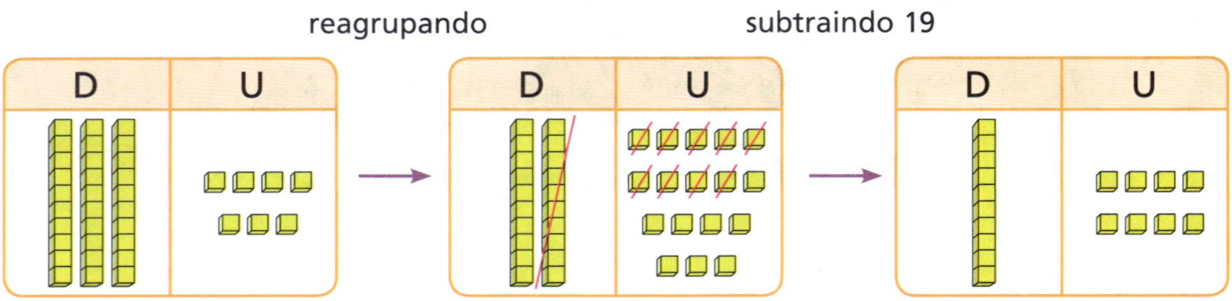

Não podemos subtrair 9 unidades de 7 unidades.

Então, temos de fazer um reagrupamento trocando 1 dezena por 10 unidades.

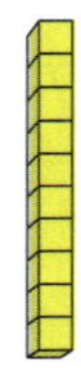

Observe a subtração na prática:

D	U
3	7
− 1	9
?	?

D	U
② ~~3~~	① 7
− 1	9
1	8

Subtraindo as unidades:

17 − 9 = 8

Subtraindo as dezenas:

2 − 1 = 1

Portanto, Érica ainda tem 18 figurinhas para colar.

1. Desenhe as figuras do último quadro. Depois, calcule a subtração.

41 − 4 = 37

reagrupando   subtraindo 4

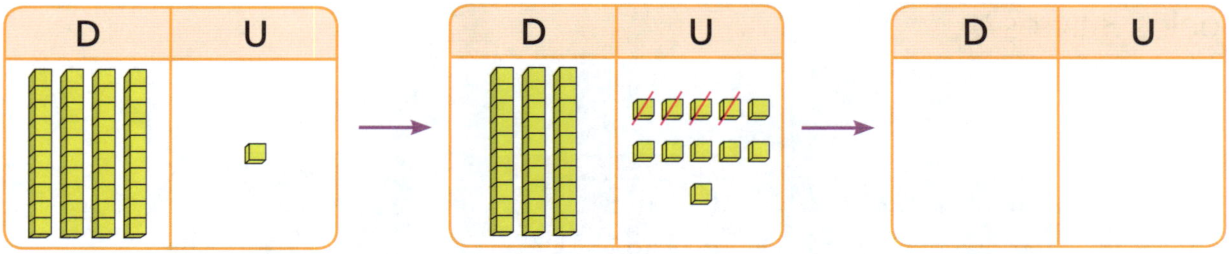

D	U

2. Calcule a diferença.

D	U
4	6
− 2	8

D	U
4	6
− 1	8

D	U
5	3
− 1	5

3. Arme as subtrações e calcule seus restos.

a) 86 − 25 = ______ b) 36 − 18 = ______ c) 65 − 6 = ______

D	U
8	6
− 2	5

Multiplicação

Veja o que acontece quando juntamos quantidades iguais.

Se você comprar 3 livros que custam 9 reais cada um, quanto pagará pelos 3 livros?

Sérgio Cântara/Arquivo da editora

No total serão: $9 + 9 + 9 = 27$.

Podemos dizer:

3 vezes 9 é igual a 27

Escrevemos:

3	×	**9**	=	**27**
fator		fator		produto

O símbolo × significa **vezes**. Ele é usado para indicar a **multiplicação**. A multiplicação pode ser indicada de 2 formas:

horizontal

$3 \times 9 = 27$

vertical

$$\begin{array}{r} 9 \\ \times \quad 3 \\ \hline 27 \end{array}$$

1. Represente a quantidade de ovos por meio de uma adição e de uma multiplicação.

____ + ____ + ____ + ____ = 16 → 4 × ____ = ____

2. Observe as figuras e complete:

a) São ____ grupos de ____ pássaros.

____ + ____ + ____ = ____

3 × 2 = ____

b) São ____ grupos de ____ flores.

____ + ____ + ____ + ____ = ____

4 × 3 = ____

Ilustrações: Ilustra Cartoon/Arquivo da editora

3. Desenhe nos quadros o que se pede e complete:

a) 3 vezes 2 bolas:

2 + 2 + 2 = ____

3 × 2 = ____

b) 2 vezes 4 círculos:

4 + 4 = ____

2 × 4 = ____

c) 4 vezes 1 bala:

1 + 1 + 1 + 1 = ____

4 × 1 = ____

4. Vamos ver quem aprende rapidinho as tabuadas de multiplicação do 3 e do 4? Complete:

Tabuada do 3

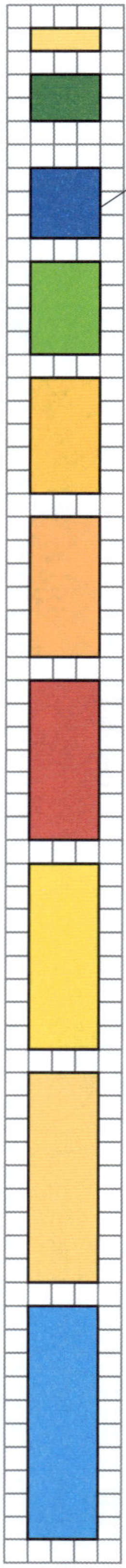

$3 \times 1 = 3$

$3 \times 2 = 6$

$3 \times 3 = 9$

$3 \times 4 = 12$

$3 \times 5 =$ ______

$3 \times 6 =$ ______

$3 \times 7 =$ ______

$3 \times 8 =$ ______

$3 \times 9 =$ ______

$3 \times 10 =$ ______

Tabuada do 4

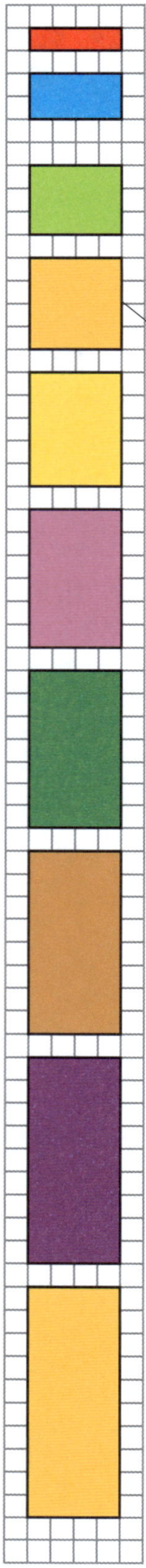

$4 \times 1 = 4$

$4 \times 2 = 8$

$4 \times 3 = 12$

$4 \times 4 =$ ______

$4 \times 5 =$ ______

$4 \times 6 =$ ______

$4 \times 7 =$ ______

$4 \times 8 =$ ______

$4 \times 9 =$ ______

$4 \times 10 =$ ______

Ilustra Cartoon/Arquivo da editora

5. Continue a completar as tabuadas de multiplicação do 5 e do 7.

Tabuada do 5

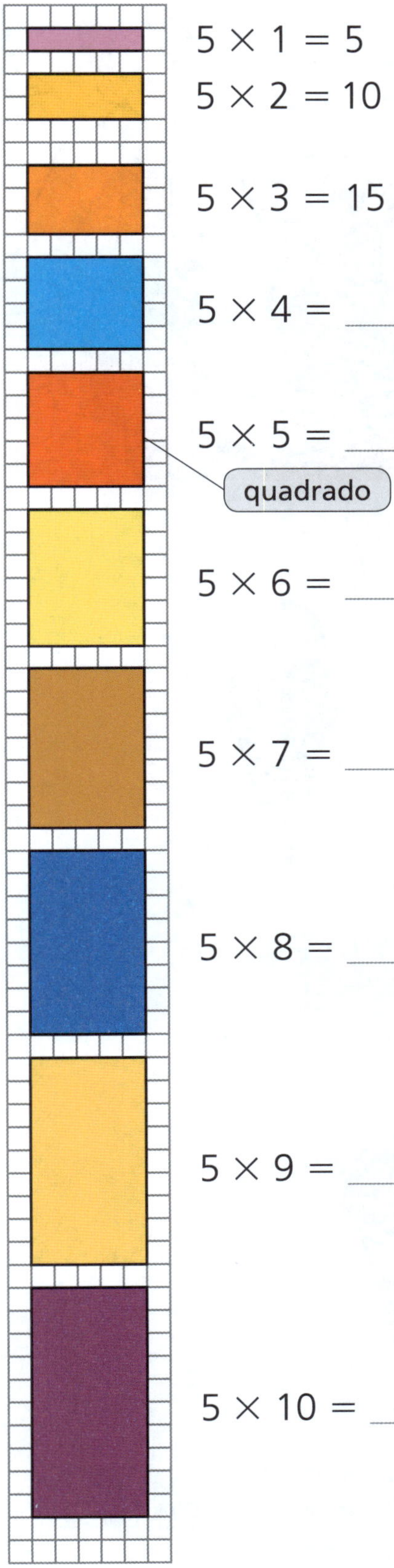

$5 \times 1 = 5$

$5 \times 2 = 10$

$5 \times 3 = 15$

$5 \times 4 =$ ______

$5 \times 5 =$ ______

$5 \times 6 =$ ______

$5 \times 7 =$ ______

$5 \times 8 =$ ______

$5 \times 9 =$ ______

$5 \times 10 =$ ______

Tabuada do 7

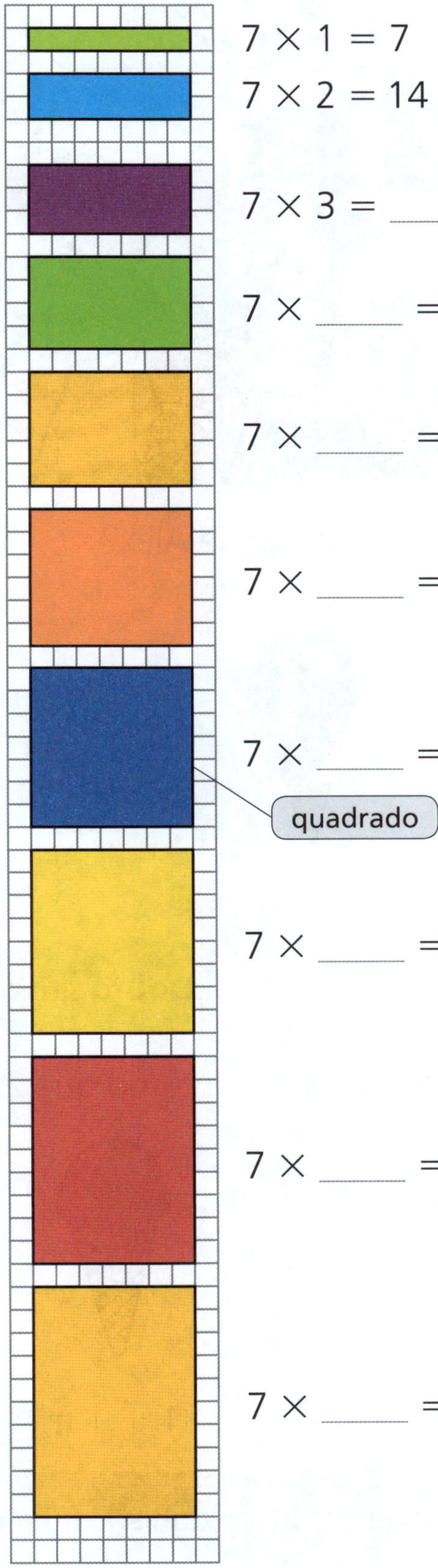

$7 \times 1 = 7$

$7 \times 2 = 14$

$7 \times 3 =$ ______

$7 \times$ ______ $=$ ______

$7 \times$ ______ $=$ ______

$7 \times$ ______ $=$ ______

$7 \times$ ______ $=$ ______

$7 \times$ ______ $=$ ______

$7 \times$ ______ $=$ ______

$7 \times$ ______ $=$ ______

Dobro

Rute e Alex foram tomar sorvete.

Ilustrações: Ilustra Cartoon/Arquivo da editora

Qual é o sorvete de Alex?

Dobro significa **duas vezes**.

O dobro de 1 é o mesmo que 2 vezes 1.

$1 + 1 = 2$ ou $2 \times 1 = 2$

Para encontrar o dobro de um número, basta multiplicá-lo por 2.

1. Desenhe o dobro dos elementos de cada conjunto e escreva o número correspondente.

3  → dobro de 3 ☐

5  → dobro de 5 ☐

7  → dobro de 7 ☐

2. Observe o exemplo e continue a fazer a atividade.

O dobro de 4 é ☐ → $2 \times 4 = 8$

a) O dobro de 6 é ☐

____ × ____ = ____

b) O dobro de 8 é ☐

____ × ____ = ____

c) O dobro de 5 é ☐

____ × ____ = ____

d) O dobro de 9 é ☐

____ × ____ = ____

Divisão

A ideia de repartir em partes iguais

Já vimos o que acontece quando juntamos quantidades iguais.

Vamos ver agora o que acontece quando separamos uma quantidade em partes iguais.

Dona Emília tem 24 balas e quer repartir igualmente em 4 saquinhos. Quantas balas deve ter cada pacote?

Sérgio Cântara/Arquivo da editora

Para resolver essa situação, usamos a divisão.

24	÷	4	=	6
dividendo		divisor		quociente
número de balas		número de saquinhos		número de balas em cada saquinho

24 dividido por 4 é igual a 6.

O símbolo ÷ significa dividido por.

Também se usa o símbolo : para indicar a divisão.

Carlos também precisa fazer uma divisão. Ele coleciona moedas de diversos países. Ele tem 18 moedas.

Veja as moedas em grupos de 6:

Fotos: Monica Vendramini/Arquivo da editora

Foram formados ______ grupos.

Carlos guarda suas moedas em cartelas. Observe:

Em 18 espaços, "cabem" 3 vezes 6 moedas.

Então:

dividir em grupos de 6

$$18 \div 6 = 3$$

número de cartelas

$$\begin{array}{r|l} 18 & 6 \\ \hline 0 & 3 \end{array}$$

Carlos usa 3 cartelas para guardar suas 18 moedas em grupos de 6.

1. Leia com atenção e complete:

a) A professora de Augusta pediu às crianças que formassem grupos de 3 alunos. Havia 18 alunos; então, foram formados os grupos a seguir.

Ilustrações: Sérgio Cântara/Arquivo da editora

A classe foi dividida em grupos de _______ alunos, formando _______ grupos no total.

b) Veja agora a turma de Jânio. Conte quantos alunos há nessa classe e circule formando grupos de 5 alunos.

_______ alunos divididos em grupos de 5 formarão _______ grupos.

2. Observe com atenção e complete:

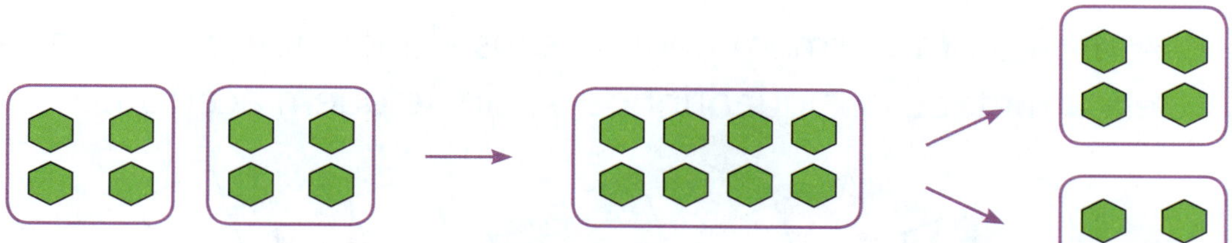

$2 \times 4 = 8$ → então $8 \div 2 = 4$ →

$$\begin{array}{r|l} 8 & 2 \\ \hline 0 & \_\_\_ \end{array}$$

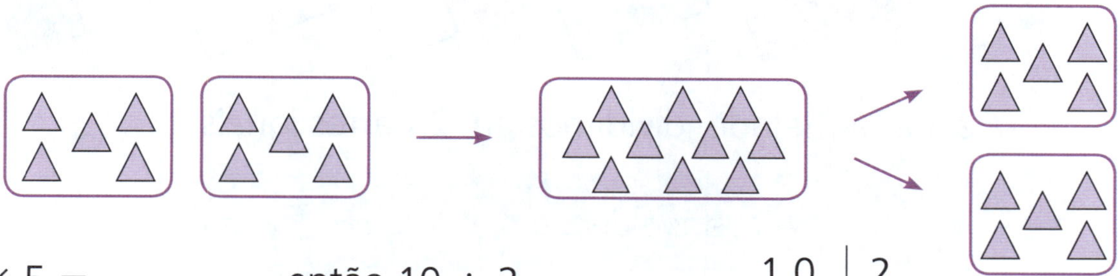

$2 \times 5 =$ ____ → então $10 \div 2 =$ ____ →

$$\begin{array}{r|l} 10 & 2 \\ \hline 0 & \_\_\_ \end{array}$$

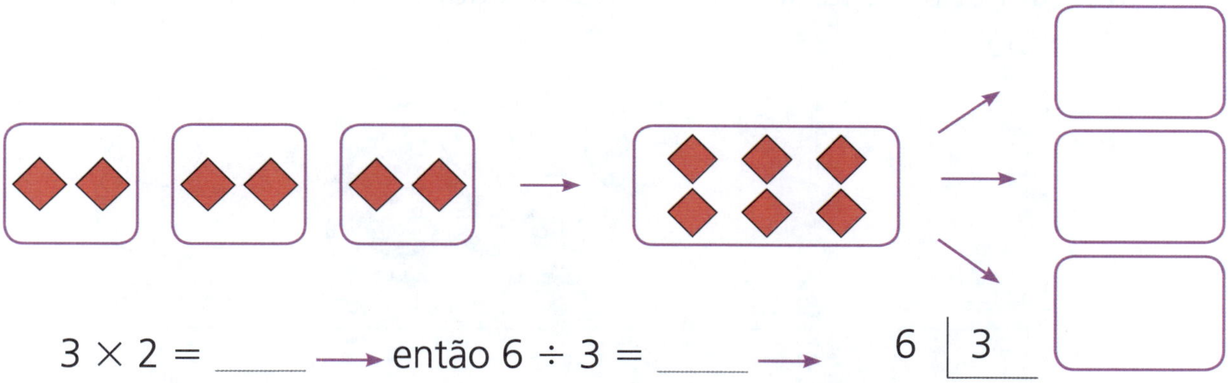

$3 \times 2 =$ ____ → então $6 \div 3 =$ ____ →

$$\begin{array}{r|l} 6 & 3 \\ \hline 0 & \_\_\_ \end{array}$$

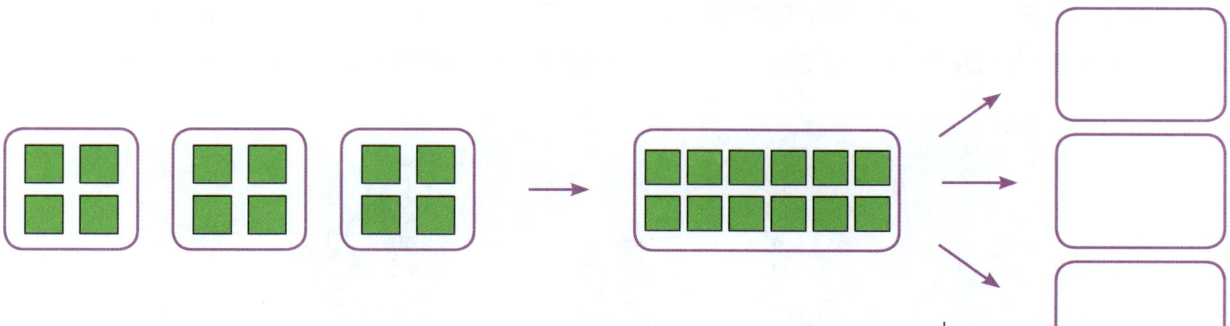

$3 \times 4 =$ ____ → então $12 \div 3 =$ ____ →

$$\begin{array}{r|l} 12 & 3 \\ \hline 0 & \_\_\_ \end{array}$$

As ideias de metade e de simetria

A professora Cármem pediu a seus alunos que pintassem em uma cartela a metade dos quadrinhos. Assinale quem acertou.

Para achar a metade, dividimos em 2 partes iguais.

A metade de 8 é 4, porque $8 \div 2 = 4$

Simetria

Para enfeitar a mesa no aniversário de Luana foram feitos corações e flores de papel.

Para fazer os enfeites rapidamente, a mãe de Luana dobrava quadrados de papéis coloridos ao meio e cortava corações e flores.

Ilustrações: Sérgio Cântara/Arquivo da editora

Luana ajudava a mãe abrindo os enfeites depois de cortados.

Ilustrações: Sérgio Cântara/Arquivo da editora

1. Complete e desenhe.

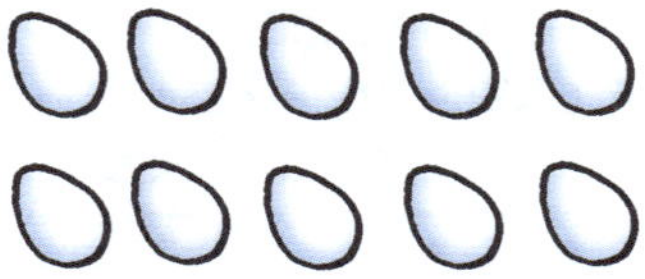	A metade de 10 ovos é: ____ ÷ ____ = ____	
	A metade de 6 flores é: ____ ÷ ____ = ____	

2. Continue completando e desenhando de acordo com o que é solicitado.

	A metade de 16 é: ____ ÷ ____ = ____	
	O dobro de 4 é: ____ × ____ = ____	

3. Complete a tabela.

metade	número	dobro
	2	
10		
	12	
	8	
2		
		12

É UM DESAFIO! COM ATENÇÃO VOCÊ ACERTA TODOS OS NÚMEROS.

Ilustrações: Ilustra Cartoon/Arquivo da editora

4. Liquidação! Tudo pela metade do preço. Faça os cálculos e registre os resultados.

Jouke van Keulen/Shutterstock/Glow Images

Alexandre Dotta/The Next

Sérgio Dotta Jr./The Next

Fabio Mangabeira/Arquivo da editora

Ami Parikh/Shutterstock/Glow Images

Tatik22/Shutterstock/Glow Images

- Agora, responda às questões. Para isso, faça os cálculos no caderno.

a) Renato comprou uma bola e uma calculadora. Quanto gastou?

Resposta: ______________________

b) Marcela tem R$ 20,00. Ela poderá comprar o relógio, a calculadora e a girafa? Quanto custará tudo?

Resposta: ______________________

5. A equipe de Silvana fez 18 pontos em um jogo e a de Célia fez a metade. A turma de Fabrício fez o dobro do número de pontos das equipes das duas meninas juntas. Quantos pontos fez a turma de Fabrício?

Resposta: ______________________

Dúzia e meia dúzia

Dona Isaura convidou seus sobrinhos para passar o dia em sua casa e brincar com seus filhos. Para o lanche das crianças, ela preparou um suco com 1 dúzia de maracujás.

Sérgio Cântara/Arquivo da editora

No dia seguinte, como seus sobrinhos já tinham ido embora, dona Isaura preparou suco para seus filhos usando apenas meia dúzia de maracujás.

1 dúzia → 12 unidades

meia dúzia → 6 unidades

1. Desenhe até completar meia dúzia de sorvetes e 1 dúzia de bolas.

Arquivo da editora

Arquivo da editora

2. Pinte a quantidade de frutas indicada em cada situação:

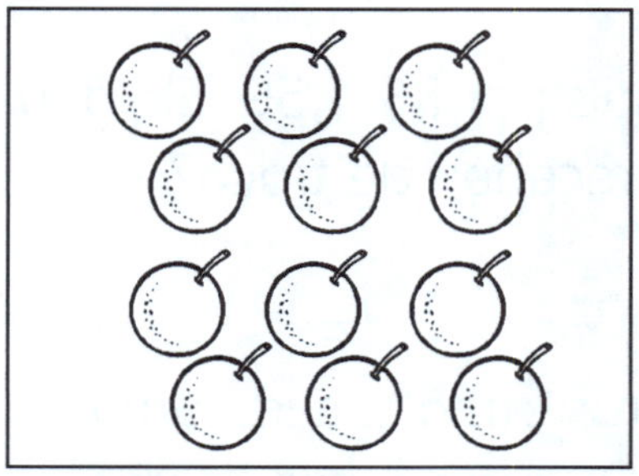

meia dúzia

1 dúzia

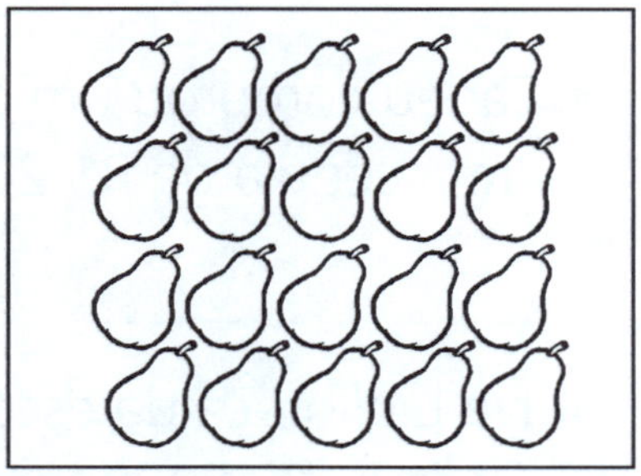

1 dúzia e meia

3. Pinte de acordo com o código:

 5 unidades

 1 dezena e 2 unidades

 6 unidades

 6 dezenas

1 dúzia

meia dezena

60

meia dúzia

De olho na resolução de problemas

Faça em seu caderno

1. O auditório da escola de Carla tem 85 lugares. Ontem sua turma, com 32 alunos, foi assistir ao filme *Os três porquinhos*. Quantas cadeiras ficaram desocupadas?

2. No Cantinho da Leitura da turma de Elaine, há 4 dezenas e 7 unidades de livrinhos de histórias, e 2 dezenas e 9 unidades de livros para pesquisa. Quantos livros há ao todo nesse Cantinho da Leitura?

3. Tadeu comprou um caderno por R$ 8,50 e um lápis por R$ 1,50. Ele deu uma cédula de R$ 20,00 para pagar. Quanto ele recebeu de troco?

4. Na biblioteca da escola, há 3 estantes com 21 livros infantis cada uma. Ontem, foram emprestados 15 livros e hoje, 13. Quantos livros ficaram nas estantes?

5. O prédio onde Daniel mora tem 6 andares. O de seu padrinho tem o dobro. Quantos andares tem o prédio do padrinho de Daniel?

6. No álbum de aniversário de Marina cabem 6 fotos por página. Ela tem 42 fotos para colar. Quantas páginas ela preencherá?

7. Marcela e Flávia disputaram uma partida de dardos no parque de diversões. Marcela acertou 2 vezes no 40 e 1 vez no 20. Flávia acertou 3 vezes no 40. Quem venceu a partida? Qual foi a diferença de pontos?

Unidade 4

Sistemas de medida

Andrea Ebert/Arquivo da editora

O QUE VOU ESTUDAR?

- Medidas de tempo
- Medidas de comprimento
- Medidas de massa
- Medidas de capacidade

10

Medidas de tempo

O relógio

Foi observando a natureza que o ser humano aprendeu a marcar o tempo.

Ilustrações: Sérgio Cântara/Arquivo da editora

Há muitos e muitos anos, o ser humano usava o relógio de sol para saber as horas.

O relógio é um instrumento utilizado para medir o tempo. Observe:

O ponteiro pequeno aponta para o 7.

O ponteiro grande aponta para o 12.

O relógio marca 7 horas.

O ponteiro menor do relógio indica as horas, e o maior, os minutos.

Sérgio Dotta Jr./Arquivo da editora

7 horas

Também existem relógios sem ponteiros que mostram as horas e os minutos. Veja as horas no relógio digital.

Fabio Mangabeira/Arquivo da editora

São 10 horas e 10 minutos.

1. Escreva a hora que cada relógio está marcando.

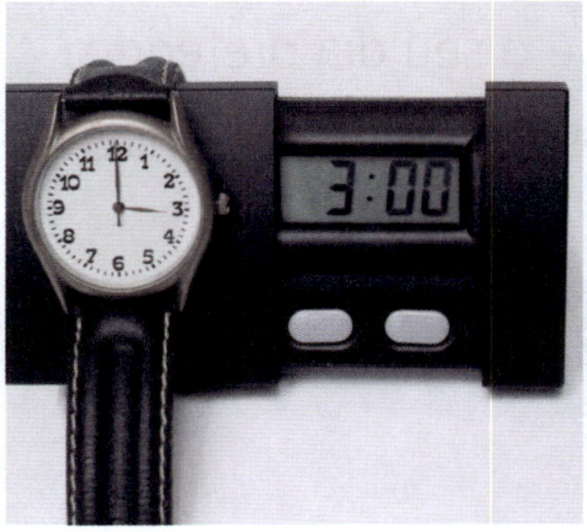

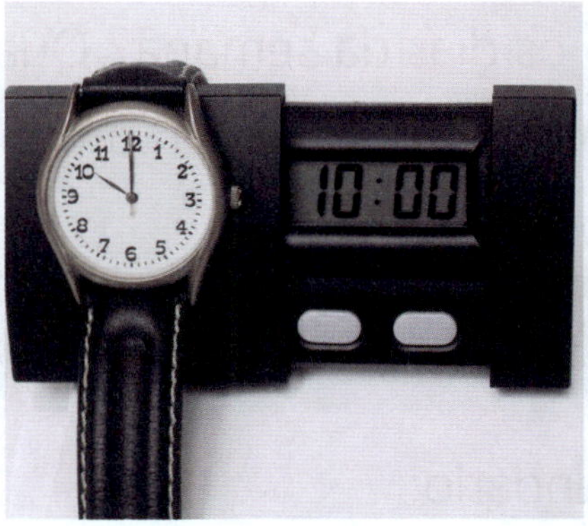

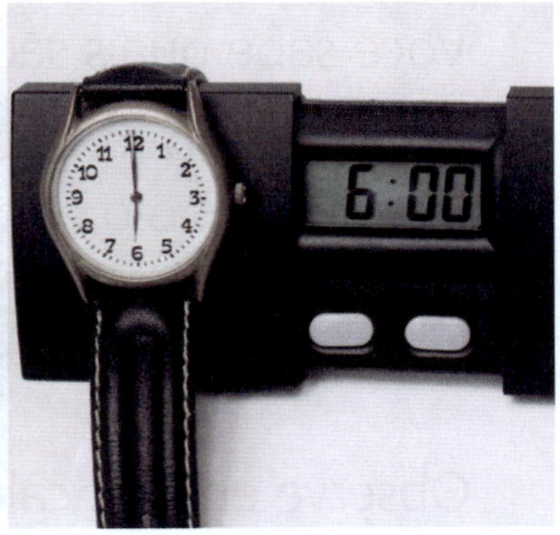

Fotos: Rubens Chaves/Arquivo da editora

______________ ______________ ______________

2. Observe o relógio ao lado e complete o texto corretamente.

O ponteiro pequeno está apontando

para o número ______ e o

ponteiro grande, para o número ______.

São ______ horas.

Sérgio Dotta Jr./The Next

3. O relógio do quarto de Pedro parou. Para acertar os ponteiros, ele precisou ver as horas em seu relógio digital. De acordo com a hora indicada no relógio digital, desenhe os ponteiros do outro relógio.

Sérgio Dotta Jr./The Next

Ilustra Cartoon/Arquivo da editora

4. Pesquise e escreva quantas horas tem um dia. ☐

O calendário

Você sabe quais são os dias da semana? Qual é o seu dia preferido?

O calendário mostra quantos dias tem um mês e ainda traz os dias da semana, o mês e o ano.

O dia, o mês e o ano também são medidas de tempo.

Observe em um calendário:

- um ano tem 12 meses;
- o mês está dividido em semanas;
- cada semana tem 7 dias.

Os dias da semana são:

domingo | segunda-feira | terça-feira | quarta-feira | quinta-feira | sexta-feira | sábado

Os meses do ano

Os meses do ano têm 30 ou 31 dias. Fevereiro é um mês diferente: ele tem 28 ou 29 dias. O dia 29 desse mês só aparece de 4 em 4 anos, no chamado ano **bissexto**.

janeiro → 31
fevereiro → 28 ou 29
março → 31
abril → 30
maio → 31
junho → 30
julho → 31
agosto → 31
setembro → 30
outubro → 31
novembro → 30
dezembro → 31

1. Complete corretamente:

a) A semana tem ______ dias.

b) Um ano tem ______ meses.

c) ______________ é o sexto mês do ano.

d) O último mês do ano é ______________.

e) ______________ é o primeiro mês do ano.

2. Circule os dias da semana em que você vai à escola estudar.

domingo segunda-feira terça-feira quarta-feira

quinta-feira sexta-feira sábado

3. Pense e responda:

a) Em que mês você faz aniversário? ______________

b) Quantos dias tem o mês de seu aniversário? ______________

c) Qual é o mês das festas juninas? ______________

d) Em que mês comemoramos o Natal? ______________

e) Qual é o mês que tem 28 ou 29 dias? ______________

4. Complete o esquema escrevendo os meses do ano na ordem certa.

janeiro	→	fevereiro	→	
	→		→	junho
	→	agosto	→	
	→	novembro	→	

11

Medidas de comprimento

Hoje a professora de Raquel fez uma brincadeira. Em duplas, os alunos tinham de medir a sala de aula usando o pé como unidade de comprimento.

Veja o que aconteceu:

Ilustrações: Sérgio Cântara/Arquivo da editora

Como você viu, cada criança encontrou um resultado diferente. Isso aconteceu porque o pé de uma pessoa pode ser maior ou menor que o de outra.

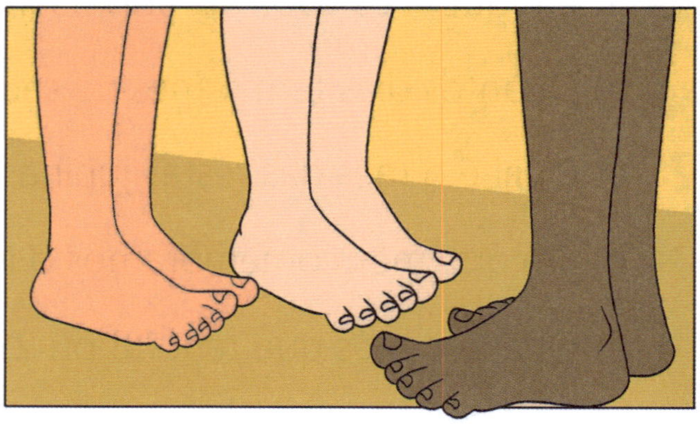

Há muitos anos, as pessoas utilizavam partes do corpo, como os pés, as mãos, os dedos e os braços para medir. Mas isso causava muita confusão, pois cada indivíduo encontrava um resultado.

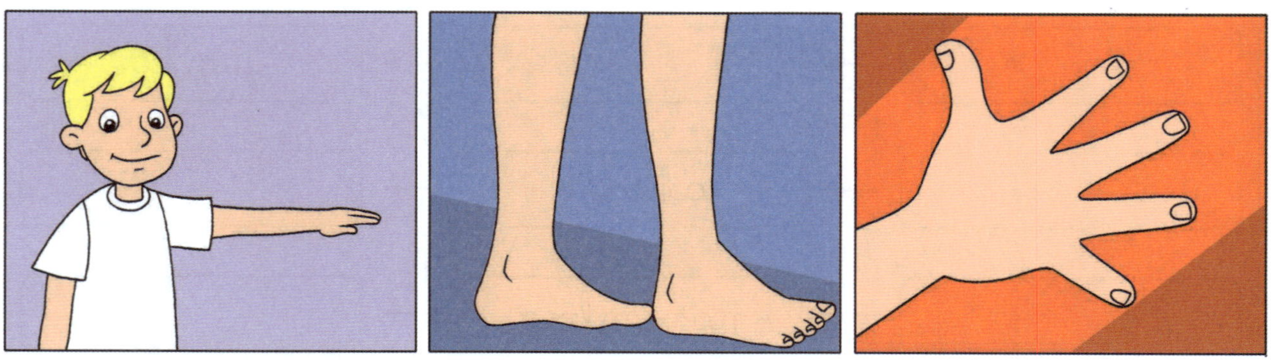

O metro e o centímetro

Para obter o mesmo resultado ao medir alguma coisa, atualmente usamos instrumentos que têm o **metro** (m) como unidade fundamental.

metro de madeira

fita métrica

Fotos: Sérgio Dotta Jr./The Next

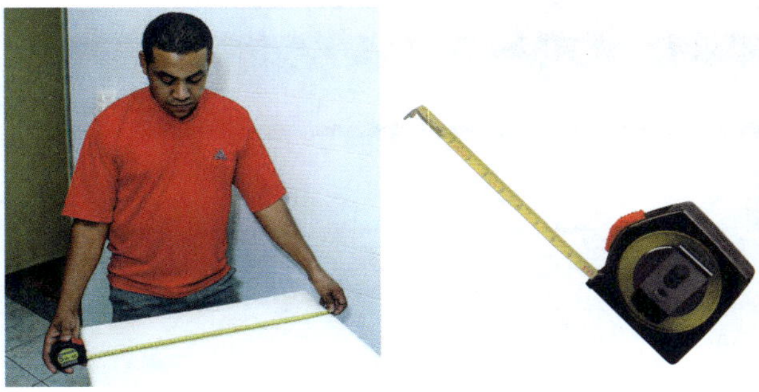
trena

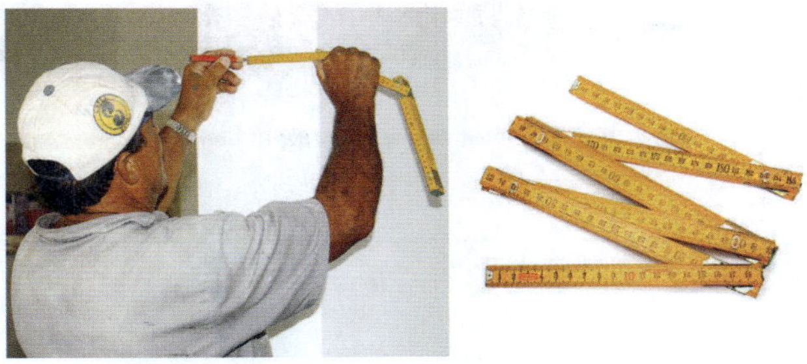
metro articulado

O metro pode ser dividido em 100 partes iguais. Cada uma dessas partes tem o nome de **centímetro** (cm).

Observe esta régua:

Ilustrações: Ilustra Cartoon/Arquivo da editora

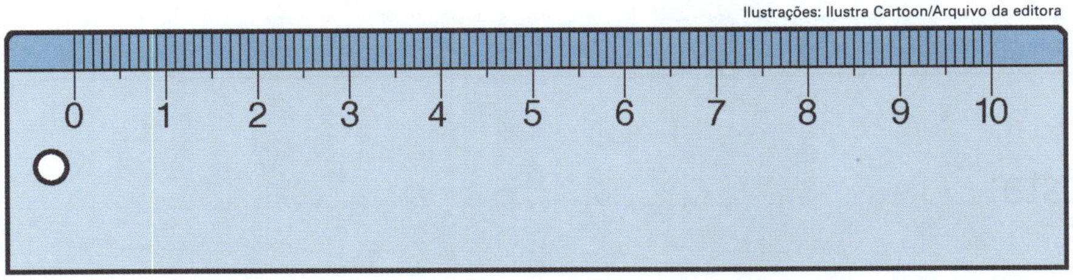

A unidade de medida indicada nesta régua é o centímetro.

1 centímetro

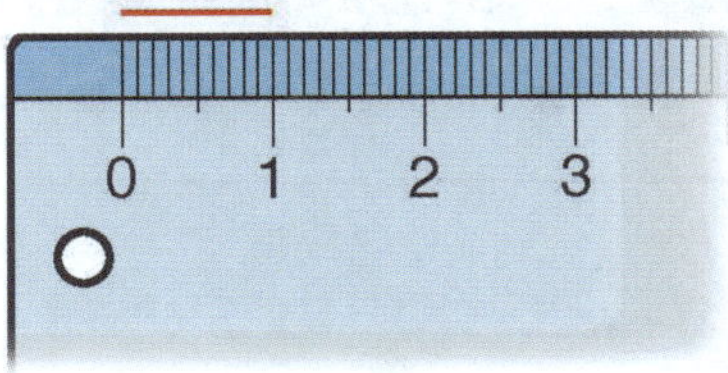

1. Use seu palmo para medir e escreva as respostas.

a) A largura de sua mesa escolar tem: _______ palmos.

b) A largura da porta da sala de aula tem: _______ palmos.

c) Todas as pessoas de sua classe encontraram o mesmo resultado? Converse com seus colegas sobre esta questão e tente explicar a resposta.

2. Considerando  como a unidade de medida, quantos  medem as figuras abaixo?

Abel Tumik/Shutterstock/Glow Images
Garsya/Shutterstock/Glow Images

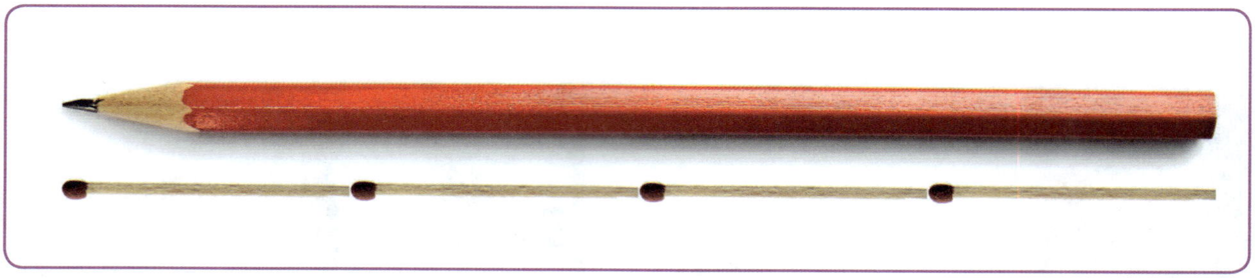

Resposta: ____________________

Abel Tumik/Shutterstock/Glow Images
Xpixel/Shutterstock/Glow Images

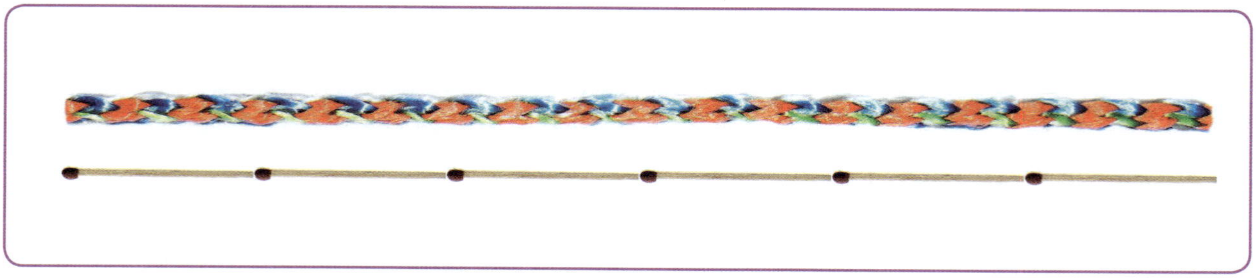

Resposta: ____________________

Abel Tumik/Shutterstock/Glow Images
Seregam/Shutterstock/Glow Images

Resposta: ____________________

3. Com um pedaço de barbante de 1 metro de comprimento, meça alguns objetos da sala de aula e complete o quadro.

menos de 1 metro	1 metro	mais de 1 metro

4. Use uma régua para medir e depois responda:

a) Quantos centímetros tem o menor de seus dedos? _____ cm.

b) E o maior? Quanto mede? _____ cm.

c) Quantos centímetros tem seu lápis? _____ cm.

5. Continue usando a régua para medir, em centímetros, a altura de cada figura abaixo.

Ilustrações: Ilustra Cartoon/Arquivo da editora

12

Medidas de massa

O grama e o quilograma

Muitos produtos são comprados e vendidos por peso, ou seja, massa.

Uma das unidades de massa é o **grama**. Simbolizamos o grama com a letra **g**.

Assim, indicamos 100 gramas por 100 g e 500 gramas é o mesmo que 500 g.

Ilustrações: Sérgio Cântara/Arquivo da editora

Para medidas maiores usamos também o **quilograma** (ou simplesmente quilo). Costuma-se representar essa unidade com o símbolo **kg**.

Portanto, 1 quilograma é o mesmo que 1 kg e 5 quilogramas é indicado assim: 5 kg.

O instrumento utilizado para medir o peso (massa) de um corpo é a balança.

Na balança, podemos pesar alimentos como arroz, feijão, carne, entre outros. Ela também serve para pesar pessoas.

1. Assinale o pacote mais leve.

Ilustrações: Sérgio Cântara/Arquivo da editora

☐ ☐ ☐

2. Gisele foi ao mercado com o pai e viu as embalagens abaixo.

a) Qual dos três pacotes tem o menor peso? ______________________

b) Qual é o mais pesado? ______________________________

c) Qual é a diferença de peso entre o mais leve e o mais pesado?

____

d) Se Gisele colocar os 3 pacotes juntos em uma balança, quantos quilos ela marcará? Escreva na balança.

13

Medidas de capacidade

Alexandre Dotta/The Next

Úrsula foi comprar leite e, enquanto esperava o troco, percebeu que a embalagem indicava a quantidade de leite que o produto continha.

Sergio Dotta Jr./Arquivo da editora

Em uma aula de Matemática, Úrsula aprendeu que, nas embalagens de leite ou nas garrafas de suco, por exemplo, vem sempre indicada a quantidade de líquido que elas contêm.

O litro e o mililitro

Para medir a quantidade de líquido que cabe em um recipiente, geralmente usamos uma unidade de medida chamada **litro**.

Indicamos 1 litro por: 1ℓ ou 1 **L**.

Para quantidades de líquido menores que 1 litro, podemos usar como unidade de medida o **mililitro** (**mℓ** ou **mL**).

1. Analisando a ilustração, marque com um **X** a criança que vai tomar mais leite.

Ilustrações: Sérgio Cântara/Arquivo da editora

☐ ☐ ☐

2. Escreva o nome de 3 coisas que podemos comprar por litro e que são utilizadas pelas pessoas com quem você mora.

____

____

____

3. Procure saber o preço de cada item e registre o valor ao lado de cada um deles.

a) 1 litro de leite:

____

b) 1 litro de gasolina:

____

c) 1 litro de suco:

____

d) 1 litro de óleo:

____

De olho na resolução de problemas

Faça em seu caderno

1. Laura sai de casa às 7 horas da manhã e 1 hora e meia depois chega ao escritório em que trabalha. A que horas ela chega ao trabalho?

Ilustrações: Sérgio Cântara/Arquivo da editora

2. Todos os dias, Eduardo caminha 250 metros de sua casa até a praça e mais 220 metros até a padaria. Na volta para casa, ele faz o mesmo trajeto, isto é, da padaria até a praça e da praça até sua casa. Quantos metros Eduardo caminha por dia?

3. Um pacote grande de arroz pesa 5 quilos. A mãe de Jerônimo compra 4 pacotes todo mês. Quantos quilos de arroz ela compra por mês?

4. Se uma pessoa escova os dentes em 5 minutos com a torneira aberta, ela gasta aproximadamente 12 litros de água. Quantos litros de água ela gastará, no total, se fizer isso 3 vezes por dia?

5. O pai de Daniel encheu o tanque do carro com 45 litros de gasolina. Gastou 21 litros parar ir ao sítio. Quantos litros de gasolina ainda há no tanque do carro?

Livros

Editora Ática/Arquivo da editora

As três partes,
de Edson Luiz Kozminski. São Paulo: Ática.

Havia três formas geométricas que, juntas, formavam uma casinha. Um dia, elas se cansaram de ser casinhas e decidiram brincar de ser outras coisas. Elas formaram plantas, animais, um barco e até um escorregador. Mas uma grande amizade fez com que elas se transformassem em casinhas novamente.

Editora Ática/Arquivo da editora

Caramelos da alegria,
de Luzia Faraco Ramos Faifi.
São Paulo: Ática.

Adelaide, Tirso e Caio são três crianças que descobriram um jeito muito divertido de brincar e, de quebra, aprender o que são as centenas.

Editora Girafinha/Arquivo da editora

Contagem regressiva,
de Kay Woodward. São Paulo: Girafinha.

Ao se preparar para dormir, um menino começa uma contagem regressiva para embarcar em uma aventura como astronauta.

Editora Paulinas/Arquivo da editora

Dez sacizinhos,
de Tatiana Belinky. São Paulo: Paulinas.

Dez sacizinhos estavam pulando em um pé só quando, um a um, foram todos desaparecendo. Para onde será que eles foram?

Editora Ática/Arquivo da editora

Números dos pingos,
de Eliardo França e Mary França.
São Paulo: Ática.

Os sete pingos de tinta ensinam como se conta de 1 a 10 e explicam o que são os conjuntos.

Editora Unesp/Arquivo da editora

O tempo tem linha?,
de Adelidia Chiarelli e Lucia Maria Paleari.
São Paulo: Ed. da Unesp.

Será que é possível contar a história de alguém em uma só linha? Aprenda como fazer uma linha do tempo que serve para contar a sua própria história e a de muitas outras pessoas ou coisas.

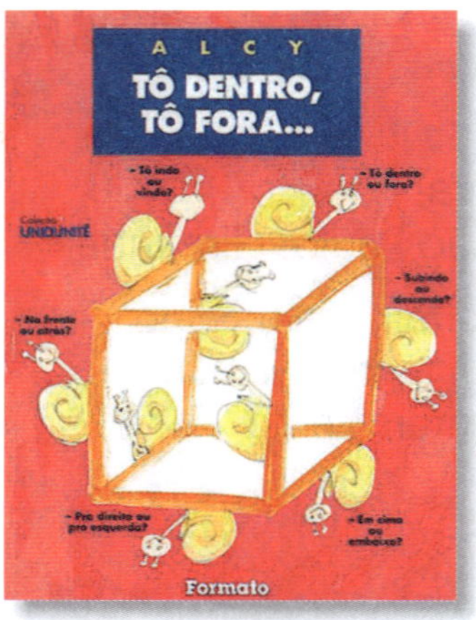

Editora Formato/Arquivo da editora

Tô dentro, tô fora...,
de Alcy. São Paulo: Formato.

Aprenda, por meio de ilustrações criativas e divertidas, um pouco sobre noção espacial – direita, esquerda, em cima, embaixo, perto, longe...

Formato Editorial/Arquivo da editora

Um redondo pode ser quadrado?,
de Renato Venicius Canini. São Paulo: Formato.

O redondo podia fazer muitas imagens diferentes, mas o que ele queria era fazer um quadrado. Um dia, ele descobre um jeito, mas precisa da ajuda de outros redondos.

História

SUMÁRIO

Unidade

1

Cada criança... uma história

Andrea Ebert/Arquivo da editora

O QUE VOU ESTUDAR?

- Quem é você
- Semelhanças e diferenças entre pessoas
- Documentos pessoais
- As brincadeiras na história de cada um

1

História de vida

Todos nós temos uma história de vida.

Podemos conhecer nossa história observando objetos antigos, fotografias, desenhos que fizemos, roupas que usávamos, diários, gravações de áudio e de vídeo, conversando com familiares e também com base em nossas próprias lembranças. Tudo isso pode nos ajudar a descobrir mais sobre nosso passado.

Conheça, a seguir, alguns acontecimentos da vida de Bia.

Ilustra Cartoon/Arquivo da editora

Conversando com sua mãe, Bia descobriu um pouco sobre sua história de vida.

1. Você também deve ter alguns objetos de quando era mais novo. Escolha um deles e desenhe-o abaixo. Escreva o nome desse objeto e como ele é (de que material é feito, formato, tamanho, cor).

2. Converse com uma pessoa que conheça você há bastante tempo e peça-lhe que conte algum fato interessante que tenha ocorrido com você quando era bem pequeno. Depois, responda às seguintes perguntas:

a) Qual foi o acontecimento?

b) Qual era a sua idade quando esse fato aconteceu?

c) Onde você estava?

d) Quem estava com você?

Quem é você

JPagetRFphotos/Shutterstock/Glow Images

Vinicius Tupinamba/Shutterstock/Glow Images

Lai Wei Suen/Shutterstock/Glow Images

Anne-Lise, Roberta e Amanda são crianças como você.

Cada uma delas tem um nome. Além do nome, cada pessoa possui muitas outras características próprias, como o sobrenome, o jeito de ser, a altura, o peso, a cor dos olhos e o tipo de cabelo.

Veja o que a menina Ana Paz tem a dizer sobre o próprio nome.

Eu me chamo Ana Paz; eu tenho oito anos; eu acho o meu nome bonito.

Tem gente que, pra andar mais depressa, me chama só de Ana. Mas se tem coisa que eu não gosto é ver o meu nome pela metade.

E tem gente me chamando de Pazinha. Finjo até que não escuto quando alguém me chama assim. Mas a minha mãe e o meu pai sempre me deram uma força: eu nunca ouvi eles me chamando diferente de Ana Paz.

O meu pai escolheu a Ana, ele gostava demais de Ana, mas a minha mãe achava curto; ele então quis Ana Lúcia, Ana Luísa, Ana Helena, mas na hora que eu nasci a minha mãe escolheu: Paz! E ele topou: Ana Paz.

Fazendo Ana Paz, de Lygia Bojunga. Rio de Janeiro: Agir, 2002.

1. Como você é? Se você tiver uma foto sua, cole-a na moldura abaixo ou, se preferir, faça um desenho.

- Agora, pense: você é igual a qualquer outra pessoa? Seus olhos, seus cabelos, seu rosto, seu jeito de ser são idênticos aos de alguém? Todos somos diferentes, não é? Converse com os colegas sobre isso.

2. Preencha a ficha abaixo de acordo com suas características físicas.

a) A cor dos meus olhos é ______________________.

b) A cor do meu cabelo é ______________________.

c) Minha altura é ____________ m e ____________ cm e meu peso é ______________ kg.

d) A cor da minha pele é ______________________.

3

Seu primeiro documento

Quando um bebê nasce, algumas informações sobre ele ficam registradas num documento chamado **certidão de nascimento**. Esse é o primeiro documento de todos nós.

Você já viu sua certidão de nascimento? Ela deve ser muito parecida com esta:

Denise Durand Kremer/Arquivo da editora

REPÚBLICA FEDERATIVA DO BRASIL
OFICIAL DE REGISTRO CIVIL DAS PESSOAS NATURAIS E TABELIÃO DE NOTAS
30.º SUBDISTRITO IBIRAPUERA
COMARCA DA CAPITAL - ESTADO DE SÃO PAULO
Telefone: 5506.5744

Certidão de Nascimento

CERTIFICO E DOU FÉ, que em **13 de maio de 2004**, sob o nº 158724, às **fls. 260**, do livro **nº A-345** de assentamentos de nascimentos está registrado o assento de

LEANDRO SOARES

do sexo masculino, ocorrido no(a) Hospital Israelita Albert Einstein, neste subdistrito, São Paulo/SP, no dia 12 de maio de 2004, às 05:35 horas .

O registrando, é filho

de MAURO FRANCISCO SOARES
natural de São Paulo, nac, Brasileira
e de CRISTINA DOS REIS SOARES
natural de São Paulo - SP

sendo avós:

paternos JOSÉ FRANCISCO SOARES
e JÚLIA BUENO SOARES
maternos VALDIR DOS REIS
e MIRIAM CARVALHO DOS REIS

Foi declarante o pai.

Observação:

O referido é verdade e dou fé.

São Paulo, 13 de maio de 2004

José Ary Fragnam Jr.
Escrevente Autorizado

EMOLUMENTOS NIHIL

Av. Padre Antônio José dos Santos, 1568/1572 - CEP: 04563-004 - Brooklin - São Paulo/SP

CONFERIDO

1367G-07001-11000-304

1367G - AA 009868

Em sua certidão de nascimento há várias informações sobre você e também sobre sua família.

1. Peça a um adulto de sua casa que mostre a você sua certidão de nascimento. Com a ajuda dessa pessoa, procure algumas informações para preencher o quadro a seguir.

nome completo	
data de nascimento	
local de nascimento	
nome dos pais	
nome dos avós	
data de registro	

- Você foi registrado no mesmo dia em que nasceu?

____

2. Você acha que a certidão de nascimento é um documento importante? Por quê?

____

____

4

Outros documentos pessoais

Você conhece um documento como este?

Reprodução/Acervo particular/Yuri Arcurs/Shutterstock/Glow Images

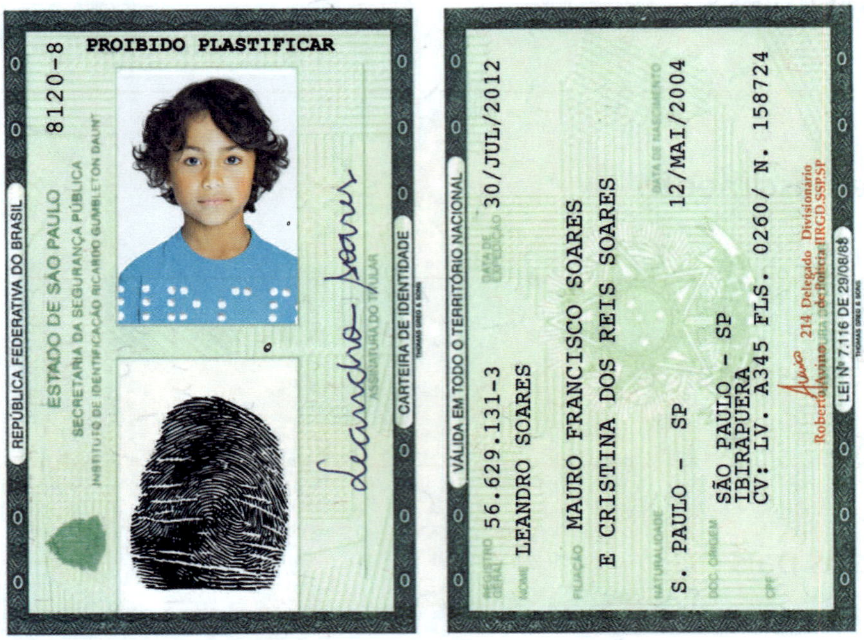

carteira de identidade

Essa imagem é de uma **carteira de identidade** ou **registro geral** (também chamado **RG**). Nesse documento constam algumas informações que identificam uma pessoa:

- nome completo
- nome dos pais
- lugar de nascimento
- data de nascimento
- foto
- impressão digital
- assinatura

Passe tinta de carimbo em seu polegar direito. Agora, pressione-o no quadro ao lado para registrar sua impressão digital.

Se você possui carteira de identidade, mostre-a aos colegas e leia as informações que estão escritas nela.

impressão digital: na carteira de identidade, é a marca do polegar direito deixada no papel após a pressão do dedo sobre a tinta.

- Além da carteira de identidade e da certidão de nascimento, há outros documentos que uma pessoa pode ter. Circule os documentos que você possui.

pananba/Shutterstock/Glow Images

passaporte

Rubens Chaves

carteira de trabalho

ADS

CPF – Cadastro de Pessoas Físicas

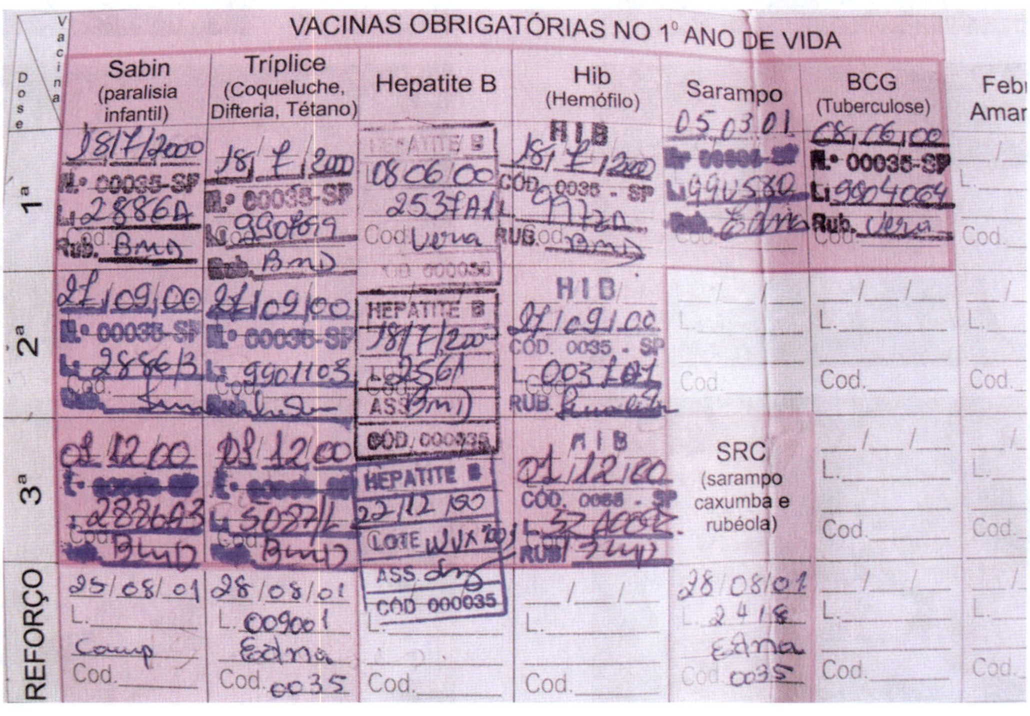

Rubens Chaves

carteira de vacinação

5

Brincar é bom demais!

Brincar faz parte do dia a dia. É um jeito gostoso de passar o tempo e de se divertir, tanto para crianças como para adultos. Brincando, nós nos entretemos e convivemos com outras pessoas. Mas as brincadeiras que você conhece não são exatamente iguais às do tempo em que seus avós e bisavós eram crianças.

Algumas brincadeiras muito antigas são praticadas até hoje, mas a maneira de realizá-las pode variar bastante, isto é, o modo de brincar pode ser diferente, dependendo da época e do lugar.

Você deve gostar de brincar, não é?

- Quais destas brincadeiras fazem parte de sua vida? Marque-as com um **X**.

Sérgio Dotta Jr./The Next

Helen Vlad Filatov/Shutterstock/Glow Images

Sérgio Dotta Jr./The Next

Dynamic Graphics/Arquivo da editora

Sérgio Dotta Jr./The Next

Gaetano/Corbis/Latinstock

As brincadeiras na história de cada um

Leia a história em quadrinhos a seguir e veja como se brincava há aproximadamente 50 anos, em uma rua de um bairro da cidade do Rio de Janeiro.

Ilustra Cartoon/Arquivo da editora

1. Faça um desenho numa folha de papel sulfite mostrando a brincadeira de que você mais gosta. Escreva um título para seu desenho e mostre-o aos colegas. Diga a eles por que essa é sua brincadeira preferida.

2. A pintura a seguir foi feita entre 1559 e 1560. Nela aparecem muitos brinquedos e brincadeiras.

Kunsthistorisches Museum, Viena

Brincadeiras infantis, de Pieter Bruegel, cerca de 1559-1560.

- Agora, responda:

a) O que as pessoas representadas nessa imagem estão fazendo?

____

b) Identifique, na imagem, os brinquedos e as brincadeiras que você conhece e circule-os.

c) A imagem representa acontecimentos da atualidade ou de outra época? Como é possível saber?

3. As crianças das imagens abaixo estão fazendo algumas das brincadeiras representadas no quadro da página ao lado. Circule as que você conhece.

pulando cela

cavalo de pau

Ilustrações: Ilustra Cartoon/Arquivo da editora

cabo de guerra

plantando bananeira

De olho na História

Ser criança em outras épocas

Ilustrações: Ilustra Cartoon/Arquivo da editora

A infância é um período importante de nossas vidas, mas ser criança nem sempre foi como é hoje.

Na Grécia Antiga, as crianças aprendiam a escrever, a ler e a tocar instrumentos.

Em Atenas, uma das maiores cidades gregas, somente os meninos podiam ir para a escola. Na cidade grega de Esparta, as meninas também estudavam, mas em escolas separadas, porque desde muito cedo os garotos eram preparados para se tornarem guerreiros. [...]

Em Roma, os meninos e as meninas costumavam ir à escola até os 12 anos. Depois disso, apenas os garotos ricos continuavam os estudos. As meninas casavam bem cedo, com 14 anos. Os garotos brincavam de luta romana, de caça e de bolinha de gude. As garotas adoravam brincar com bonecas de barro e marfim. [...]

O mundo das crianças, de Paulo Eduardo Zanettini. São Paulo: Globo, 2005.

- Como é ser criança hoje? Converse com seus colegas e o professor e escreva suas conclusões no caderno.

Unidade

2

Passagem do tempo

Andrea Ebert/Arquivo da editora

O QUE VOU ESTUDAR?

- Mudanças com o tempo
- O dia a dia
- Registrando a passagem do tempo
- A natureza na passagem do tempo

6

Mudanças com o tempo

Com o passar do tempo muita coisa se transforma. Veja como a criança da foto foi se modificando.

Beatriz com 1 ano.

Beatriz com 4 anos.

Beatriz com 7 anos.

Os animais e as plantas também se transformam. Observe:

Pintinho saindo da casca do ovo.

pintinho

galinha

broto de feijão

feijoeiro crescendo

feijoeiro grande

1. Uma forma de marcar o tempo é registrar os acontecimentos importantes de nossa vida. Você já reparou o quanto mudou ao longo de sua vida?

- Pegue uma folha de papel sulfite e cole fotos ou faça desenhos de você quando:

a) nasceu;

b) começou a andar;

c) completou um ano;

d) entrou na escola.

2. Desenhe no quadro abaixo como você é hoje.

- Agora pense nas seguintes questões para conversar com os colegas e registre suas conclusões no caderno.

a) Você percebe alguma mudança em você mesmo desde seu último aniversário?

b) Quais seriam as mudanças no corpo? E as mudanças no modo de pensar, de agir? E nas preferências, nos hábitos?

c) O que você fazia quando era mais novo e hoje não faz mais?

d) Diga algo que aprendeu a fazer neste ano e que não sabia fazer antes.

7

O dia a dia

No dia a dia, muitos acontecimentos ocorrem na vida de todos nós.

Alguns fatos se repetem todos os dias e acabam fazendo parte do cotidiano. Veja, por exemplo, algumas coisas que ocorrem na vida de Júlio:

Ilustrações: Ilustra Cartoon/ Arquivo da editora

Júlio acorda às 6 horas.

Depois se arruma para ir à escola.

Toma café.

Às 7 horas, Júlio caminha até a escola.

Às 7 horas e 15 minutos, começam as aulas de Júlio.

Às 10 horas, toma seu lanche e brinca no recreio.

Às 12 horas e 30 minutos, toca o sinal. É hora da saída.

Por volta das 7 horas da noite, depois do banho, Júlio janta.

Às 9 e meia da noite, ele já está dormindo, pois no dia seguinte, às 6 horas, ele acorda e começa tudo outra vez...

Algumas coisas acontecem todos os dias na vida de Júlio, como acordar, tomar café, tomar banho, almoçar, jantar e dormir. Mas outras não acontecem todos os dias, como ir à escola, tomar lanche com os amigos e passear no parque.

Os fatos que se repetem diariamente na nossa vida nos ajudam a perceber a passagem do tempo.

- E você, o que costuma fazer todos os dias? E o que costuma fazer somente nos fins de semana? Comente com os colegas.

1. Há coisas que fazemos todos os dias, outras que fazemos quase todos os dias e ainda há algumas que só fazemos de vez em quando. Responda com que frequência você costuma fazer estas atividades. Marque um **X**.

☐ Todos os dias.

☐ Quase todos os dias.

☐ De vez em quando.

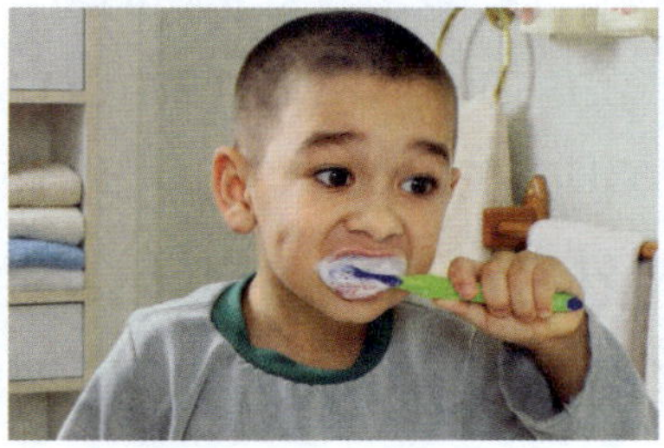

3445128471/Shutterstock/Glow Images

☐ Todos os dias.

☐ Quase todos os dias.

☐ De vez em quando.

Dawn Shearer-Simonetti/Shutterstock/Glow Images

☐ Todos os dias.

☐ Quase todos os dias.

☐ De vez em quando.

Nadasazh/Shutterstock/Glow Images

☐ Todos os dias.

☐ Quase todos os dias.

☐ De vez em quando.

Monkey Business Images/Shutterstock/Glow Images

2. Escreva, no caderno, duas coisas que você faz:

a) antes de ir para a escola;

b) enquanto está na escola;

c) depois de ir para a escola.

8

Organizando o tempo

Para organizar as atividades diárias, as pessoas criaram formas de medir a passagem do tempo. Isso hoje pode ser feito por meio do relógio, que marca as horas do dia.

Quando estamos na escola, por exemplo, costumamos fazer várias atividades. Todas elas acontecem em horários específicos.

Ilustrações: Ilustra Cartoon/Arquivo da editora

Registrando a passagem do tempo

Existem diversas maneiras de registrar a passagem do tempo. Veja duas delas:

O relógio

Erashov/Shutterstock/Glow Images

O relógio marca as horas, os minutos e os segundos.

O calendário

O calendário é uma das maneiras mais utilizadas para registrar a passagem do tempo. Ele organiza os dias em semanas e meses.

A cada 7 dias temos uma semana.

A cada 30 ou 31 dias temos um mês.

O ano tem 12 meses.

Ilustrações: Ilustra Cartoon/Arquivo da editora

1. Leia esta página do diário de Marcela.

Querido diário,

Hoje eu acordei atrasada. Eram 7 horas da manhã e não deu nem tempo de tomar café. Peguei meu lanche e corri para o portão, pois o ônibus escolar já me esperava.

Às 3 horas da tarde, a Carla veio aqui em casa e estudamos um pouco. Depois brincamos.

À noite, jantei com meus pais, vimos um pouco de televisão e às 9 horas fui dormir.

Ilustrações: Ilustra Cartoon/Arquivo da editora

- Escreva o que Marcela fez pela manhã, à tarde e à noite.

a) Pela manhã, Marcela ______________________________.

b) À tarde, Marcela ______________________________.

c) À noite, Marcela ______________________________.

2. Marque nos relógios:

O horário em que você acorda.

O horário em que você vai dormir.

O horário em que você sai da escola.

3. Observe um calendário do ano em que nós estamos e escreva:

- em que dia da semana será (foi) seu aniversário?

____

9

A natureza na passagem do tempo

Quando não existia relógio, as pessoas já mediam a passagem do tempo observando o dia e a noite, as fases da Lua, as épocas de chuva e de seca, a chegada do verão e do inverno, por exemplo.

A cada sete dias, a Lua muda de aparência no céu. Você já percebeu isso? Já viu como às vezes a Lua está toda redonda, brilhante no céu, e outras vezes está fininha?

SPL/Latinstock

Você já reparou que em alguns meses do ano chove mais? E que em alguns meses é mais fácil encontrar determinadas frutas? Até hoje podemos marcar o tempo observando a natureza. Nas cidades isso é mais difícil, mas quando as pessoas estão em contato com a natureza é possível perceber com mais facilidade as mudanças que ocorrem em volta, nas plantas, nos animais, no clima.

Sekar B/Shutterstock/Glow Images

Você sabe o que é "mês de curso"? Trata-se do mês de abril. Curso, neste caso, refere-se à piracema, época em que muitos peixes sobem para as nascentes dos rios, onde realizam a desova, ou seja, reproduzem-se.

O tempo passa...

Como você viu, o tempo passa... Hora após hora, minuto após minuto.

O que já aconteceu é o **passado**. E o que ainda vai acontecer é o **futuro**.

Há alguns anos, você era um bebê. Isso faz parte de seu **passado**.

No **futuro**, daqui a alguns anos, você vai ser bem maior do que é hoje.

Inga Marchuk/Shutterstock/Glow Images

Monkey Business Images/Shutterstock/Glow Images

Saiba mais

Instrumentos de medição de tempo

Muitos foram os instrumentos inventados na tentativa de medir o tempo com maior precisão. Um deles foi o relógio de sol, que mede a passagem do tempo por meio das sombras que a luz do Sol forma.

Outro instrumento inventado foi a ampulheta, um aparelho que mede o tempo a partir do movimento da areia, que cai de um lado para o outro.

Relógio de sol chinês.

Adrian Carro/Eye Ubiquitous/Corbis/Latinstock

R-photos/Shutterstock/Glow Images

Ampulheta ou relógio de areia.

- Presente, passado e futuro também são marcos de tempo. Observe as fotos abaixo. Elas mostram uma criança em dois momentos de sua vida: no passado e no presente.

Lev Dolgachov/Shutterstock/Glow Images

Criança com 6 meses.

Keith Levit/Shutterstock/Glow Images

Mesma criança com 6 anos.

a) Que diferenças você observa entre as duas fotos? O que mudou na aparência da menina?

____

____

____

____

b) Como você imagina que era a rotina da menina no passado, e como é a rotina dela no presente?

____

____

____

____

De olho na História

A decomposição dos materiais

Os materiais que usamos todo dia e descartamos no lixo duram muito tempo no ambiente antes de se decomporem, isto é, de se desmancharem.

Alguns tipos de material podem ficar milhares de anos no ambiente até se decompor!

Por isso, tente gerar o mínimo possível de lixo; por exemplo, quando for jogar fora embalagens e outros objetos descartáveis, separe-os para reciclagem.

Veja o tempo que alguns materiais levam para se desfazer no ambiente:

material	tempo de decomposição
papel	3 a 6 meses
filtro de cigarro	mais de 5 anos
madeira pintada	mais de 13 anos
plástico	mais de 400 anos
vidro	mais de 1 000 anos

Disponível em: <www.idec.org.br/uploads/publicacoes/publicacoes/Manual_completo.pdf>. Acesso em: 19 jan. 2014.

- Faça uma vistoria em sua casa, procurando materiais que tenham sido descartados de forma errada. Se encontrar algo, explique às pessoas que moram com você qual é a importância de reduzir o lixo que produzimos e de jogá-lo nos lugares certos. Junto com os colegas, você pode fazer o mesmo no seu quarteirão, na sua rua ou na sua escola.

Unidade

3

Morar e estudar ao longo do tempo

Andrea Ebert/Arquivo da editora

O QUE VOU ESTUDAR?

- Casas também têm história
- A história das escolas

10

Casas também têm história

Existem diferentes formas de construir uma moradia, dependendo do lugar, dos hábitos e costumes das pessoas, entre outros fatores.

Observe a foto desta casa:

Monkey Business Images/Shutterstock/Glow Images

- O que você acha que a casa representa para as pessoas que moram nela?

Há muito tempo, as pessoas faziam das cavernas o seu abrigo contra o frio e a chuva. Essas pessoas viviam da caça de animais e da coleta de frutas.

Na Idade Média, época de muitos cavaleiros e reis, senhores muito poderosos construíam castelos para se proteger dos ataques de inimigos.

Ilustrações: Ilustra Cartoon/Arquivo da editora

1. Sua casa também tem uma história. Pergunte a uma pessoa mais velha de sua família:

a) Quando sua casa foi construída? Quem a construiu? Alguém morou nela antes da sua família?

b) Como sua casa era na época em que foi construída e como está hoje? Se ela foi modificada, o que foi feito (reformas, pinturas, trocas de materiais)?

c) Há intenção de modificá-la? Por quê?

- Registre as respostas no caderno. Depois fale sobre a história de sua casa ao professor e aos colegas, lendo as anotações que você fez.

2. Entreviste uma pessoa mais velha para descobrir como era a casa onde morava na época em que ela era criança. Faça as seguintes perguntas:

a) Como era a casa em que você morava (espaço, móveis, tamanho dos móveis) quando era criança?

b) Você mora na mesma casa até hoje? Caso more, que mudanças foram feitas nela?

c) Como era a maioria das casas na época em que você era criança?

d) Em sua opinião, o que mudou em seu jeito de morar?

- Leia sua entrevista aos colegas e ao professor.

Ilustra Cartoon/ Arquivo da editora

3. Observe as fotos abaixo. Elas mostram moradores de rua em diferentes lugares do Brasil. Reflita sobre as situações que elas retratam e converse sobre isso com os colegas e o professor.

Gerson Gerloff/Pulsar Imagens Crédito

Ponta Grossa (PR), 2012.

Delfim Martins/Pulsar Imagens

Manaus (AM), 2010.

Marcos Serra/Esp. CB/D.A Press

Brasília (DF), 2011

- Perto de sua casa há alguma família que não tem onde morar e, por isso, vive na rua?

---

4. Em sua opinião, de que forma pode ser resolvido o problema da falta de moradia? Para responder a essa questão, forme dupla com um colega. Recorte imagens de jornais e revistas que ilustrem a opinião de vocês e cole em uma folha de cartolina. Ao terminar, mostre o trabalho aos demais colegas e afixe-o no mural da sala de aula.

11

A história das escolas

Na escola, estudamos e convivemos com algumas pessoas diferentes daquelas com quem estamos acostumados em nossa família, ampliando assim nosso círculo de amizades.

Quando estamos na escola, podemos fazer inúmeras descobertas e aprender muitas coisas diferentes.

Observe esta imagem.

Colégio Estadual Joaquim Tomaz Ferreira da Silva, em Colinas do Sul (GO), 2010.

A escola em que você estuda é semelhante à escola da foto? A construção é parecida? As pessoas que frequentam sua escola se vestem de maneira parecida com a das crianças da foto? Converse sobre isso com o professor e os colegas para conhecer a opinião deles.

Você consegue imaginar como era a escola há 50 anos? Veja estas imagens de escolas de outras épocas. Converse com os colegas e o professor sobre as semelhanças e diferenças entre as escolas do passado e do presente.

Reminiscência/Acervo Iconographia

Escola Técnica Rivadávia Correia, no município do Rio de Janeiro (RJ), 1922.

Acervo UH/Folhapress

Colégio Caetano de Campos, no município de São Paulo (SP), 1962.

Saiba mais

Ler e escrever: "coisa de homem"

Durante muito tempo, achou-se que ler e escrever eram "coisa de homem".

Acreditava-se que as mulheres não precisavam aprender muita coisa, que o mais importante era que elas soubessem cuidar da casa e dos filhos. Por isso, muitos pais educavam as filhas em casa mesmo, ensinando-lhes aquilo que julgavam ser o mais importante: lavar, passar, cozinhar, costurar, bordar. As famílias mais ricas contratavam professores particulares, que ensinavam as meninas a tocar piano ou ainda a falar uma língua estrangeira, como o francês.

O direito das meninas de frequentar a mesma escola que os meninos foi conquistado pouco a pouco. A Constituição atual é bem clara: a escola é um direito de todas as crianças e de todos os jovens, homens ou mulheres.

Aprendendo História e Geografia, de César Coll e Ana Teberosky. São Paulo: Ática, 2000.

1. Você pode descobrir um pouco sobre a história da escola em que estuda conversando com o professor e com outros funcionários. Depois de falar com várias pessoas, complete a ficha abaixo.

Minha escola

O nome de minha escola é ______________________________

____.

Ela recebeu esse nome porque ___________________________

____.

Ela foi inaugurada em _________________________________.

2. Converse com um dos funcionários mais antigos da escola e pergunte como eram os alunos, os professores, o dia a dia da escola, enfim, quais as diferenças e semelhanças entre a escola no passado e no presente. Escreva suas conclusões no quadro abaixo.

o que permaneceu	o que mudou

3. As salas de aula também têm história. Observe as fotos abaixo.

Arquivo do Estado de SP

São Paulo (SP), por volta de 1900-1910.

Apu Gomes/Folhapress

São Paulo (SP), 2011.

- Agora, converse com os colegas e responda no caderno às questões a seguir:

  a) O que mais chama sua atenção nas salas de aula que aparecem nessas fotos?

  b) Você gostaria de fazer parte de uma turma como essas? Por quê?

  c) Na sala de aula em que estuda, vocês costumam organizar as carteiras sempre da mesma maneira ou de formas diferentes? Como vocês as organizam na maioria das vezes?

4. A imagem ao lado faz referência à palmatória, um instrumento utilizado no passado para castigar as crianças que tivessem mau comportamento, inclusive na escola. Veja a foto.

- Agora, converse com os colegas e o professor e responda às questões no caderno:

  a) Qual é sua opinião sobre o uso desse instrumento para castigar as crianças?

  b) Você acha que esse tipo de castigo pode ser eficiente na educação de uma criança? Por quê?

Reprodução/Coleção particular

Punição com palmatória em uma foto do século XIX, ou seja, entre os anos 1801 e 1900.

5. Leia o poema abaixo.

A Escola da Mestra Silvina

Minha escola primária...
Escola antiga de antiga mestra.
Repartida em dois períodos
para a mesma meninada,
das 8 às 11, da 1 às 4.
Nem recreio, nem exames.
Nem notas, nem férias.
Sem cânticos, sem merenda...

[...]
Banco dos meninos.
Banco das meninas.
Tudo muito sério.
Não se brincava.
Muito respeito.
Leitura alta.
Soletrava-se.
Cobria-se o debuxo.
Dava-se a lição.
Tinha dia certo de argumento
com a palmatória pedagógica
em cena.

Cantava-se em coro a velha tabuada.
Velhos colegas daquele tempo...
Onde andam vocês? [...]

Ilustra Cartoon/Arquivo da editora

Poemas dos becos de Goiás e estórias mais, de Cora Coralina. São Paulo: Global, 2003.

- A escola em que você estuda é parecida com a da Mestra Silvina? Converse sobre isso com os colegas e o professor. Depois faça, em uma folha separada, um poema sobre ela.

De olho na História

Salas de aula no passado

- Observe as imagens e depois responda.

Corbis/Latinstock

Classe de meninos nos Estados Unidos, em 1902.

Bettmann/Corbis/Latinstock

Classe de meninas nos Estados Unidos, em 1900.

a) O que você observa nas imagens?

____

____

b) Essas fotos são de salas de aula atuais ou antigas? Como você descobriu isso?

____

____

____

Unidade 4

Vencendo distâncias

Andrea Ebert/Arquivo da editora

O QUE VOU ESTUDAR?

- Os meios de transporte
- Os meios de comunicação

12

Os meios de transporte

Você consegue imaginar a vida na Terra sem invenções como a bicicleta, o carro, o navio, o avião e o trem?

Essas máquinas, inventadas em diferentes épocas, foram evoluindo com o tempo para atender às necessidades do ser humano. São o que chamamos de **meios de transporte**.

Reprodução/Arquivo da editora

Nessa foto de 1903, pode ser visto um veículo que circulava pelas ruas das cidades brasileiras na época.

Eduardo Anizelli/Folhapress

Nessa foto de 2010, podemos ver um veículo que circula pelas ruas atualmente.

Os meios de transporte variam de região para região. Essas diferenças se devem a fatores como clima, tipo de solo, condições de vida da população, entre outros.

Paulo Fridman/Pulsar Imagens

Barco usado para transporte de pessoas em Manaus, 2013.

Como podem ser os meios de transporte

Podemos nos locomover na terra, na água e no ar. Por isso, os meios de transporte podem ser divididos em terrestres, aquáticos ou aéreos.

Moacyr Lopes Junior/Folhapress

ônibus, meio de transporte terrestre.

Os **meios de transporte terrestres** são aqueles que se movimentam nas ruas e nas avenidas, nas rodovias, estradas de ferro (os trilhos de trem) e nas vias subterrâneas.

Os **meios de transporte aquáticos** são aqueles que se locomovem nos oceanos, mares, rios e lagos.

R. Peterkin/Shutterstock/Glow Images

navio, meio de transporte aquático.

Quando a navegação é feita no mar, é chamada marítima; quando é feita nos rios, é chamada fluvial.

Os **meios de transporte aéreos** são aqueles que se movimentam no ar, como os aviões e os helicópteros.

IM_photo/Shutterstock/Glow Images

avião, meio de transporte aéreo.

Esses três tipos de meios de transporte podem ser de uso privado ou público. São de uso **privado** quando utilizados por seu proprietário, para transporte próprio. São de uso **público** quando podem ser utilizados por qualquer pessoa, mediante pagamento ou não.

vias subterrâneas: caminhos feitos embaixo da terra.

Os meios de transporte mais utilizados no Brasil são movidos a motor, como os carros, os ônibus e as motocicletas.

Quando não existiam os motores, as pessoas contavam com o auxílio de animais, como os cavalos e as mulas, para se locomover. Existiam também os transportes movidos pela força humana.

Os meios de transporte que não possuem motores são muitos usados até os dias atuais.

João Prudente/Pulsar Imagens

Carroça puxada por cavalo no município de Pedralva (MG). Foto de 2012.

1. No seu dia a dia você costuma usar algum(ns) meio(s) de transporte? Qual(is)?

____

2. Há meios de transporte que não existem onde você mora, mas você acha que deveriam existir? Quais? Por quê?

____

____

3. Converse com uma pessoa mais velha sobre os meios de transporte que existiam no seu bairro anos atrás.

a) Os meios de transporte foram sempre do mesmo jeito ao longo dos anos? Escreva as suas descobertas nas linhas abaixo.

____

____

b) A partir da conversa, tente imaginar como eram os meios de transporte e faça um desenho numa folha à parte.

Saiba mais

Meios de transporte diferentes

Tem gente andando pelo mundo a bordo dos transportes mais malucos.

De táxi, mas a pé...

Ilustrações: Ilustra Cartoon/Arquivo da editora

Usado até hoje como táxi na China e na Índia, o riquixá é uma espécie de carroça pequena, conduzida por uma pessoa. Ele foi inventado no século XIX e atualmente existem modelos mais modernos, movidos por bicicletas e com três rodas, chamados de triciclos.

Não tem tempo feio

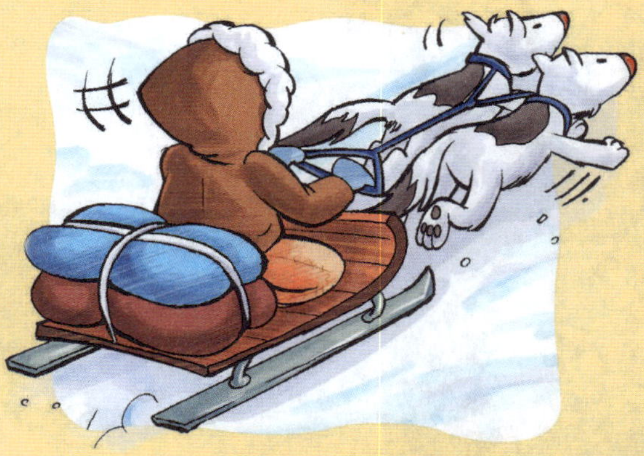

No meio de uma nevasca o único transporte que não falha é o trenó. Com esquis no lugar de rodas, ele desliza na neve sem afundar e pode ser puxado por animais ou até por motores. É um dos veículos mais antigos que existem e provavelmente foi criado antes mesmo da invenção da roda.

Uma casa que anda

Já pensou que legal viajar e levar sua casa junto? Essa ideia deu origem aos *trailers*, criados em 1920. Eles são uma espécie de cabine rebocada por carros e podem ter camas, banheiro e até cozinha.

Revista Recreio. São Paulo: Abril, ano 2, n. 85, 25 out. 2001. p. 18-19.

13

Os meios de comunicação

No dia a dia, as pessoas utilizam diferentes meios de comunicação, como a televisão, o rádio, o telefone e as revistas e jornais.

Os meios de comunicação foram criados para que pudéssemos ampliar nossos modos de expressão, tanto a pessoas próximas como a quem está distante.

As pessoas têm necessidade de se comunicar, isto é, de trocar informações e mensagens. Você já imaginou como seria o mundo sem os meios de comunicação?

Os primeiros seres humanos provavelmente se comunicavam por meio de gestos. Aos poucos é que surgiu a língua falada.

Ilustra Cartoon/Arquivo da editora

Com o passar do tempo, as pessoas começaram a desenhar nas pedras para representar o que desejavam transmitir.

E aos poucos os seres humanos começaram a usar pedras e placas de argila para gravar mensagens. Foi assim que surgiram as primeiras formas de escrita.

John Hill/Wikipedia/Wikimedia Commons

Inscrições gravadas em pedra onde hoje é a Turquia.

Hoje, depois de milhares de anos, diversos meios de comunicação são utilizados. Em poucos instantes, podemos conversar, trocar mensagens e receber notícias das mais distantes partes do mundo.

Ilustra Cartoon/Arquivo da editora

1. Escreva o nome de cada um dos meios de comunicação. Depois pinte o quadradinho conforme a legenda.

Comunicação feita por meio de:

- ☐ som
- ☐ imagem e som
- ☐ escrita
- ☐ escrita e imagem

Jaime Yamane/Arquivo da editora

_______________ ☐

Aparagraph/Shutterstock/Glow Images

_______________ ☐

Sergioconsoli/Shutterstock/Glow Images

_______________ ☐

Fernando Favoretto/Criar Imagem

_______________ ☐

Songquan Deng/Shutterstock/Glow Images

_______________ ☐

2. Veja o *e-mail* abaixo.

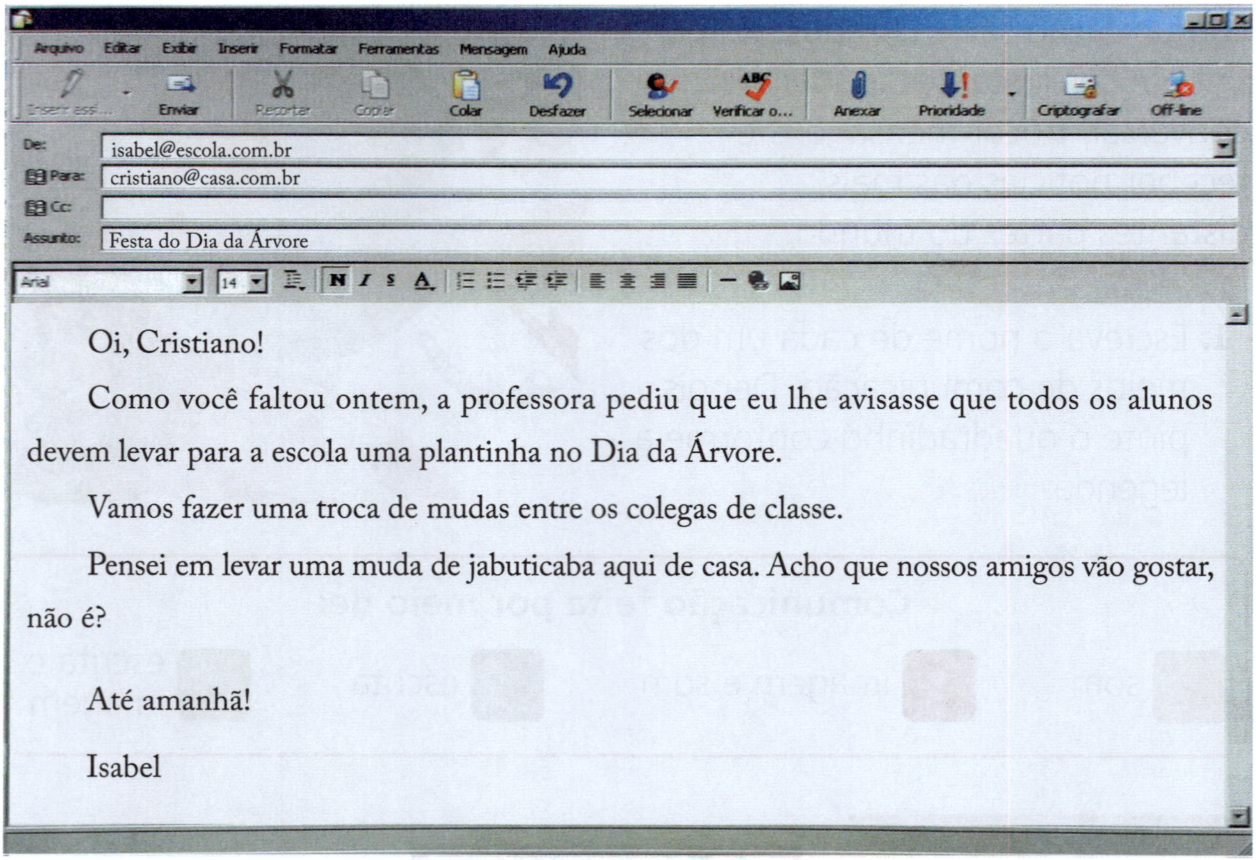

Oi, Cristiano!

Como você faltou ontem, a professora pediu que eu lhe avisasse que todos os alunos devem levar para a escola uma plantinha no Dia da Árvore.

Vamos fazer uma troca de mudas entre os colegas de classe.

Pensei em levar uma muda de jabuticaba aqui de casa. Acho que nossos amigos vão gostar, não é?

Até amanhã!

Isabel

Sérgio Dotta Jr./The Next

- Agora responda:

a) Quem enviou a mensagem eletrônica ou *e-mail*?

____

b) Para quem é a mensagem?

____

c) Qual é o assunto do *e-mail*?

____

d) O que os alunos farão na escola?

____

____

3. Converse com os colegas de classe e depois responda:

a) Para que servem os meios de comunicação?

b) Que meios de comunicação você costuma usar:

- todos os dias?

- de vez em quando?

c) De quais *sites* você mais gosta?

d) De quais programas de televisão você mais gosta?

Ilustra Cartoon/Arquivo da editora

Saiba mais

O que é internet

Você já visitou algum *site*?

Quando acessamos *sites* no computador, estamos usando a internet, que é uma rede de computadores ligados em vários lugares do mundo.

Por meio da internet podemos fazer muitas coisas, como estudar, assistir a vídeos, conversar e trocar *e-mails* e outras mensagens com as pessoas.

Os transportes e as comunicações

- Os meios de transporte e de comunicação evoluíram ao longo do tempo. Observe as imagens.

a) Que diferenças você percebe entre as duas bicicletas abaixo?

Modelo de bicicleta de 1873.

Bicicleta de 2014.

b) Qual é o telefone de uma época mais recente? Marque com um **X**.

Telefone de 1920.

Telefone da década de 1970.

Telefone celular de 2014.

Livros

Ziraldo/Editora Melhoramentos

O livro dos jogos, brincadeiras e bagunças do Menino Maluquinho,
de Gustavo Luiz e Ziraldo. São Paulo: Melhoramentos.

Nesse livro o Menino Maluquinho apresenta as canções de roda, as brincadeiras de rua e os jogos que divertiam as crianças através do tempo.

Reprodução/Editora Caramelo

Vovô Frank é um *show*,
de David Mackintosh. São Paulo: Caramelo.

Esse livro conta a história de um garoto que tem vergonha de apresentar seu avô Frank na escola, pois ele é meio rabugento e parece gostar apenas das coisas antigas. Mas, na escola, todos se surpreendem com o avô, que tem histórias muito legais!

Alberto Linares/Editora Salamandra

A escola do Marcelo,
de Ruth Rocha. São Paulo: Salamandra.

Nesse livro você vai acompanhar Marcelo na escola em que ele estuda e conhecerá sua família, amigos e colegas de sala num dia repleto de atividades.

Daniel Pereira/Editora Salamandra

Os transportes,
de Michèle Longour. São Paulo: Salamandra.

Você gosta de bicicleta? Sabe quem inventou a roda? Já pensou como serão os transportes no futuro? Essas e muitas outras questões são respondidas nesse livro, que fala sobre os meios de transporte de uma maneira muito divertida!

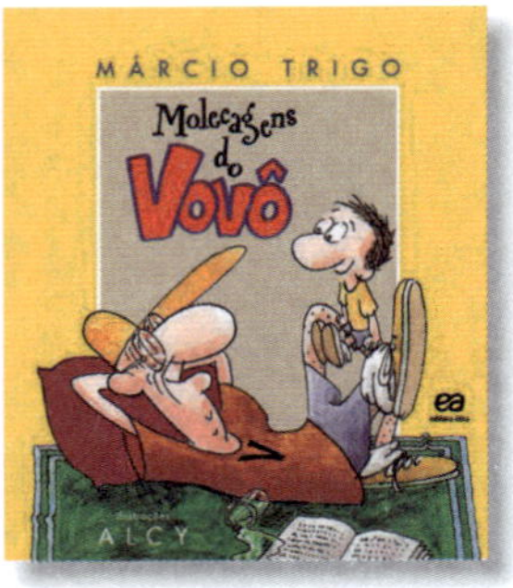

Alcy/Editora Ática

Molecagens do vovô,
de Márcio Trigo. São Paulo: Ática.

Esse livro traz a história de um avô e seu neto, que são apaixonados pela vida e pelas brincadeiras de criança. O problema é que o restante da família não aceita o comportamento do vovô, já que ele é quem apronta mais.

Reprodução/Editora Ática

A escolinha de Serafina,
de Cristina Porto. São Paulo: Ática.

Além de ensinar adultos a ler e a escrever, a menina Serafina também resolve dar aulas de reforço escolar para as crianças do bairro onde mora.

Sites

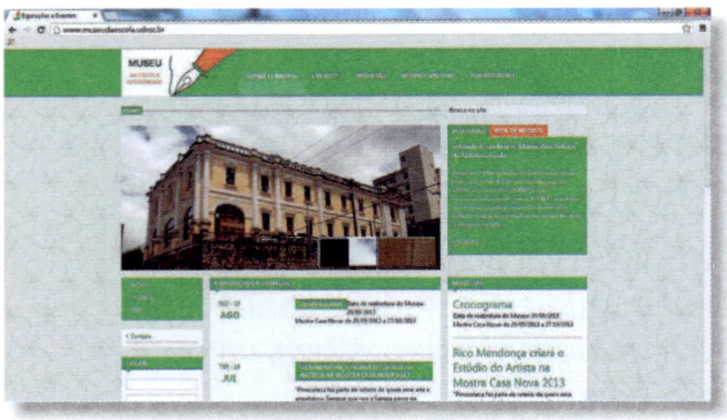

Reprodução/<www.museudaescola.udesc.br>

Museu da Escola Catarinense

<www.museudaescola.udesc.br>

Esse museu possui uma grande coleção de objetos sobre a história da Escola Catarinense. Por meio do *site* é possível consultar o acervo e conhecer brinquedos e materiais escolares de outras épocas.

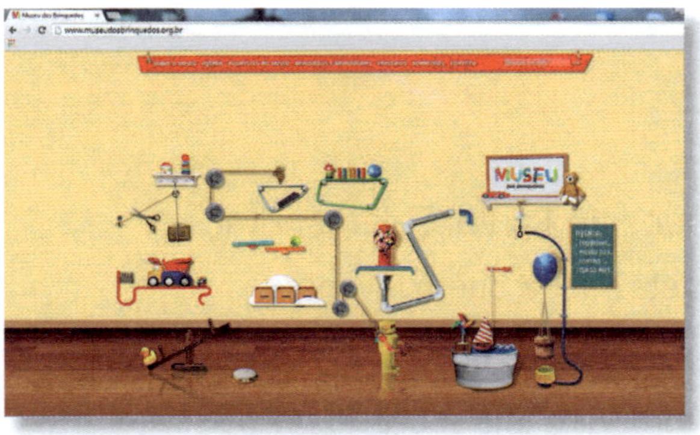

Reprodução/<www.museudosbrinquedos.org.br>

Museu dos Brinquedos

<www.museudosbrinquedos.org.br>

Esse museu preserva brinquedos antigos que fizeram parte da infância de crianças. O *site* do museu conta a história dos brinquedos e brincadeiras e ainda ensina a construir alguns deles.

Geografia

SUMÁRIO

Unidade

1

Orientação e representação

Andrea Ebert/Arquivo da editora

O QUE VOU ESTUDAR?

- Representação do corpo e dos espaços
- Noções de direção
- Diferentes visões
- A planta da sala de aula
- Localização e representação

1

Você, seu corpo, os espaços

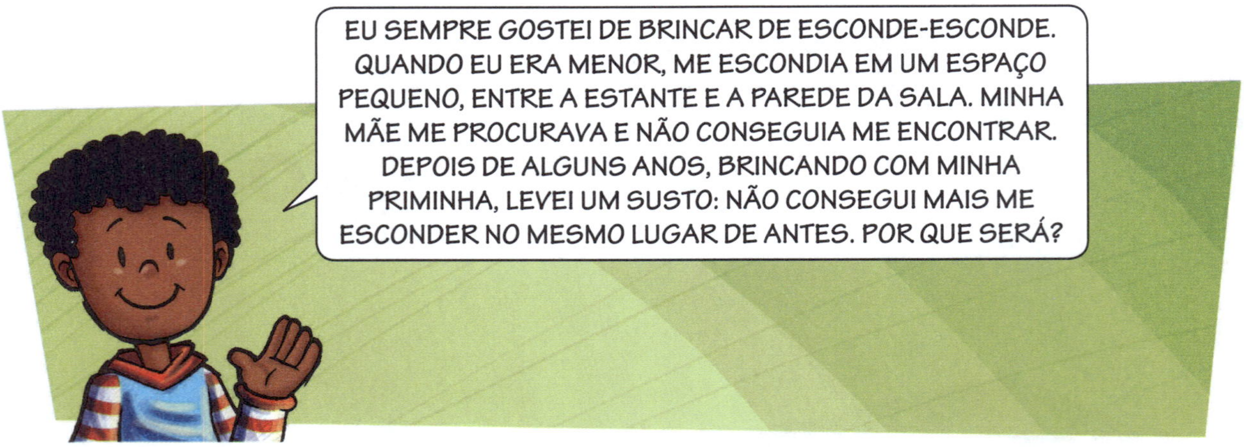

Ilustra Cartoon/Arquivo da editora

Como você responderia à pergunta do menino que conta a história acima?

- Para entender a situação questionada pelo garoto na página 266, observe as fotos abaixo. Elas mostram uma criança em dois momentos da vida: quando era bebê e atualmente.

JHogan/Shutterstock/Glow Images

Monkey Business Images/Shutterstock/Glow Images

a) Que diferenças você observa entre as duas fotos?

b) Peça a seus pais ou responsáveis uma foto sua de anos atrás. Depois, escreva as diferenças que você pode observar entre sua aparência na foto e atualmente.

c) Há semelhança entre as respostas dadas nos itens anteriores? Justifique.

O corpo e as direções

O corpo humano tem dois lados. Veja:

Ilustrações: Ilustra Cartoon/Arquivo da editora

1. Observe seus colegas de classe e responda oralmente:

a) Na sala de aula, quem se senta do seu lado direito?

b) Quem se senta do seu lado esquerdo?

c) Quem se senta na sua frente?

d) Quem se senta atrás de você?

2. As crianças fizeram um círculo. Observe e identifique.

a) Quem está do lado direito de Marisa?

____

b) Quem está do lado esquerdo de Davi?

____

2

Diferentes visões

Observe a imagem a seguir.

Ilustrações: Ilustra Cartoon/ Arquivo da editora

Cada criança tem uma visão diferente do carrinho:

Mariana vê o carrinho de frente.

Isabela vê o carrinho de lado e do alto.

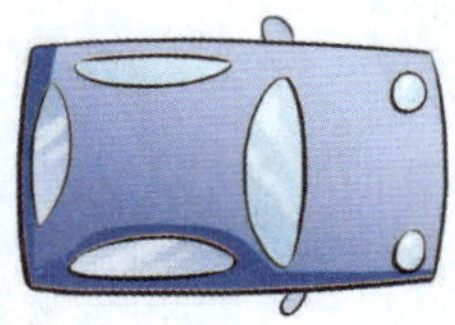

Júlio vê o carrinho de cima.

- Observe as fotos abaixo, que são visões diferentes do mesmo animal. Depois escreva o número correspondente.

1 

Katrina Leigh/Shutterstock/Glow Images

2 

Anat-oli/Shutterstock/Glow Images

3 

Katrina Leigh/Shutterstock/Glow Images

☐ visão de cima para baixo

☐ visão de lado

☐ visão de frente

3

Representação de um lugar

Observe a sala de aula de Júlio. Ela é clara, espaçosa e arejada.

Ilustra Cartoon/Arquivo da editora

Em uma sala de aula geralmente encontramos mesa, cadeira, carteiras, lousa, cesto de lixo, armários.

arejada: ventilada, que tem boa circulação de ar.

A planta

Para representar a sala de aula, podemos fazer uma planta.

Esta é a planta da sala de aula do Júlio. Observe-a com atenção e compare-a com a ilustração da mesma sala, apresentada na página 270.

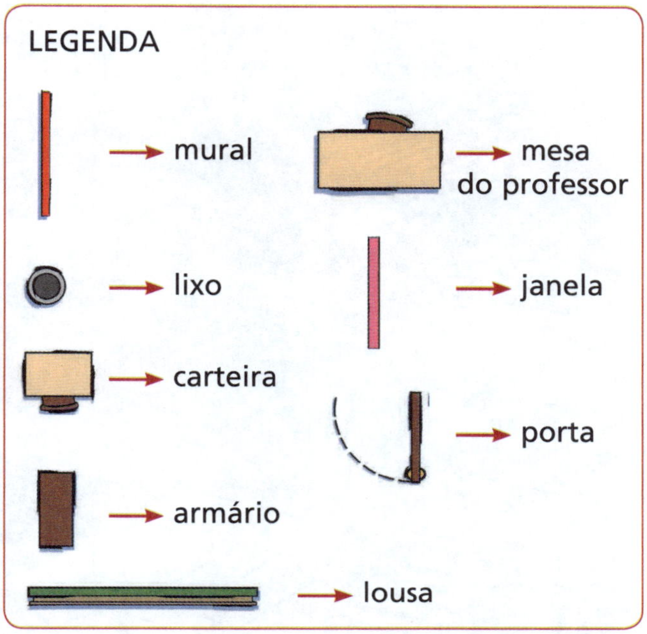

Ilustrações: Ilustra Cartoon/Arquivo da editora

Agora, observe a legenda ao lado da planta. Para representar cada elemento da sala de aula, foi utilizado um símbolo. Que símbolo representa cada um dos elementos a seguir? Desenhe-os.

planta: representação de um lugar, que mostra o traçado de seus limites, dependências e a disposição de seus componentes.

legenda: lista dos símbolos utilizados em uma representação gráfica (mapas, plantas, gráficos). Nela, os símbolos vêm com texto explicativo, permitindo sua compreensão e utilização. Geralmente a legenda vem nas margens dessa representação, em tamanho reduzido.

símbolo: desenho usado para representar objetos, lugares, pessoas.

4

Localização e representação

Veja o que existe ao redor da casa de Tadeu.

Veja como Tadeu explicou a um amigo onde ele mora. Ele citou a farmácia e a ponte para explicar onde fica a casa dele.

Ilustrações: Ilustra Cartoon/Arquivo da editora

1. Agora, veja a planta dos arredores da casa de Tadeu e localize com um **X** o lugar onde ele mora.

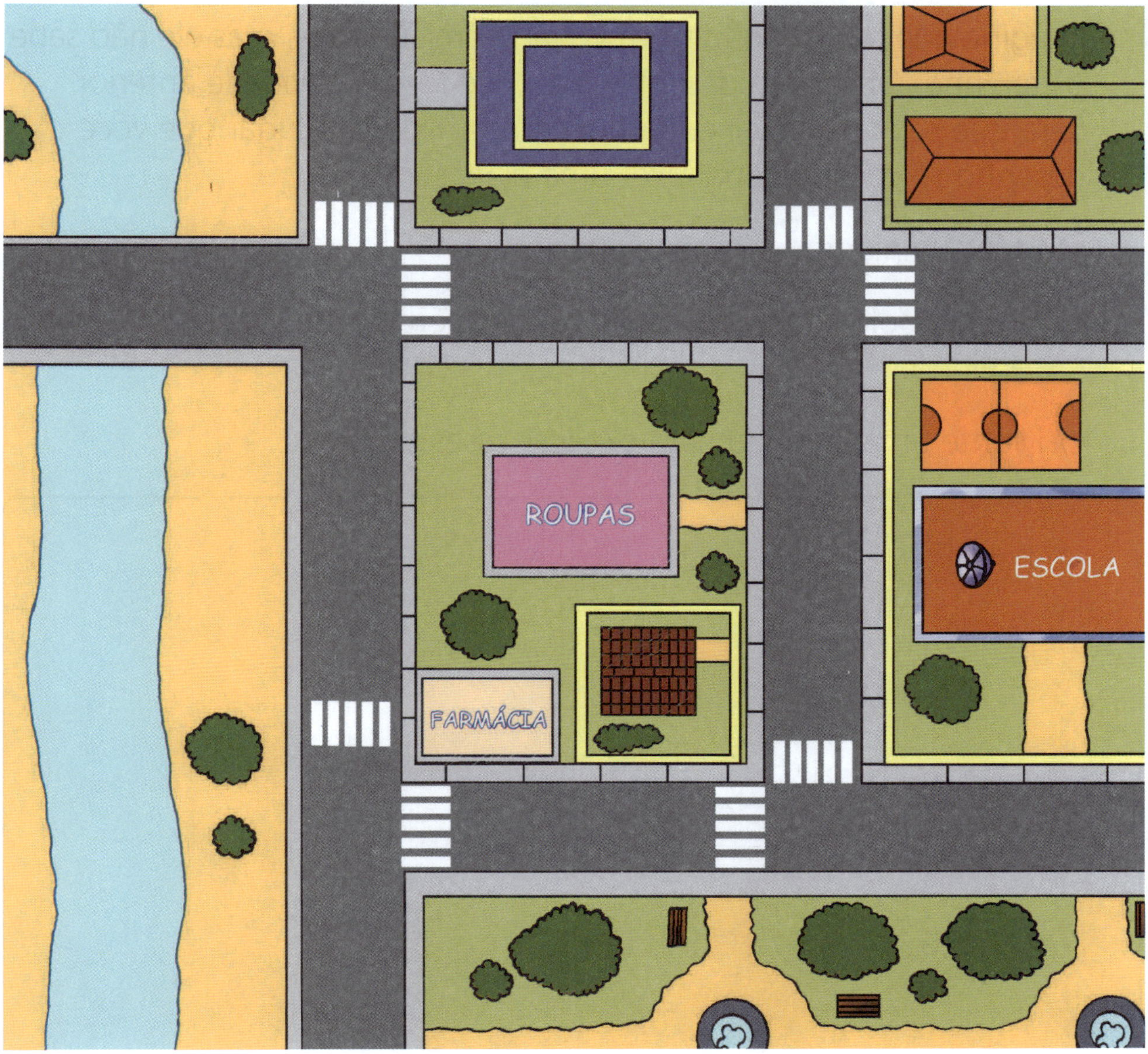

Ilustra Cartoon/Arquivo da editora

2. O que existe ao redor de sua casa? Lembre-se de citar o que existe à esquerda, à direita, etc.

____

____

3. Faça no caderno um desenho mostrando sua casa e tudo o que existe ao redor dela. Se você mora em um apartamento, desenhe seu prédio e indique seu andar.

De olho na planta

- Imagine que um colega seu vá visitá-lo em sua casa, mas ele não sabe o caminho. Observe o desenho que você fez na atividade anterior. Será que seu colega vai entender com facilidade o lugar que você desenhou? Você poderia fazer uma planta!

  a) Faça sua planta no espaço abaixo.

  b) Crie símbolos para representar o que seu colega vai ver no caminho.

  c) Monte uma legenda para explicar esses símbolos.

Unidade

2

A paisagem

Andrea Ebert/Arquivo da editora

O QUE VOU ESTUDAR?

- As paisagens
- Ruas e bairros
- Área rural e área urbana
- Os transportes no município
- Sinais de trânsito

5

Observando as paisagens

No mundo em que vivemos, existem muitas paisagens diferentes. Veja abaixo as fotos de dois lugares do mundo.

Ismar Ingber/Pulsar Imagens

Ushuaia, na Argentina, 2012.

Horizons WWP/Alamy/Latinstock

Istambul, na Turquia, 2012.

Lugares onde vivemos

Célia e Alexandre são amigos. Eles estão conversando sobre o lugar onde cada um vive.

Ilustra Cartoon/Arquivo da editora

paisagem: conjunto de elementos naturais ou não de determinado lugar.

- Quem mora na cidade: Célia ou Alexandre?

Ilustrações: Ilustra Cartoon/Arquivo da editora

- E quem mora no campo?

1. Pense em uma rua de seu município que você conheça bem e desenhe-a no caderno com todas as construções e o que mais você lembrar que faz parte dessa rua.

2. Compare seu desenho com os lugares retratados acima. Qual deles é mais parecido com o lugar que você desenhou?

3. Onde sua casa está localizada: no campo ou na cidade?

4. Sua casa está localizada perto da escola?

6

O município

Ruas e bairros

As ruas fazem parte dos bairros. Alguns bairros ficam na área urbana e outros, na área rural de um município.

Dependendo do tamanho do município, ele pode ter muitos bairros. Veja como podem ser alguns deles:

J.L. Bulcão/Pulsar Imagens

Bairro Tambaú, no município de João Pessoa (PB), 2012. Área urbana.

João Prudente/Pulsar Imagens

Bairro Fragária, no município de Itamonte (MG), 2013. Área rural.

Luciana Whitaker/Pulsar Imagens

Bairro de Vargem Grande, no município de Teresópolis (RJ), 2014. Área rural.

Mauricio Simonetti/Pulsar Imagens

Bairro de Santo Antônio no município de Recife (PE), 2013. Área urbana.

Seu bairro forma a comunidade onde você e outras pessoas moram.

Podemos encontrar em um bairro urbano: casas, prédios, lojas, supermercados, padarias, açougues, farmácias, restaurantes, livrarias, hospitais, escolas, bancos, praças, indústrias, entre outros estabelecimentos.

João Prudente/Pulsar Imagens

Mercado Municipal no município de Arapiraca (AL), 2012.

Na área rural encontramos casas, sítios, chácaras, fazendas, parques, granjas, escolas, postos de saúde e pequenos comércios, entre outros estabelecimentos.

João Prudente/Pulsar Imagens

Plantação de verduras no município de Vitória (ES). Foto de 2011.

Agora, responda às questões de 1 a 7 no caderno.

1. Seu bairro é uma parte de qual município?

2. Você estuda no bairro onde mora?

3. Sua família e você costumam fazer compras em seu bairro? Por quê?

4. Você costuma passear no seu bairro? Por quê?

5. Escreva o nome de seu bairro. Qual é o significado desse nome?

6. Há algum bairro de seu município que você gostaria de conhecer? Por quê?

7. De que as crianças costumam brincar em seu bairro? Onde elas costumam brincar? Faça uma lista das brincadeiras e dos lugares preferidos.

8. Veja como Carla e Bruno vão à escola.

Ilustra Cartoon/Arquivo da editora

a) Quem mora no campo? ______________________________

b) Quem mora na cidade? ______________________________

9. E você, onde mora? Desenhe o lugar onde fica sua casa. Pinte e depois escreva no caderno se há mais elementos da natureza (árvores, rios, lagos) ou construções feitas pelas pessoas (casas, prédios, pontes).

Os transportes no município

Nas ruas, utilizamos veículos como o automóvel, o ônibus, o metrô, a bicicleta, a motocicleta, o caminhão, a charrete para ir de um lugar a outro, para trabalhar, para transportar mercadorias, entre outras atividades. Esses veículos são os **meios de transporte**.

Os meios de transporte podem ser **terrestres**, quando se deslocam por terra; **aéreos**, quando se deslocam pelo ar; **aquáticos**, quando se deslocam pelas águas de rios, lagos e lagoas, mares e oceanos.

André de Oliveira/FOTOARENA/Agência Estado

Trem chegando à estação Sé do metrô em São Paulo (SP), 2013.

Wagner Tavares/Pulsar Imagens

Avião no aeroporto Santa Maria, em Aracaju (SE), 2012.

Marcio Lourenção/Pulsar Imagens

Navio no porto de Santos, em São Paulo (SP), 2014.

Nas grandes cidades, o movimento de pessoas e de veículos é grande. Alguns veículos, como trens e ônibus, transportam várias pessoas ao mesmo tempo e são chamados **transportes coletivos**. No município, o ônibus é um dos transportes coletivos mais utilizados.

O vaivém de veículos e de pessoas nas ruas é chamado de **trânsito**.

O trânsito, nas cidades maiores, costuma ser mais intenso pela manhã, quando a maioria das pessoas está indo para o trabalho, e no fim da tarde, quando elas voltam para casa. Em muitas dessas cidades costumam ocorrer congestionamentos nesses períodos.

congestionamento: acúmulo de pessoas e veículos que impedem a livre circulação nas ruas.

Sinais de trânsito

Para ordenar o movimento de pessoas e de veículos nas ruas foram criados os **sinais de trânsito**.

Obedecendo aos sinais de trânsito, os motoristas e as pessoas que andam pelas ruas – chamados pedestres – evitam acidentes.

Ilustra Cartoon/Arquivo da editora

É preciso muito cuidado ao atravessar a rua!

Vamos conhecer alguns sinais de trânsito.

Semáforos

O **semáforo** também é conhecido como **farol**, **sinaleiro** ou **sinaleira**. Ele pode ser de dois tipos: para veículos ou para pedestres.

O semáforo para veículos orienta os motoristas nas ruas por meio de três cores:

A luz **vermelha** indica PARE!

A luz **amarela** indica ATENÇÃO!

A luz **verde** indica SIGA!

Sérgio Dotta Jr./The Next

Semáforo para veículos.

O semáforo para pedestres apresenta duas cores e, geralmente, é representado por dois bonequinhos luminosos.

A cor **vermelha** indica PERIGO! NÃO ATRAVESSE!

A cor **verde** indica PODE PASSAR! PROSSIGA!

Daniel Cymbalista/Pulsar Imagens

Semáforo para pedestres.

Faixa de segurança

A **faixa de segurança** é uma das sinalizações de trânsito mais importantes: os pedestres nunca devem atravessar a rua fora dela, e os veículos nunca devem parar sobre ela.

Thomaz Vita Neto/Pulsar Imagens

Faixa de segurança no município de Costa Rica (MS), 2014.

Placas de sinalização

Entre os sinais de trânsito existem as **placas de sinalização**.

Algumas placas informam o que é permitido e o que é obrigatório fazer nas ruas e no trânsito. Geralmente essas placas são brancas, com faixas vermelhas e símbolos pretos.

Outras placas avisam se há algum perigo na via, ou seja, na rua ou na estrada. Essas placas são amarelas com símbolos pretos.

Veja algumas placas e o que elas indicam:

Proibido estacionar.

Proibido ultrapassar.

Área escolar.

Obras.

O guarda de trânsito

Além dos sinais de trânsito, há também o **guarda de trânsito**, que orienta os motoristas e os pedestres nas ruas por meio de gestos e apitos.

Quando os motoristas não respeitam as leis de trânsito, são multados pelo guarda de trânsito.

Guarda de trânsito no município de Recife (PE), 2013.

1. Escolha uma rua do bairro onde você mora e escreva sobre ela no caderno: como ela é, o que existe nela, como é o movimento de pessoas e de veículos e quais meios de transporte há nela.

- Leia o que você escreveu ao professor e aos colegas.

2. Observe a cena e complete as frases.

Ilustrações: Ilustra Cartoon/Arquivo da editora

a) A menina está atravessando a rua na

____

b) O semáforo para pedestres está na cor

____

3. O motorista da cena ao lado não respeitou a placa de trânsito.

- O que essa placa indica?

____

____

4. Assinale com um **X** as frases que indicam atitudes corretas no trânsito.

- [ ] Obedecer aos sinais de trânsito.
- [ ] Atravessar a rua sem prestar atenção.
- [ ] Descer do ônibus somente quando ele estiver parado.
- [ ] Jogar bola em ruas movimentadas.
- [ ] Não andar de bicicleta em rua movimentada.
- [ ] Caminhar somente na calçada.
- [ ] Obedecer às orientações do guarda de trânsito.
- [ ] Atravessar a rua fora da faixa de segurança.
- [ ] Olhar para os dois lados antes de atravessar a rua.

- Agora, converse com seus colegas e o professor sobre as frases que você não assinalou. Depois, reescreva essas frases no caderno de forma que indiquem atitudes corretas no trânsito.

De olho nos meios de transporte

- Complete a cruzadinha com o nome dos meios de transporte ilustrados. Depois, pinte somente o nome daqueles que você já utilizou.

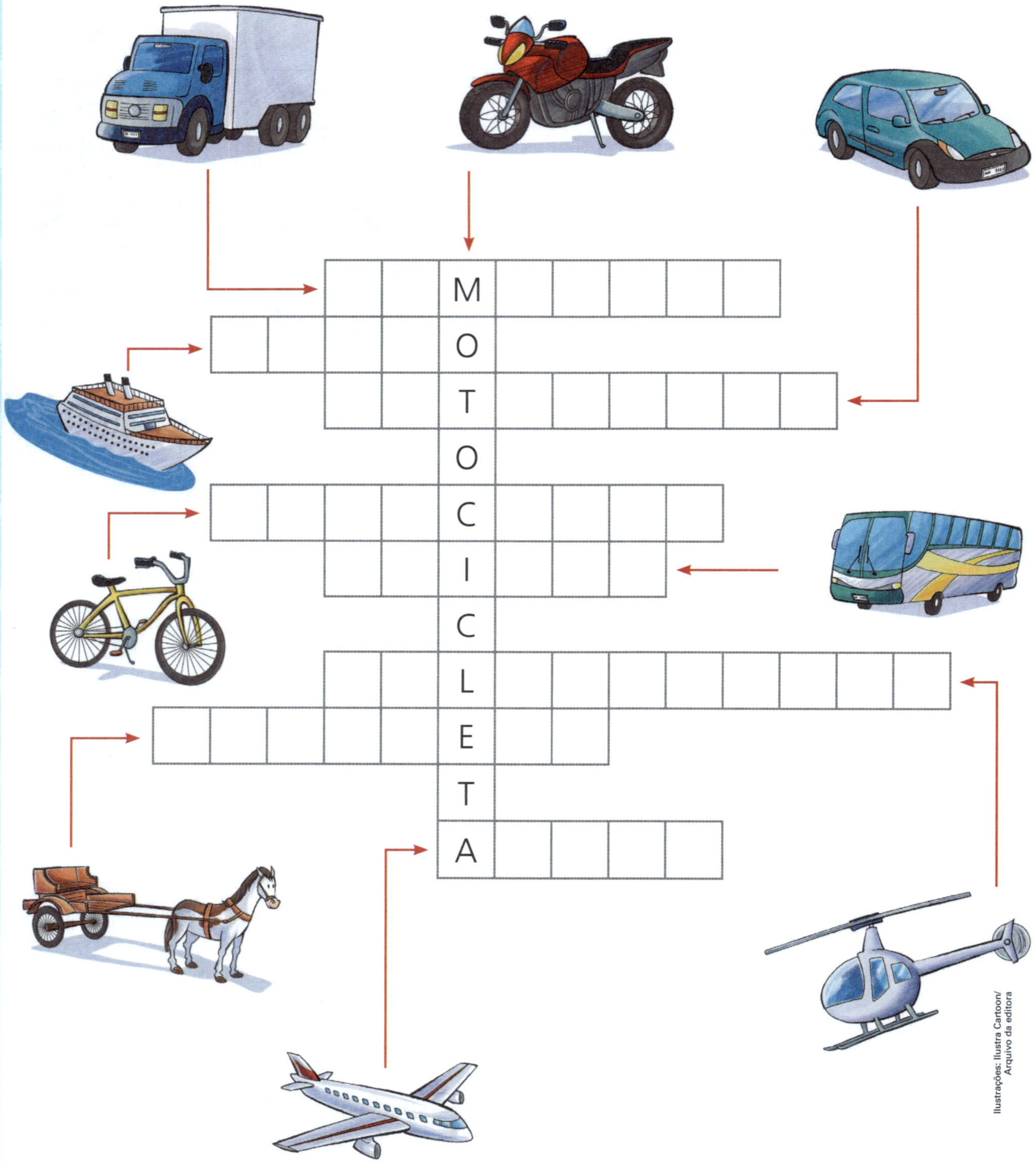

Ilustrações: Ilustra Cartoon/ Arquivo da editora

Unidade

3

As transformações na paisagem

Andrea Ebert/Arquivo da editora

O QUE VOU ESTUDAR?

- A construção de moradias
- A transformação da paisagem
- A paisagem e as pessoas
- O tempo e a paisagem

7

Construindo moradias

Os seres humanos precisam de abrigo para se proteger da chuva, do vento, do frio, do calor intenso. Para nós, esse abrigo é a casa, nossa moradia, o lugar onde habitamos e convivemos com outras pessoas.

As moradias não foram sempre da maneira como as conhecemos hoje. Com o passar do tempo, a humanidade foi ocupando novos espaços e modificando-os de acordo com suas necessidades.

Ilustra Cartoon/Arquivo da editora

Os primeiros seres humanos se abrigavam em cavernas ou sob as árvores.

Depois, as pessoas começaram a construir abrigos com materiais encontrados na natureza, como barro (argila) e pedras, por exemplo.

Atualmente, são usados muitos outros materiais cujos elementos são extraídos da natureza, como cal, ferro, vidro, alumínio, cimento, concreto, etc.

Povos diferentes, casas diferentes

Observe nas fotos a seguir um iglu visto por dentro e por fora.

Os iglus são construídos com gelo pelas pessoas que vivem em regiões como o Alasca e o Ártico. Hoje, essas pessoas moram em cidades, em casas de tijolo ou de madeira. Elas utilizam os iglus apenas na temporada de caça e pesca.

JTB Photo/Glow Images

Vista externa de um iglu, no Canadá, 2009.

ZUMA Press, Inc. / Alamy/Latinstock

Interior de um iglu, no Canadá, 2009.

Os Yanomami geralmente vivem em moradias coletivas. Cada aldeia é formada por malocas, que são grandes habitações de madeira, cobertas de palha, onde moram várias famílias, compostas de avós, pais, filhos, primos, tios, sobrinhos.

Edson Sato/Pulsar Imagens

Interior de habitação yanomami no município de Barcelos (AM). Foto de 2012.

Edson Sato/Pulsar Imagens

Vista aérea da aldeia Demini, no município de Barcelos (AM), onde vivem indígenas do povo yanomami. Foto de 2012.

Responda oralmente às questões abaixo.

1. Nas fotos das moradias, que diferenças você percebe em relação:

a) aos moradores?

b) ao lugar onde essas moradias foram construídas?

c) ao material utilizado na construção?

2. No lugar onde você vive há casas como esta?

Edson Grandisoli/Pulsar Imagens

Palafitas na margem do rio Negro, em Manaus (AM), 2013.

- Conte aos colegas o que você sabe sobre esse tipo de construção. Na sua opinião, por que as casas são construídas sobre palafitas?

8

O ser humano transforma a paisagem

Todo ano, durante as férias, Júlio vai para o sítio onde mora seu avô. Os dois passam a maior parte do tempo juntos, conversando, brincando e passeando, observando a paisagem do lugar.

Nas últimas férias, o avô de Júlio, que adora contar histórias e mostrar ao neto as lembranças que tem guardadas, resolveu mostrar a ele um álbum de fotografias que recebeu de presente dos filhos. Nessas fotos, tiradas ao longo dos anos, podem ser vistas as transformações que ocorreram na paisagem do caminho que leva até o sítio.

O avô de Júlio é geógrafo e, por isso, adorou o presente. No alto das páginas do álbum ele escreveu um título para as fotos: **Transformações na paisagem causadas pelos seres humanos**. Observe:

Ilustra Cartoon/Arquivo da editora

Existem paisagens formadas por componentes que não foram construídos pelo ser humano, como os rios, as rochas, as vegetações naturais. Veja um exemplo de **paisagem natural** na foto ao lado.

Ary Bassous/Tyba

Parque Estadual Encontro das Águas, no Pantanal Mato-Grossense (MS), 2012.

Há paisagens que foram modificadas pelas pessoas no decorrer dos anos. Nessas paisagens podem ser encontrados vários componentes construídos pelos seres humanos, como casas, ruas, estradas, pontes. No campo, a paisagem geralmente é transformada para a criação de animais e o cultivo de plantações. Veja um exemplo de **paisagem modificada pelo ser humano**.

Gerson Gerloff/Pulsar Imagens

Paranaguá (PR), 2012.

1. Observe a paisagem do lugar onde você mora. O que predomina nela?

- [ ] componentes naturais
- [ ] componentes construídos pelo trabalho das pessoas

2. Agora pense no caminho que você faz até a escola. Quais são os componentes naturais da paisagem e quais foram feitos pelas pessoas?

Faça no caderno uma lista de cada um deles.

9

A paisagem e as pessoas

O ser humano está sempre transformando a paisagem do lugar onde vive.

Para atravessar rios, as pessoas constroem pontes.

Inês Calixto/Pulsar Imagens

Ponte sobre o rio Uruguai no município de Chapecó (SC), 2013.

Para encurtar trajetos, as pessoas constroem túneis, escavando montanhas.

Alessandro Viana /Tyba

Túnel no município do Rio de Janeiro (RJ), 2012.

Para tentar facilitar o trânsito, as pessoas constroem viadutos.

Rogério Reis/Pulsar Imagens

Viaduto sobre a rodovia Luiz Gonzaga no município de São Caetano (PE), 2013.

1. Reúna-se com os colegas e o professor para uma conversa. Leia as perguntas abaixo. Dê sua opinião, troque ideias, preste atenção na opinião dos colegas e registre suas conclusões no caderno.

   a) É possível transformar uma paisagem sem prejudicar a natureza? Justifique.

   b) Todas as modificações feitas pelas pessoas na paisagem trazem benefícios para a natureza? E para as próprias pessoas? Por quê?

2. Observe a paisagem de um lugar em duas épocas diferentes.

Avenida Paulista, em São Paulo (SP), 1907.

Avenida Paulista, em São Paulo (SP), 2013.

- Escreva no caderno quais são as principais diferenças que você observou entre a paisagem antiga e a paisagem recente.

10

O tempo e as paisagens

Com o passar do tempo as paisagens mudam. Essas mudanças podem ser causadas pelo trabalho das pessoas, como foi visto nas páginas anteriores.

A natureza também pode modificar as paisagens. Elas mudam de acordo com a variação de temperatura, a ocorrência de ventos, chuvas e também a falta delas.

As estações do ano

No Brasil, as estações do ano se apresentam de maneiras diferentes. Em alguns locais, essas mudanças são bem definidas, e é possível perceber claramente as mudanças de estação na passagem do calor para o frio. Já em outros lugares do país isso não acontece e pode fazer calor durante quase todo o ano.

Thomaz Vita Neto/Pulsar Imagens

Primavera no município de Mirassol (SP), 2012.

Gerson Gerloff/Pulsar Imagens

Inverno no município de São José dos Ausentes (RS), 2013.

1. Você sabe quais são as estações do ano? Escreva o nome delas.

2. O tempo está sempre do mesmo jeito? Como ele pode estar?

3. Observe as fotos e escreva como está o tempo em cada uma delas.

Ale Silva/Futura Press

Rio de Janeiro (RJ), 2014.

Ernesto Reghran/Pulsar Imagens

Londrina (PR), 2014.

4. Responda às questões no caderno:

a) Em qual estação do ano nós estamos?

b) Como é essa estação no lugar onde você mora?

c) O que você mais gosta de fazer nessa estação?

d) Em que época costuma chover mais na região onde você mora?

e) Que roupa você está vestindo? Essa roupa está de acordo com o tempo que está fazendo hoje? Por quê?

5. Faça desenhos em folhas de sulfite representando as características de cada estação do ano (primavera, verão, outono e inverno) no lugar onde você mora.

De olho na paisagem

- Coloque (1) para paisagem natural e (2) para paisagem modificada pelo ser humano.

Rogério Reis/Tyba

Vegetação da caatinga no município de Sertânia (PE), 2013.

Edson Grandisoli/Pulsar Imagens

Mata atlântica no município de Ribeirão Grande (SP), 2013.

Rubens Chaves/Pulsar Imagens

Jardim Botânico do Rio de Janeiro (RJ), 2012.

Renato Soares/Pulsar Imagens

Aldeia Yawalapiti no município de Gaúcha do Norte (MT), 2012.

Stefan Kolumban/Pulsar Imagens

Parque Ecológico do Janauari, no município de Manaus (AM), 2013.

Luciana Whitaker/Pulsar Imagens

Trecho do rio Paraguai, no município de Corumbá (MS), 2012.

Unidade 4

O trabalho e as pessoas

Andrea Ebert/Arquivo da editora

O QUE VOU ESTUDAR?

- O trabalho
- Alguns profissionais

11

O trabalho

Os seres humanos retiram da natureza o que necessitam para viver. Para construir suas moradias, por exemplo, usam elementos da natureza, que são transformados por meio do trabalho.

Você já parou para pensar em quem construiu sua escola? E em quem produziu os seus livros, seus cadernos, seus lápis, sua borracha e outros materiais escolares?

João Prudente/Pulsar Imagens

Fabricação de tijolos de barro no município de Palmeira dos Índios (AL), 2012.

Trabalho não é apenas a transformação de elementos da natureza. As pessoas podem realizar os mais diferentes tipos de trabalho.

1. Pergunte a seus pais ou responsáveis quais trabalhos eles realizam no dia a dia e escreva as respostas no espaço abaixo.

____

____

____

2. Escreva o nome de algumas pessoas que você conhece e o tipo de trabalho que elas fazem.

____

____

____

3. Em grupo, façam um cartaz sobre algumas profissões que vocês conheçam. Utilizem desenhos e figuras recortadas de revistas, jornais ou panfletos. Depois, apresentem o cartaz à classe.

12

Alguns profissionais

Muitas vezes os trabalhos são realizados pelas pessoas em troca de pagamento em dinheiro. As pessoas que se especializam em determinado tipo de trabalho são chamadas trabalhadores **profissionais**.

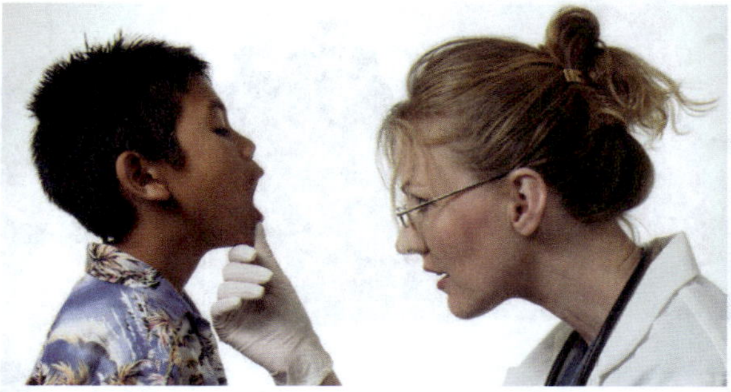

GeoM/Shutterstock/Glow Images

Os médicos cuidam da saúde das pessoas e tratam das mais variadas doenças.

Maridav/Shutterstock/Glow Images

Os fotógrafos tiram fotos para revistas, jornais ou em ocasiões especiais, como casamentos, festas, etc.

Renato Luiz Ferreira/Arquivo da editora

Os bombeiros apagam incêndios e socorrem pessoas.

Sérgio Dotta Jr./The Next

Os carteiros entregam correspondências nas casas.

Marcos Peron/kino.com.br

Os garis cuidam da limpeza das ruas.

Sebastião Moreira/Arquivo da editora

Os costureiros confeccionam ou costuram roupas.

Em geral, as pessoas estudam ou recebem algum treinamento para se tornarem profissionais, ou seja, pessoas especializadas em realizar determinados tipos de atividades.

É também por isso que estudar é muito importante – além, é claro, do prazer que sentimos ao aprender coisas novas.

Os profissionais da escola

Nas dependências da escola trabalham várias pessoas: os diretores e vice-diretores, os professores, os funcionários da secretaria e da biblioteca, as pessoas que preparam os alimentos dos alunos e os funcionários que cuidam da segurança e da limpeza.

Sérgio Dotta Jr./The Next

Na sala de aula trabalham os professores. Os alunos estudam e assistem às aulas organizadas por esses profissionais.

Agliberto Lima/Arquivo da editora

Na cozinha trabalham as pessoas que preparam os alimentos dos alunos.

Os profissionais da construção

Para que uma moradia seja segura e confortável, muitos profissionais trabalham durante as etapas de construção realizando diferentes atividades. O arquiteto faz a planta da moradia, ou seja, desenha como ela será, e o engenheiro cuida para que ela seja segura; os pedreiros preparam o terreno e constroem a casa; os encanadores cuidam da parte hidráulica; e os eletricistas cuidam da parte elétrica. Finalmente, as paredes são pintadas pelos pintores e a moradia fica pronta.

Ilustrações: Ilustra Cartoon/Arquivo da editora

1. Observe as fotos abaixo. Depois, preencha os quadradinhos com os números correspondentes.

1
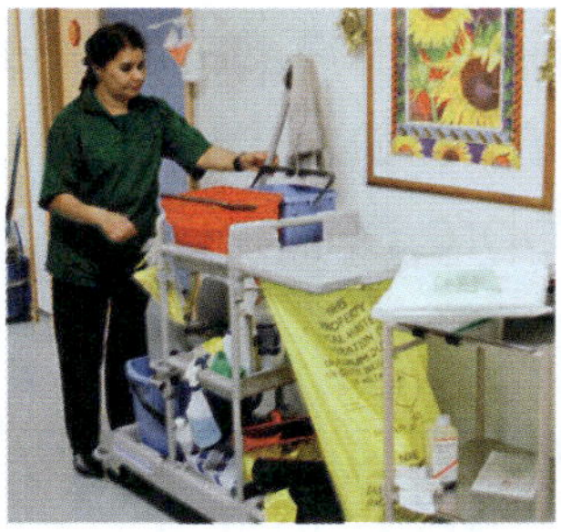
Alamy/Other Images

2

Cesar Diniz/Pulsar Imagens

3

Eric Cahan/Corbis/Latinstock

4

Thomaz Vita Neto/Pulsar Imagens

5

Brand X Pictures

6

Alamy/Other Images

☐ professora ☐ bibliotecária ☐ pedreiro

☐ faxineira ☐ merendeira ☐ lavrador

2. Que profissionais trabalham na sua escola? Complete o quadro.

profissionais da minha escola	
profissional	função

Os profissionais de comunicação

É só ligar a televisão ou navegar na internet para saber o que está acontecendo no mundo todo. Basta dar um telefonema para falar com alguém em praticamente qualquer parte do mundo ou abrir uma revista, um livro ou um jornal para obter informações sobre os mais diversos assuntos.

Muitas outras pessoas que nem conhecemos trabalham para facilitar a comunicação entre as pessoas. Por exemplo, profissionais de emissoras de rádio e de TV, telefonistas, publicitários e muitos outros.

Hélvio Romero/Estadão Conteúdo/Agência Estado

Estúdio de televisão.

wavebreakmedia/Shutterstock/Glow Images

Analista de sistemas.

- Você sabe o que é um *outdoor*? Com o *outdoor* é possível transmitir uma mensagem para muitas pessoas ao mesmo tempo.
  Use uma folha sulfite para criar um *outdoor* que informe as pessoas sobre reciclagem. Lembre-se de criar uma imagem e um texto para o seu *outdoor*. Depois de terminar, imagine que você é um publicitário que precisa explicar o trabalho feito ao seu cliente. O professor e os seus colegas serão os clientes, e eles deverão dizer se a sua justificativa foi boa ou não.

De olho no trabalho dos jornalistas

O trabalho do jornalista é permitir que as pessoas saibam o que está acontecendo em sua região, no país ou ao redor do mundo. Por meio do jornalismo sabemos o que está acontecendo na sociedade, na política, na economia, nas artes, por exemplo.

Tiago Queiroz/Agência Estado

Redação de jornal no município de São Paulo (SP), 2010.

1. Responda às questões a seguir.

a) Existem jornalistas na região onde você mora? Sobre o que eles costumam falar?

b) Você acha que os jornalistas devem respeitar os direitos de todas as pessoas ou eles devem estar ao lado de apenas um grupo de indivíduos? Por quê?

2. Agora, o jornalista é você. Na companhia de um adulto, passeie pelo seu município, converse com as pessoas (principalmente aquelas que costumam falar com muita gente diariamente) e descubra algo a que os jornalistas não estão dando atenção. Colete informações, de acordo com as orientações do professor, e produza um pequeno jornal para informar à população sobre esse acontecimento.

SUGESTÕES PARA O ALUNO

Livros

Reprodução/Editora Moderna

Kindilín na floresta encantada, de Pedro Bandeira. São Paulo: Moderna.

Este livro nos ajuda a entender por que temos de respeitar a natureza. A pequena Kindilín é uma fada aprendiz que cuidava dos bichos que habitavam a floresta. Certo dia, ela adormeceu profundamente, perdendo todos os animais. Agora, Kindilín precisa achá-los novamente.

Reprodução/Editora Scipione

Poesia pela cidadania, de Odete Rodrigues Baraúna. São Paulo: Scipione.

Este livro mostra que cidadania não é coisa só de adulto. Conhecer e respeitar direitos e obrigações também são deveres das crianças. Nesta obra, de linguagem poética e acessível, o leitor aprenderá noções básicas de conduta sobre meio ambiente, relações pessoais, regras de trânsito, entre outras.

Reprodução/Editora Moderna

Se essa rua fosse minha, de Eduardo Amos. São Paulo: Moderna.

O que você faria se a rua onde mora fosse sua? Você cuidaria bem dela, plantaria árvores, tomaria conta da limpeza? Ou deixaria que os carros a enchessem de fumaça, que as pessoas jogassem lixo no chão? Essas e outras questões são apresentadas neste livro.

Reprodução/Editora Ática

Um palhaço diferente, de Sonia Junqueira. São Paulo: Ática.

O sonho do palhaço Fagulha era ter um trabalho diferente. Agora ele quer provar a todos que é capaz.

Ciências

SUMÁRIO

Unidade 1

A Terra e seus ambientes

Andrea Ebert/Arquivo da editora

O QUE VOU ESTUDAR?

- O planeta Terra
- O Sistema Solar
- Os diferentes ambientes da Terra
- Os seres e o ambiente
- Os recursos naturais
- Conservando os recursos naturais

1

O mundo em que vivemos

O planeta Terra

Este é o planeta em que vivemos. Você sabe como se chama esse planeta?

A **Terra** é o ambiente em que vivemos, que é formado por seres vivos e elementos não vivos.

ixpert/Shutterstock/Glow Images

A Terra vista do espaço.

O Sistema Solar

O **Sistema Solar** é composto da Terra e outros sete planetas que também giram em torno do Sol, que é uma estrela. É o Sol que possibilita a existência de vida na Terra, pois fornece luz e calor.

Ilustrações: Cassiano Röda/Arquivo da editora

Esquema representando o Sistema Solar fora de escala.

As imagens e distâncias não estão em tamanho proporcional entre si.

Além do Sol e dos oito planetas, há também planetas-anões, asteroides, cometas e meteoros que fazem parte do Sistema Solar.

A Terra gira em torno do Sol e, ao mesmo tempo, gira em torno de si mesma.

Ao girar em torno de si mesma, a Terra sempre tem:

- uma área virada para o Sol: onde será dia;
- uma área que não está virada para o Sol: onde será noite.

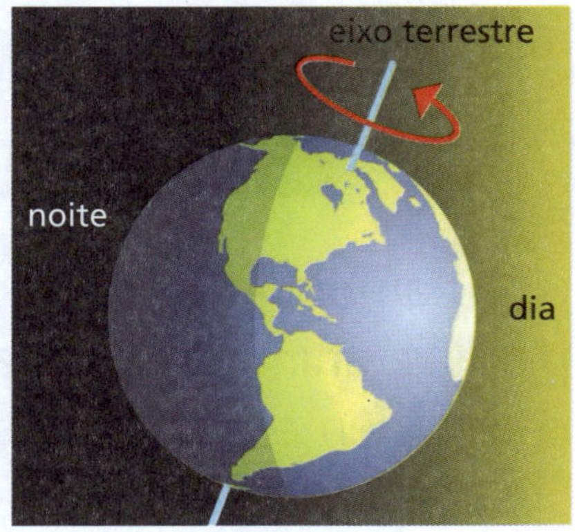

Cassiano Rôda/Arquivo da editora

1. Quantos e quais são os planetas do Sistema Solar?

____

____

2. O Sol é:

☐ um planeta. ☐ uma estrela.

3. Marque com um **X** a alternativa que completa a frase:

Os dias e as noites existem...

☐ porque a Terra fica parada no espaço.

☐ porque a Terra gira em torno de si mesma.

4. Ligue cada ilustração a uma frase que descreve o momento do dia.

Ilustrações: Ilustra Cartoon/Arquivo da editora

Fim da tarde, o Sol se põe.

De manhãzinha, o Sol nasce.

Meio-dia, o Sol está no meio do céu.

2

Os diferentes ambientes da Terra

O ambiente é formado por tudo o que está ao nosso redor, como plantas, animais, água, ar, solo, luz e calor do Sol, além dos componentes construídos pelo ser humano.

Existem diferentes ambientes em nosso planeta. Eles podem ser terrestres ou aquáticos. Observe:

Du Zuppani/Pulsar Imagens

Cerrado goiano, GO.

Rogério Reis/Pulsar Imagens

Manguezal em Tibau do Sul, RN.

Alvarélio Kurossu/Agência RBS

São Joaquim, SC.

Stefan Kolumban/Pulsar Imagens

Vista aérea do Rio Negro – Aquidauna, MS.

Pedro H. Bernardo/Folhapress

Pico do Itacolomy em Ouro Preto, MG.

Wagner Tavares/Pulsar Imagens

Dunas da praia de Genipabu, RN.

1. Ambiente é todo espaço onde se desenvolve a vida, incluindo todas as atividades dos seres humanos, dos animais e dos vegetais.

a) Em uma folha à parte, desenhe você mesmo em um lugar de que gosta muito. Diga aos colegas tudo o que existe no ambiente que você desenhou.

b) O que há de parecido e o que há de diferente nos ambientes que você e seus colegas desenharam?

____

____

2. Observe as fotos e escreva o que existe em cada um dos ambientes.

Hans Engbers/Shutterstock/Glow Images

____

____

____

Vilainecrevette/Shutterstock/Glow Images

____

____

____

FamVeld/Shutterstock/Glow Images

____

____

____

Jess Kraft/Shutterstock/Glow Images

____

____

____

3

Os seres e o ambiente

Quando olhamos atentamente ao nosso redor, podemos ver que existem muitas formas de vida no mundo.

Observe alguns exemplos:

Du Zuppani/Pulsar Imagens

libélula

Renato Soares/Pulsar Imagens

Indígenas do povo Waurá (MT).

JustASC/Shutterstock/Glow Images

flor-de-lótus

Vladimir Wrangel/Shutterstock/Glow Images

Turistas montados em camelos no deserto do Saara, no Marrocos.

Nos ambientes existem seres vivos e elementos não vivos.

Os animais e as plantas são os elementos vivos do ambiente. Eles nascem, crescem, podem se reproduzir e morrem. Veja o que acontece com o pé de feijão e o cachorro.

germinação crescimento reprodução morte

Ilustrações: Osni de Oliveira/Arquivo da editora

nascimento desenvolvimento reprodução velhice

Na natureza existem muitos elementos que não têm vida.

As pedras, a areia e a água são elementos não vivos. Elas não nascem, não crescem e não morrem. E também não têm filhotes.

Também não são vivos a terra, o sal, os metais e os objetos fabricados pelo ser humano, por exemplo.

kropic1/Shutterstock/Glow Images

1. Danilo mora neste sítio. Ele está brincando enquanto seu pai cuida dos animais.

Ilustra Cartoon/Arquivo da editora

- Agora complete a lista. No sítio de Danilo há:

seres vivos:

____

____

____

elementos não vivos (elementos da natureza e objetos):

____

____

____

2. Compare as figuras. Depois, responda **sim** ou **não** nos quadrinhos.

Artmim/Shutterstock/Glow Images

Gelpi JM/Shutterstock/Glow Images

	a boneca	o bebê
Nasceu e, um dia, vai morrer.	________	________
Vai crescer.	________	________
É um ser vivo.	________	________
É um objeto.	________	________

3. Observe estas cenas:

cena 1

cena 2

cena 3

Ilustrações: Hiroe Sasaki/Arquivo da editora

- Agora, responda:

a) O que acontece na cena 1?

____

____

b) O que acontece nas cenas 2 e 3 (com os pássaros e com a planta)?

____

____

____

c) Os pássaros e a planta são seres vivos? Por quê?

____

____

____

d) Você acha que a pedra também é um ser vivo? Por quê?

____

____

____

4

Os recursos naturais

Tudo o que o ser humano retira da natureza é chamado **recurso natural**.

O Sol, o ar, a água e o solo são exemplos de recursos naturais.

Palê Zuppani/Pulsar Imagens

Cachoeira do Bom Sucesso em Pirenópolis, GO.

O **Sol** – nossa fonte de energia.

O Sol é uma estrela, tem luz própria e ilumina o planeta.

Sem a luz e o calor do Sol não haveria vida na Terra. A ausência dos raios solares congelaria todo o nosso planeta, tornando-o inabitável.

Kushch Dmitry/Shutterstock/Glow Images

Patrick Foto/Shutterstock/Glow Images

O **ar** – indispensável para a vida.

O ar também é um recurso natural muito importante. Ele é fundamental para a respiração dos animais e dos vegetais.

Apesar de não podermos vê-lo, ele está presente em toda parte. Sem o ar, não poderíamos sobreviver.

A **água** – o elemento mais comum que existe na Terra.

A água é outro recurso natural do qual depende a vida tanto dos animais quanto dos vegetais.

Utilizamos a água para beber, cozinhar e lavar. Ela aparece de várias formas e em diversos lugares, como oceanos, mares, rios e lagos.

Também existe água nas plantas, em nosso corpo e no corpo de outros animais.

D. Hammonds/Shutterstock/Glow Images

O **solo** – onde andamos, plantamos e construímos.

O solo é formado por minerais, como pedras, argila e grãos de areia, e por restos de animais e vegetais.

Delfim Martins/Pulsar Imagens

Plantação de feijão em Barreiras (BA).

É nele que vivem os vegetais utilizados em nossa alimentação e na de outros animais. É também nele que construímos nossas casas e onde alguns animais fazem seus abrigos.

O **subsolo** – onde são encontrados muitos recursos minerais.

Rubens Chaves/Pulsar Imagens

Extração de minério de ferro em Nova Lima (MG).

O subsolo fica abaixo do solo. Dele retiramos minerais como o petróleo, com o qual se produz a gasolina, e metais como o ferro, o ouro, a prata, o alumínio, entre outros.

Os **seres vivos** – outro recurso natural muito importante em nosso planeta.

Os seres vivos (vegetais e animais) também são recursos naturais dos quais podem ser extraídos remédios, alimentos, madeira, entre outros.

E como os seres vivos precisam dos elementos da natureza – Sol, ar, água e solo – para sobreviver, devemos cuidar dos recursos naturais com muita responsabilidade.

1. Observe estas situações:

A

B

Ilustra Cartoon/Arquivo da editora

- O que é possível observar nas figuras com relação à iluminação?

____

____

2. Complete as frases com as palavras do quadro.

água	Sol	solo	seres vivos	ar

a) O __________ é a principal fonte de luz para os ____________________.

b) Os seres vivos precisam de __________ para respirar.

c) Sobre o ____________________ construímos nossa casa.

d) Precisamos beber ____________________ para viver.

5

Conservando os recursos naturais

São os recursos naturais do ambiente, como o ar, a água, o solo e a energia solar, que possibilitam a vida na Terra. Por isso, é muito importante preservar esses recursos.

Quando o solo, o ar, os rios e os mares contêm substâncias que os tornam prejudiciais à vida, dizemos que estão poluídos.

Toniflap/Shutterstock/Glow Images

Camada de ar poluído sobre a cidade de Buenos Aires, na Argentina.

A poluição é muito prejudicial aos seres humanos e a todas as outras formas de vida. Ela pode provocar mal-estar, doenças e até a morte.

Poluição da água

As principais formas de poluição da água são: vazamento de petróleo, despejo de substâncias tóxicas feito por indústrias e emissão de lixo doméstico nos mares e nos rios.

Por causa da poluição, todo o ambiente fica em desequilíbrio, a água não pode mais ser usada e os peixes e outros seres aquáticos não conseguem sobreviver.

Cesar Diniz/Pulsar Imagens

Acúmulo de lixo em um córrego de Ruy Barbosa, BA.

Para evitar a poluição dos rios e dos mares, o lixo deve ser embalado e colocado na lixeira ou reciclado. A água suja que vem das indústrias e das casas tem de ser tratada até ficar limpa. Só então ela pode ser despejada na natureza sem causar dano ao ambiente.

O tratamento da água é feito em lugares próprios, chamados **estações de tratamento**.

energia solar: luz e calor do Sol.
reciclado: que é reaproveitado para a fabricação de novos produtos.

Poluição do ar

A poluição do ar é causada principalmente pela fumaça das chaminés das fábricas, dos escapamentos dos carros, ônibus e caminhões, e da queima das florestas.

Uma maneira de diminuir a poluição do ar é colocar filtros especiais nas chaminés das fábricas e nos escapamentos dos veículos.

Poluição do solo

Assim como a água e o ar, o solo também pode ficar poluído e desgastado. Isso acontece, por exemplo, quando jogamos lixo sobre ele ou destruímos sua vegetação.

Quando ocorre o desmatamento, ou seja, quando a vegetação natural é retirada, o solo fica sem proteção e pode tornar-se ruim para o plantio ou ser destruído pela força das águas.

Ernesto Reghran/Pulsar Imagens

Desmatamento em São Francisco do Sul (SC), 2012.

Os lixos domiciliares, industriais e hospitalares, se descartados de forma indevida em aterros clandestinos ou lixões, também podem contaminar e poluir o solo.

Cesar Diniz/Pulsar Imagens

Lixão em Rio de Contas (BA), 2014.

É importante cuidar do descarte correto do lixo e promover a reciclagem sempre que possível. Além disso, em locais onde as matas foram destruídas, podemos fazer o reflorestamento; isto é, plantar outras árvores para proteger o solo e devolver a vida a esses ambientes.

1. Cite três exemplos de como conservar os recursos naturais.

2. Observe e compare as imagens.

Ilustrações: Ilustra Cartoon/Arquivo da editora

a) Em qual dos dois ambientes você acha que é melhor viver?

b) Aponte os problemas que estão prejudicando o meio ambiente.

c) O que você acha que pode ser melhorado?

3. Em sua opinião, o que as pessoas podem fazer para ajudar a não poluir os rios?

____

____

____

4. Complete as frases com as palavras do quadro.

aumento	temperatura	consciência	poluição
ozônio	estufa	atmosfera	ambição

a) A falta de ______________ e a grande ______________ comercial fazem do ser humano o maior responsável pelo desequilíbrio ecológico, ocasionando a ______________ da água, do ar e do solo.

b) A poluição da ______________ afeta a camada de ______________ que protege a Terra dos raios ultravioleta que vêm do Sol.

c) A poluição da atmosfera também provoca o efeito ______________. Os gases retidos na atmosfera aumentam o calor, causando o ______________ da ______________ da Terra, que é chamado de aquecimento global.

5. A reciclagem evita a poluição do solo e da água. Que objetos mostrados nas fotos abaixo podem ser reciclados?

Roman Samokhin/Shutterstock/Glow Images

Somchai Som/Shutterstock/Glow Images

urfin/Shutterstock/Glow Images

Svinkin/Shutterstock/Glow Images

magicoven/Shutterstock/Glow Images

____

____

De olho na experiência

Cesto de papel

Vamos reaproveitar algumas coisas que iriam para o lixo?

Material necessário

- jornal
- papel de embrulho de pão
- bacia lisa e sem curvas
- vaselina cremosa
- cola branca
- pincel
- revistas velhas

Como fazer

1. Peça a um adulto para passar vaselina por dentro da bacia.

Ilustrações: Ilustra Cartoon/Arquivo da editora

2. Corte o jornal em tiras.

3. Ulitizando o pincel, espalhe a cola líquida e cole as tiras na bacia até completar sete camadas.

4. Cole tiras de papel de embrulho de pão por cima para dar o acabamento.

5. Deixe secar completamente. Retire a peça girando e puxando.

6. Enfeite com recortes de revistas velhas.

Disponível em: <www.recicloteca.org.br/passo.asp?Ancora=11>
Acesso em: 21 out. 2011

Unidade

2

Os vegetais

Andrea Ebert/Arquivo da editora

O QUE VOU ESTUDAR?

- Os vegetais e o ambiente em que vivem
- Diferentes tipos de vegetal
- Partes de um vegetal
- Como nascem e crescem os vegetais
- Os vegetais também respiram
- Como os vegetais se alimentam
- A importância dos vegetais em nossa vida

6

Os vegetais

Existem vegetais ou plantas de vários tamanhos e formas e que vivem em diferentes ambientes: na terra, sobre a água, embaixo da água, em lugares muito secos, em lugares muito úmidos, em regiões muito quentes, em regiões muito frias.

Cesar Diniz/Pulsar Imagens

Hector Ruiz Villar/Shutterstock/Glow Images

As plantas que vivem na terra são chamadas **terrestres**. As que vivem na água são chamadas **aquáticas**.

Zig Koch/Pulsar Imagens

João Prudente/Pulsar Imagens

Você conhece a planta ao lado? É uma orquídea.

Note como está apoiada sobre outro tipo de planta. Ela vive aí, sem prejudicar em nada a árvore que lhe serve de suporte. Há outras plantas, como as bromélias, que também vivem assim.

Fabio Colombini/Acervo do fotógrafo

orquídea

As plantinhas da foto ao lado são musgos. Elas são encontradas em lugares úmidos e com sombra. Veja como ficam parecendo um tapete verde.

Em lugares muito quentes e secos – nos desertos, por exemplo – crescem plantas como os cactos. Essas plantas armazenam água em seu caule. Também existem plantas, como os pinheiros, que são típicas de lugares frios, até mesmo com neve.

sevenke/Shutterstock/Glow Images

musgos

Vitoriano Junior/Shutterstock/Glow Images

pinheiro-do-paraná

You Touch Pix of EuToch/Shutterstock/Glow Images

cactos

- Observe as fotos das plantas no quadro abaixo. Em seguida, ligue-as ao ambiente em que vivem.

Kang Khoon Seang/Shutterstock/Glow Images

vitória-régia

Douglas Cometti/Folhapress

coqueiro

Photolinc/Shutterstock/Glow Images

girassol

Rich Carey/Shutterstock/Glow Images

algas

Jolanta Wojcicka/Shutterstock/Glow Images

Iakov Kalinin/Shutterstock/Glow Images

Iakov Kalinin/Shutterstock/Glow Images

Gucio_55/Shutterstock/Glow Images

7

Diferentes tipos de vegetal

Assim como os animais, as plantas (os vegetais) são seres vivos e também dependem do solo, da água, do ar e da luz solar para viver.

Os vegetais também nascem, crescem, alimentam-se, respiram, podem se reproduzir e morrem.

Da mesma forma que nós, seres humanos, não somos iguais, as plantas podem ser diferentes umas das outras.

Evgeny Karandaev/Shutterstock/Glow Images

lírios

Anyaivanova/Shutterstock/Glow Images

babosa ou aloé

MoinMoin/Shutterstock/Glow Images

tulipas

tristan tan/Shutterstock/Glow Images

pé de maracujá

Todos os seres vivos precisam se alimentar. Os animais retiram seu alimento do ambiente onde vivem. E eles se alimentam de vegetais, de outros animais ou dos dois.

Os vegetais são capazes de fabricar seu próprio alimento. Essa é uma diferença muito importante entre vegetais e animais.

A arara-azul se alimenta da semente da palmeira.

A palmeira se alimenta com o que ela mesma produz, a partir da luz do Sol.

Ilustrações: Hiroe Sasaki/Arquivo da editora

1. Observe atentamente as plantas que você encontra perto de sua casa ou da escola. Em uma folha à parte, faça um desenho daquela de que você mais gosta. Se souber, escreva o nome dela. Também escreva outras informações que você souber sobre ela.

2. Assinale no quadro-resumo as características dos animais e dos vegetais.

	animais	vegetais
Nascem	☐	☐
Crescem	☐	☐
Podem se reproduzir	☐	☐
Alimentam-se de vegetais e de animais	☐	☐
Fabricam o próprio alimento	☐	☐
Morrem	☐	☐

8

Partes de um vegetal

A maioria das plantas que conhecemos tem as seguintes partes: raiz, caule, folhas, flores, frutos e sementes; cada uma com sua própria função.

Muitos vegetais não têm todas essas partes.

Plantas como a samambaia e a avenca não têm flores nem frutos.

Já as algas são plantas que não têm raiz, caule e folhas, mas possuem partes que produzem alimentos e respiram, como as outras plantas.

Olga Kovalenko/Shutterstock/Glow Images

samambaia

Ethan Daniels/Shutterstock/Glow Images

algas

1. Da próxima vez que fizer seu caminho para a escola, preste atenção nas plantas dos jardins, das praças e das ruas por onde passa. Procure perceber os detalhes das folhas dessas plantas. Depois, em uma folha à parte, escolha três folhas que você achou mais interessantes, desenhe-as e mostre a seus colegas.

2. Pense no que você aprendeu sobre as partes das plantas e responda.

a) Qual é a função da raiz?

____

____

b) Qual é a parte que sustenta os galhos e as folhas de uma planta?

____

c) Onde pode ocorrer a formação dos frutos de um vegetal?

____

d) Onde ficam as sementes em um vegetal?

____

3. Pinte a árvore de acordo com a legenda.

- fruto
- flor
- folha
- caule
- raiz

9

Como nascem e crescem os vegetais

Você já sabe que, como todos os seres vivos, os vegetais nascem, crescem, se desenvolvem, podem se reproduzir e morrem. A formação de uma nova planta geralmente ocorre a partir de uma semente, num processo chamado **germinação**.

EM Arts/Shutterstock/Glow Images

abacate

Grande parte dos vegetais produz novos seres por meio de sementes. A semente é a única parte do fruto que pode dar origem a outra planta.

Valerie Potapova/Shutterstock/Glow Images

vagem

As sementes podem ter várias formas. Há sementes pequenas e sementes grandes. Alguns frutos têm muitas sementes, outros têm apenas uma.

Para germinar, a semente precisa basicamente de água e luminosidade. Para o brotinho crescer forte e saudável, são necessárias algumas condições adequadas: terra rica em nutrientes, água, luz do Sol e ar.

Cloud7Days/Shutterstock/Glow Images

melancia

Observe o crescimento desta plantinha:

José Rodrigues/Arquivo da editora

semente | primeira folha primeiras raízes | folhas maiores raízes maiores | folhas formadas raízes formadas

Existem vegetais que podem se desenvolver também a partir de mudas.

Uma planta que está no começo de seu crescimento é chamada de **muda**. Há vários vegetais que podem formar sua muda a partir de uma folha, de um pedaço de galho ou da raiz de uma planta já crescida.

Quando pegamos um galho de roseira, por exemplo, e o colocamos na terra, dele pode nascer uma nova roseira. Veja:

Ilustrações: Ilustra Cartoon/Arquivo da editora

1. Responda:

a) Como nascem os vegetais?

____

____

b) Qual é a parte do fruto que pode dar origem a uma nova planta?

____

Ilustra Cartoon/Arquivo da editora

c) Em uma folha avulsa, faça desenhos para mostrar as diferentes fases do crescimento de uma planta.

2. Marque um **X** nas condições de que um brotinho precisa para crescer e transformar-se em uma bela planta:

- [ ] terra com nutrientes
- [ ] luz do Sol
- [ ] vitaminas
- [ ] fumaça
- [ ] ar
- [ ] chuva

10

Os vegetais também respiram

Você sabia que os vegetais também respiram?

O ar é uma mistura de gases. Dessa mistura fazem parte o gás oxigênio e o gás carbônico.

Os gases são substâncias que ficam soltas no ar, e geralmente não podem ser vistas, porque não têm formato definido. No ar que respiramos, por exemplo, há gases como o oxigênio, o gás carbônico e outros.

Para respirar, os vegetais precisam do oxigênio que existe no ar, assim como nós. Eles retiram oxigênio do ar e liberam gás carbônico.

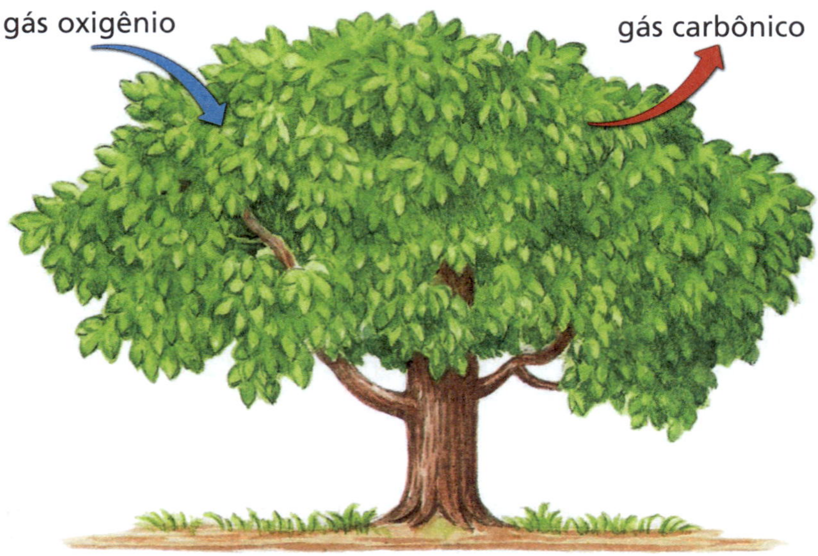

Hiroe Sasaki/Arquivo da editora

A respiração é um processo constante, isto é, ocorre sem parar, durante toda a noite e todo o dia.

A respiração é fundamental para a sobrevivência dos vegetais. O que acontece na respiração dos vegetais também ocorre na dos animais – incluindo a nossa.

gás oxigênio: gás que existe no ar, indispensável à respiração dos seres vivos.

gás carbônico: gás que está presente no ar. É liberado na respiração de vegetais e animais, e absorvido pelos vegetais que têm clorofila para a fabricação de seu alimento.

Por que respiramos?

Todos os animais e vegetais respiram. Precisamos respirar porque o gás oxigênio é necessário para absorver a energia dos alimentos que comemos. Já os vegetais liberam oxigênio na produção do seu próprio alimento, como veremos adiante.

1. A planta do desenho abaixo está respirando. Escreva ao lado de cada seta o nome do gás que está sendo transportado. Depois, complete as frases.

Hiroe Sasaki/Arquivo da editora

A planta usa o ______________________ para respirar.

Ao respirar, ela solta ______________________.

2. Responda o que ocorreria com a respiração de uma planta que estivesse em um ambiente em que:

a) não houvesse gás carbônico:

____

b) não houvesse gás oxigênio:

____

c) não houvesse nenhum desses gases:

____

11

Como os vegetais se alimentam

Você já sabe que os vegetais precisam respirar continuamente para sobreviver e que fabricam seu próprio alimento.

Para produzir alimentos, as plantas precisam de: água, clorofila, luz e gás carbônico.

A raiz retira a água do solo. A luz vem do Sol e é absorvida pela **clorofila**, uma substância verde presente nas folhas (alguns caules também têm clorofila). O gás carbônico vem do ar.

Durante o processo de fabricação de alimento, ocorre a produção de oxigênio, que é eliminado para o ambiente.

Diferentemente da respiração, que ocorre o tempo todo, o processo de produção de alimento acontece somente na presença de luz.

Hiroe Sasaki/Arquivo da editora

Não confunda:

- O gás oxigênio é um elemento presente no ar e também na água.
- Para produzir seu alimento, o que a planta usa é a luz do Sol, e não o seu calor.

Existe um grupo de plantas que pode complementar suas necessidades alimentando-se de animais. São as plantas carnívoras. Elas se alimentam, em sua maioria, de pequenos insetos.

1. Para a realização desta atividade serão necessários: uma caixa de sapatos com tampa, um pote pequeno de plástico, luvas, terra, grãos de feijão e água.

a) Peça a ajuda de um adulto e faça uma abertura na lateral da caixa de sapatos.

b) Utilizando as luvas, encha o pote com terra e plante nele seis grãos de feijão. Em seguida, molhe a terra, mas sem encharcar.

c) Coloque o pote dentro da caixa, no lado oposto ao da abertura, e tampe. A caixa deve ser mantida em um lugar onde bata sol. Umedeça sempre a terra.

d) Anote a data da montagem e observe a planta após uma, duas e três semanas.

Ilustrações: Ilustra Cartoon/ Arquivo da editora

- Em seu caderno, escreva o que você acha que vai acontecer.

2. Agora vamos analisar a atividade prática proposta acima. Anote na tabela o que aconteceu e faça um desenho no caderno.

	após 1 semana	após 2 semanas	após 3 semanas
O que aconteceu			

- Nesse experimento ocorreu o que você havia previsto? Explique.

12

A importância dos vegetais em nossa vida

José Rodrigues/Arquivo da editora

Os vegetais são muito importantes para o ambiente e para os seres vivos em geral. Sem eles, o ser humano e os outros animais não conseguiriam sobreviver.

Como vimos anteriormente, no processo de produção de seu alimento, os vegetais liberam oxigênio para o ambiente. São eles que garantem a produção e a liberação do oxigênio que respiramos.

As plantas também servem de abrigo para os animais, além de proteger o solo do desgaste causado pelas chuvas e pelo vento, e de fornecer alimentos.

Os vegetais também podem ter muitas outras utilidades. Veja:

Ilustrações: José Rodrigues/Arquivo da editora

camomila

agrião

Na fabricação de remédios.

pinho

peroba

Na construção de casas e fabricação de móveis e outros objetos.

José Rodrigues/Arquivo da editora

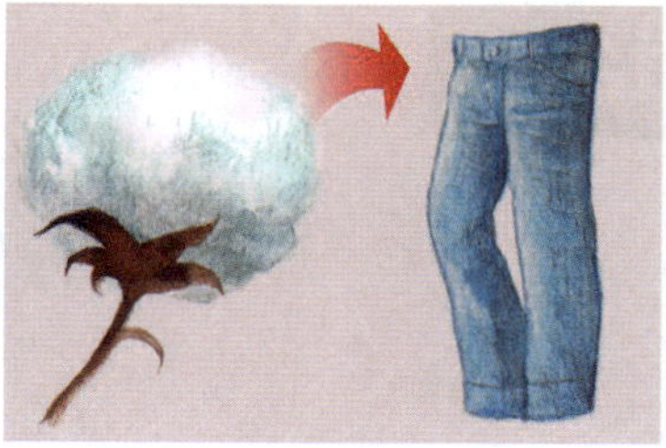

algodão

amêndoa

Na produção de roupas, acessórios e cosméticos.

1. Para que utilizamos os vegetais ou parte dos vegetais relacionados abaixo? Pesquise e escreva na coluna adequada.

linho pinho banana uva café camomila
juta agrião peroba algodão erva-cidreira cerejeira

alimentação	alimentação e remédios	fabricação de tecidos	construção de casas e móveis

2. Leia o texto a seguir. Depois, faça desenhos em uma folha, como se fosse montar uma pequena história em quadrinhos, para contar o que você leu no texto.

As árvores e os animais

Alguns animais fazem sua morada debaixo das árvores, como o veado, caititu, anta, queixada, cutiara, rato, jabuti, paca. Eles procuram as sombras para se abrigar do sol, comem as frutas que caem no chão e deitam-se sobre as folhas secas.

As frutas do buriti alimentam as antas, os veados e jabutis. [...] A castanha--de-cutia alimenta as cutias, cutiaras, veados, jabutis e pacas.

Certas aves, como mutum, jacamim, inambu e saracura, também vivem debaixo das árvores e usam as folhas secas para fazer seus ninhos.

O livro das árvores, de Jussara Gomes Gruber (Org.).
Organização Geral dos Professores Ticuna Bilíngues. São Paulo: Global, 2006.

De olho na experiência

Plantando batata em garrafa

Material necessário

Ilustrações: Ilustra Cartoon/Arquivo da editora

- uma garrafa PET (como as de refrigerante de dois litros)
- uma batata
- três palitos de churrasco ou três paus de laranjeira
- uma tesoura sem ponta
- um pouco de água

Como fazer

1. Com a ajuda de um adulto, corte a garrafa usando a tesoura. Separe a parte de baixo para usar.

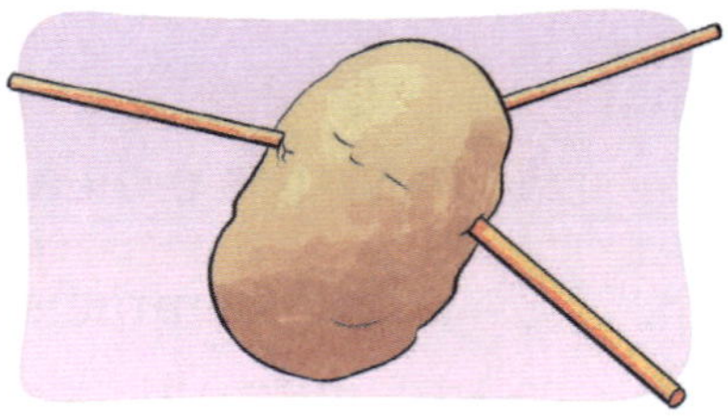

2. Fure a batata com os três palitos, tentando colocá-los a uma distância semelhante uns dos outros.

3. Encha a parte de baixo da garrafa com água e apoie os palitos em suas extremidades. A batata deve encostar na água.

A partir daí, é só observar o crescimento da batata. A cada dois dias é interessante perceber o que aconteceu com ela e ver se surgiram folhas, raízes e quais são os seus formatos.

Adaptado de: <http://chc.cienciahoje.uol.com.br/revista/revista-chc-2006/170/va-plantar-batatas-em-garrafas/?searchterm=plantar>. Acesso em: 27 fev. 2014.

Unidade

3

Os animais

Andrea Ebert/Arquivo da editora

O QUE VOU ESTUDAR?

- Os animais e o ambiente em que vivem
- O *habitat* dos animais
- Animais domesticados e animais silvestres
- Como nascem os animais
- O comportamento dos animais
- Cobertura do corpo dos animais
- Como os animais se locomovem
- O esqueleto dos animais
- Como os animais se alimentam
- Todos os animais são importantes
- O ser humano e os outros animais
- Evitando acidentes com animais

13

Os animais e o ambiente em que vivem

Os animais vivem em diversos ambientes.

Há animais que nascem, crescem e se reproduzem sobre a terra.

Fabio Colombini/Acervo do fotógrafo

quati

Silvio Ferreira/Editora Abril

tatu-galinha

Há animais que nascem, crescem e se reproduzem na água.

Claudio Larangeira/Editora Abril

peixe-anjo

Fabio Colombini/Acervo do fotógrafo

camarão

Há também alguns animais que passam uma parte da vida na água e outra parte na terra:

- A tartaruga marinha vive na água, mas vai para a terra para pôr seus ovos. Depois, os filhotes que nascem na terra devem voltar para a água.
- Já os sapos nascem e vivem durante algum tempo na água. Depois, mudam-se para a terra. Na época da reprodução, voltam à água para pôr seus ovos.

- Desenhe um animal conforme a descrição de cada quadro. Escreva também o nome do animal desenhado.

Anda, tem quatro pernas e vive sobre a terra.

Rasteja, tem quatro pernas e vive sobre a terra.

Nada, não tem pernas, nasce, cresce e vive sempre na água.

Voa, tem duas pernas e vive sobre a terra.

Ilustrações: Osni de Oliveira/Arquivo da editora

14

O *habitat* dos animais

Você já sabe que cada animal habita um lugar adequado para seu tipo de vida. Chamamos esse lugar de ***habitat***. O *habitat* do tubarão é o mar e o *habitat* da onça é a floresta.

Krzysztof Wiktor/Shutterstock/Glow Images

onça-pintada

Dr. Morley Read/Shutterstock/Glow Images

Formigas a caminho do formigueiro.

Em seu *habitat*, os animais encontram o alimento de que precisam e o local adequado para viver, se reproduzir e criar seus filhotes. Há animais que constroem ninhos e abrigos em seus *habitat*.

Quando os *habitat* são destruídos, diversos animais morrem, pois não conseguem se alimentar nem se reproduzir em ambientes diferentes, e não é possível levá-los para outros lugares com características idênticas.

O ser humano pode viver em quase todos os *habitat* terrestres, pois tem capacidade de criar as condições de que necessita para viver.

Perceba que em todos estes lugares ele também precisa construir abrigos, assim como os outros animais:

Marteric/Shutterstock/Glow Images

regiões geladas

Juvenal Pereira/Pulsar Imagens

beira de rios

1. Onde vivem estes animais? Indique nas linhas de resposta. Observe os ambientes das fotos com muita atenção. Lembre-se de que alguns deles podem viver em mais de um lugar.

Erlire74/Shutterstock/Glow Images

cobra

____

MaverickLEE/Shutterstock/Glow Images

borboleta

____

Isabelle Kuehn/Shutterstock/Glow Images

tartaruga

____

Baloncici/Shutterstock/Glow Images

peixe

____

2. Alguns animais constroem abrigos no ambiente onde vivem. Observe as fotos abaixo para conhecer alguns desses "arquitetos" da natureza e suas "casas". Depois, converse com seus colegas e responda às questões em seu caderno:

Ryan Morgan/Shutterstock/Glow Images

abrigo de castor

A & S Aakjaer/Shutterstock/Glow Images

ninho de pica-pau

a) Você conhece outros tipos de abrigo construídos por animais? Quais?

b) Em sua opinião, para que servem os abrigos?

15

Animais domesticados e animais silvestres

Há animais que são criados e cuidados pelo ser humano. São os **animais domesticados**.

Andresr/Shutterstock/Glow Images

Antigamente, todos os animais viviam soltos nas matas e nas florestas. Aos poucos, o ser humano foi se aproximando de alguns, como o cavalo, o cachorro, o gato, e foi aprendendo a amansá-los, conseguindo mantê-los por perto. Mas isso levou muito tempo para acontecer.

Elena Itsenko/Shutterstock/Glow Images

Você já parou para pensar por que o ser humano domesticou alguns animais? O cavalo e o boi, por exemplo, servem há muito tempo de meio de transporte. Já o gato e o cachorro fazem companhia para muitas pessoas, e às vezes parecem até ser da família.

Os animais que não foram domesticados pelo ser humano são chamados **animais silvestres**. Eles vivem livres em locais como florestas, pantanais e desertos.

Andre Dib/Pulsar Imagens

tuiuiú

ostill/Shutterstock/Glow Images

ariranha

Muitos animais silvestres são mantidos em zoológicos, longe de seus *habitat*.

Os zoológicos são lugares criados com fins educacionais. Neles, vivem animais silvestres para que as pessoas os conheçam e, assim, possam respeitá-los. Esses animais requerem cuidados especiais, pois estão fora de seus *habitat*.

1. Leia o texto a seguir.

Sem casa...

Antigamente, quase todos os zoológicos deixavam os animais em jaulas iguais, sem nada que lembrasse os ambientes de onde eles vieram. Hoje, os zoológicos tentam criar ambientes parecidos com o *habitat* natural dos bichos. Assim, eles têm condições de viver um pouco melhor, de um jeito mais parecido com o que viviam no lugar de onde vieram.

Mas em muitas casas, por exemplo, ainda há o costume de deixar pássaros em gaiolas apertadas e desconfortáveis.

Only Fabrizio/Shutterstock/Glow Images

Eduard Kyslynskyy/Shutterstock/Glow Images

- O que você acha que os pássaros sentem no viveiro? E na natureza?

____

____

____

2. Veja os animais a seguir. Escreva abaixo de cada um se ele é domesticado ou silvestre. Complete o desenho com o *habitat* do animal.

____

____

____

____

Ilustrações: Osni de Oliveira/Arquivo da editora

16

As diferenças entre os animais

Alguns animais vivem em bandos, outros não. Observe:

Vivem em bandos.

Palê Zuppani/Pulsar Imagens

bugio

Vivem solitários.

Nejron Photo/Shutterstock/Glow Images

lobo-guará

Além da pele, o corpo dos animais pode ser recoberto de:

Penas

Eduardo Rivero/Shutterstock/Glow Images

Pelos

Lee319/Shutterstock/Glow Images

Escamas

Tom Reichner/Shutterstock/Glow Images

Placas duras

Patrick K. Campbell/Shutterstock/Glow Images

Conchas ou carapaças

Bmaki/Shutterstock/Glow Images

Alguns animais nascem de ovos: são chamados ovíparos. Outros, desenvolvem-se dentro da barriga da mãe até a hora do nascimento e depois mamam enquanto pequenos: são chamados mamíferos.

Ovíparos

Mamíferos

Os animais se deslocam de um lugar para outro, de várias maneiras. Observe algumas formas de locomoção e curiosidades:

A centopeia pode ter mais de cem pernas.

A gaivota é uma ave. Ela usa suas asas para voar.

A raia-amarela se locomove no fundo dos oceanos.

- Escolha um animal e preencha a ficha com as características dele.

Nome do animal: ______________________

Como nasce: ______________________

O que come: ______________________

Número de pernas: ______________________

Como se locomove: ______________________

Cobertura do corpo: ______________________

Onde vive: ______________________

Vive em grupo ou solitário: ______________________

O esqueleto dos animais

Existem animais que possuem ossos dentro do corpo. Esse é o caso da galinha, do peixe, do macaco, da perereca e de inúmeros outros animais.

O conjunto desses ossos forma o esqueleto ósseo. Como ele fica dentro do corpo, dizemos que é interno. Sobre o esqueleto ficam os músculos e a pele.

Alguns dos ossos que formam o esqueleto chamam-se vértebras.

As vértebras juntas formam a coluna vertebral.

Ilustrações: Jurandir Ribeiro/Arquivo da editora

perereca

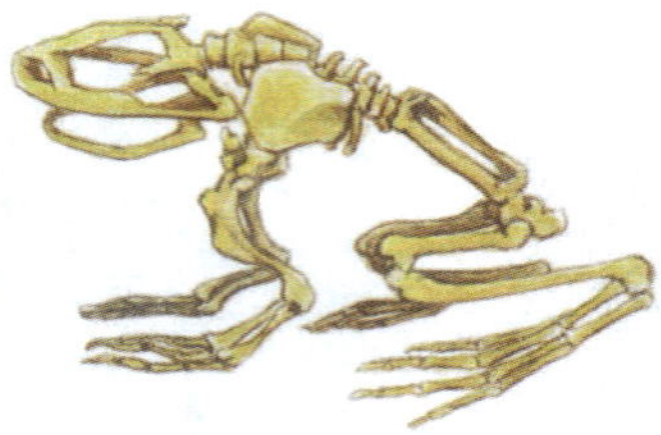

esqueleto da perereca

Os animais que possuem coluna vertebral são chamados **vertebrados**. A maioria deles tem coluna vertebral formada de pequenos ossos.

Veja ao lado, no esqueleto humano e no do cão, a posição da coluna vertebral:

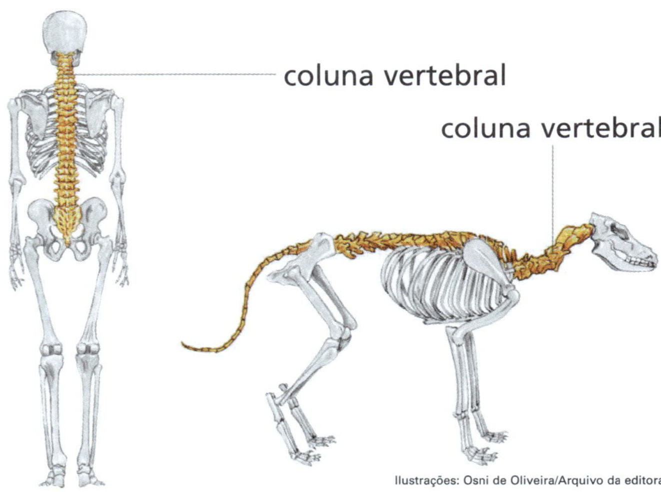

Ilustrações: Osni de Oliveira/Arquivo da editora

Existem animais que não possuem esqueleto interno. São chamados **invertebrados**. Eles possuem um esqueleto externo, feito de outros materiais, como o besouro, ou não possuem esqueleto, como a minhoca e o polvo.

Alexander Prosvirov/Shutterstock/Glow Images

besouro

Thierry Duran/Shutterstock/Glow Images

polvo

1. Apalpe seu braço e sua mão e faça um desenho no caderno de como você acha que são os ossos. Mostre seu trabalho para o restante da classe e verifique se os colegas desenharam algo parecido.

2. Para que você acha que serve o esqueleto? Converse com os colegas e escreva suas conclusões.

____

____

3. Qual dos dois grupos representados abaixo possui somente animais vertebrados?

Ilustrações: Osni de Oliveira/Arquivo da editora

4. Em uma folha avulsa, desenhe um animal vertebrado e um invertebrado e faça uma pesquisa sobre eles. Você pode consultar livros ou trocar informações com os colegas e com o professor.

- Agora, escreva tudo o que você descobriu.

vertebrado	invertebrado
Nome: ______________	Nome: ______________
O que descobri sobre ele: ______________ ______________ ______________	O que descobri sobre ele: ______________ ______________ ______________

18

Como os animais se alimentam

Preste atenção na imagem a seguir. O que você vê nela?

Osni de Oliveira/Arquivo da editora

néctar: solução açucarada produzida pelas plantas e que atrai alguns animais como o beija-flor, a borboleta e a abelha.

Os animais retiram seu alimento do ambiente em que vivem. Alguns, como a abelha colhem o néctar das flores, para produzir seu alimento. Outros, como o sapo, ficam esperando as moscas e outros insetos se aproximarem deles.

Os animais têm hábitos alimentares diferentes.

Há animais que se alimentam somente de vegetais, como a capivara, o veado-catingueiro, a anta e o coala.

Existem muitos animais que se alimentam somente de outros animais, como o socó-boi, o sapo, a aranha, o jacaré e a sucuri.

Há, ainda, animais que se alimentam tanto de outros animais como de vegetais.

A galinha, por exemplo, come minhocas, insetos, sementes e folhas. O ser humano, alguns macacos e o porco também são bons exemplos.

PhysioDave/Shutterstock/Glow Images

coala

Joe McDonald/Visuals Unlimited/Getty Images

socó-boi

Monkey Business Images/Shutterstock/Glow Images

1. Assinale V para verdadeiro ou F para falso.

- [ ] Todos os animais se alimentam da mesma forma.
- [ ] Todos os animais se alimentam de outros seres vivos.
- [ ] Nem todos os animais comem o mesmo tipo de alimento.
- [ ] O ser humano come somente vegetais.
- [ ] O ser humano e muitos outros animais comem animais e plantas.

2. Observe os animais abaixo. Repare na boca, no bico, na língua, nos dentes, nas patas e unhas, depois descreva as características de cada um.

águia

____
____
____
____
____
____

onça

____
____
____
____
____
____

camaleão

____
____
____
____
____
____

Ilustrações: Osni de Oliveira/Arquivo da editora

19

Todos os animais são importantes

Existe na natureza uma grande variedade e quantidade de animais. Muitas vezes não nos damos conta dessa diversidade, pois além dos bichos que nós podemos ver, ainda existem diversos seres microscópicos que habitam todo o planeta Terra.

Para sobreviver, os animais necessitam de alimento e, ao mesmo tempo, precisam se defender de outros animais para os quais servem de alimento.

Observe:

Ilustrações: Osni de Oliveira/ Arquivo da editora

- O trigo serve de alimento para o rato.
- O rato serve de alimento para a coruja.
- A coruja serve de alimento para o gavião.
- O gavião serve de alimento para a onça.

Os animais se alimentam de outros animais ou de vegetais.

Além do ciclo que vimos acima, há muitos outros na natureza. E o ser humano participa de muitos deles, por exemplo:

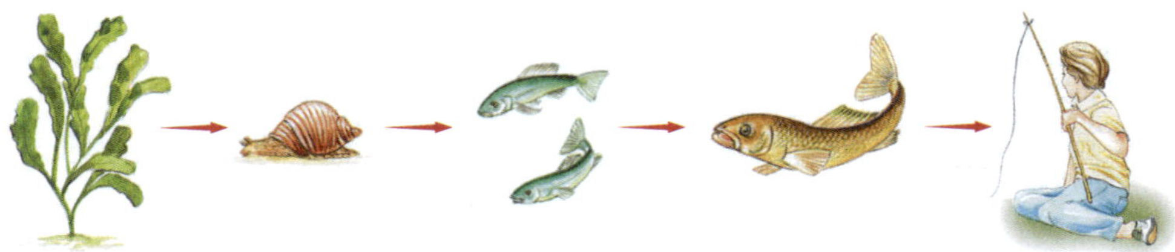

- A alga serve de alimento para o caramujo.
- O caramujo serve de alimento para o peixe menor.
- O peixe menor serve de alimento para o peixe maior.
- O peixe maior serve de alimento para o ser humano.

seres microscópicos: seres extremamente pequenos, que só podem ser vistos com a ajuda de um microscópio.

1. Observe bem as figuras abaixo e complete as frases:

Ilustrações: Jurandir Ribeiro/ Arquivo da editora

a) O gafanhoto se alimenta ______________.

b) O sapo se alimenta ______________.

c) A cobra se alimenta ______________.

d) O gafanhoto é o alimento ____________, que é o alimento ____________.

2. Agora, com um colega, escolha um ser vivo de cada grupo. Mostrem no espaço abaixo, com desenhos e setas, como eles se relacionam pela alimentação (a ponta da seta deve ficar na direção de quem come).

plantas	 couve	 cenoura	 planta aquática
animais que se alimentam de plantas	 peixe	 coelho	 lagarta
animais que se alimentam de outros animais	 passarinho	 gavião	 foca

20

O ser humano e os outros animais

Nós, seres humanos, dependemos dos outros animais.

O cachorro e o gato, por exemplo, são bons companheiros.

VP Photo Studio/Shutterstock/Glow Images

Da galinha, da vaca, da cabra e da abelha aproveitamos os ovos, o leite e o mel. Animais como bois, porcos, frangos e carneiros são criados para fornecer carne, couro e lã, por exemplo.

TFoxFoto/Shutterstock/Glow Images

djem/Shutterstock/Glow Images

Alguns animais são usados para transportar pessoas e cargas.

Em geral, acredita-se que não seja errado utilizar animais para suprir algumas de nossas necessidades, desde que isso seja feito de maneira responsável. Por exemplo, a carne que comemos vem de rebanhos criados para esse fim.

rmnoa357/Shutterstock/Glow Images

Às vezes, porém, os seres humanos matam certos animais que encontram na natureza sem se preocupar com as consequências dessa atitude. É o caso da onça e do jacaré, mortos em grande quantidade por causa de sua valiosa pele.

Quando isso acontece, podem ocorrer grandes desequilíbrios na natureza, trazendo prejuízos para todos.

1. O que é, o que é?

a) É um invertebrado e produz mel.

____

b) Alimentam-se de insetos que podem estragar as plantações.

____

c) Dele retiramos banha e carne.

____

____

d) Utilizado como meio de transporte.

____

2. Escreva abaixo de cada figura quais necessidades humanas apresentadas no quadro os animais podem suprir. Em cada caso, dê outro exemplo de animal que apresenta a mesma característica.

companhia	alimentação	transporte

____

____

____

Ilustrações: Osni de Oliveira/Arquivo da editora

De olho na pesquisa

Pesquisando sobre os animais

Ande com os seus pais ou com seus colegas no seu bairro e nas praças e parques da sua cidade. Observe os animais que encontrar por lá. Depois, escolha um deles para fazer uma pesquisa.

Procure em livros, enciclopédias e na internet informações sobre o animal que escolheu. Você pode também fazer perguntas para os adultos e para os seus colegas, e ouvir o que eles conhecem sobre o animal escolhido. Reúna todas as informações que conseguir para formar uma ficha.

Responda às questões abaixo na sua ficha, com base na pesquisa que você realizou:

1. O animal escolhido existe na sua cidade há muito tempo?
2. Em que lugares ele costuma ficar?
3. Ele se alimenta de outros animais ou de vegetais? Quais?
4. Algum outro animal se alimenta dele?
5. Se ele fosse extinto da sua região, o que aconteceria com os animais que se alimentam dele, com os animais e vegetais que ele come e com os lugares onde ele costuma ficar?
6. Existem pessoas preocupadas em preservar a vida desse animal?
7. Ele é considerado um problema na sua cidade?

Agora, você está livre para acrescentar o que mais quiser à sua ficha. Você pode fazer desenhos, colar figuras, fazer dobraduras. Solte a imaginação!

Ilustra Cartoon/Arquivo da editora

Unidade

4

Saúde e higiene

Andrea Ebert/Arquivo da editora

O QUE VOU ESTUDAR?

- Higiene e saúde
- Hábitos de higiene
- Alimentação
- De onde vêm os alimentos
- Conhecendo o nosso corpo
- Percebendo o ambiente: os sentidos
- Prevenção de doenças
- Dicas para sua segurança

21

Higiene e saúde

Nosso bem-estar depende muito do ambiente em que vivemos. E também de como cuidamos de nós mesmos, do nosso corpo, da nossa mente, enfim... da nossa saúde como um todo.

Para termos boa saúde, precisamos ter hábitos saudáveis. **Hábito** é tudo o que se costuma fazer sempre.

Há muitos cuidados de grande importância para nossa saúde. São eles os chamados **hábitos de higiene**.

Veja alguns hábitos de higiene que ajudam a manter a saúde do corpo e da mente.

Alena Ozerova/Shutterstock/Glow Images

Dormir cerca de 8 horas por dia em um ambiente limpo, tranquilo e arejado.

wavebreakmedia/Shutterstock/Glow Images

Ler bons livros e revistas.

Golden Pixels LLC/Shutterstock/Glow Images

Fazer atividades físicas, como brincar, praticar esportes, dançar, etc.

Scott Rothstein/Shutterstock/Glow Images

Tomar banho todos os dias.

Jaimie Duplass/Shutterstock/Glow Images

Escovar os dentes e comer mais frutas e menos guloseimas.

picturepartners/Shutterstock/Glow Images

Lavar as mãos antes das refeições, depois de brincar e após ir ao banheiro.

Além da higiene, nossa saúde depende de uma alimentação saudável e variada. Esse tema será visto mais adiante.

Fazer amigos e brincar com eles, conversar, passear e divertir-se também são atividades necessárias para manter a boa saúde.

1. Você cuida bem de sua saúde? Pinte de verde os quadrinhos correspondentes ao que você faz.

- [ ] Tomo banho todos os dias.
- [ ] Tomo banho só quando tenho vontade.
- [ ] Escovo os dentes de manhã, após as refeições e antes de dormir.
- [ ] Só escovo os dentes de manhã e antes de dormir.
- [ ] Tomo cuidado para não sujar minhas roupas.
- [ ] Não me incomodo de ficar com a roupa suja.
- [ ] Costumo manter os cabelos limpos e penteados.
- [ ] Detesto lavar a cabeça, só faço isso de vez em quando.

2. Circule no diagrama as palavras que completam as frases a seguir. Depois, escreva essas palavras nas frases.

H	C	N	S	M	Z	E	Q	L	A
F	C	U	I	D	A	D	O	S	L
L	M	E	V	C	Q	N	I	F	I
E	T	R	F	R	Y	J	T	D	M
M	I	R	C	O	R	P	O	X	E
R	X	E	T	U	S	N	V	F	N
H	I	G	I	E	N	E	T	S	T
P	L	A	L	X	P	A	A	B	O
U	S	N	V	A	I	P	K	G	S

a) Para ter boa saúde, é necessário cuidar bem da mente e do ______________.

b) O corpo precisa de ______________ variados e de boa qualidade. Precisa também de alguns ______________ que se chamam hábitos de ______________.

3. Em seu caderno, desenhe e pinte os objetos que você usa para fazer a higiene de seu corpo. Depois, escreva o nome deles e também em que momentos você os utiliza.

22

Alimentação

A energia que gastamos brincando, estudando, entre outras atividades, é reposta pelos alimentos que consumimos.

Uma pessoa bem alimentada tem disposição para brincar, para estudar, para trabalhar e realizar inúmeras atividades. Uma criança bem alimentada cresce com saúde e vigor.

Uma boa alimentação compreende quatro refeições diárias:

café da manhã

almoço

Ilustrações: Ilustra Cartoon/Arquivo da editora

lanche

jantar

É importante comer alimentos variados e em horários certos. Doces devem ser consumidos em pequena quantidade, pois podem fazer mal à saúde.

Também é importante combinar a alimentação equilibrada com a correta ingestão de água (beba, em média, 2 litros de água por dia) e a prática de atividades físicas (por, no mínimo, 30 minutos diários).

De onde vêm os alimentos

Os alimentos que consumimos podem ser de:

- origem animal

Fernanda Crevin/Fotos: Shutterstock/Glow Images

- origem vegetal

Maxim Tarasyugin/Shutterstock/Glow Images

- origem mineral

Lasse Kristensen/Shutterstock/Glow Images

Todos esses alimentos devem ser consumidos sem exagero. O que vale é a qualidade e não a quantidade do que consumimos: comer um pouco de cada alimento é mais importante do que comer muito de um só.

Certos alimentos podem ser consumidos ao natural, isto é, crus, mas antes devem ser muito bem lavados.

Alguns desses alimentos podem também ser cozidos, dependendo da preferência de quem vai comê-los.

Há alimentos que devem ser cozidos.

feijão-preto arroz coxa de frango batata

Fotos: Monica Vendramini

Muitos alimentos podem ser transformados em outros produtos.

Ilustrações: Ilustra Cartoon/ Arquivo da editora

Há também alimentos que são fabricados com substâncias artificiais.

É importante ter os seguintes cuidados com a alimentação:

- Mastigar bem os alimentos.
- Manter os alimentos protegidos dos insetos.
- Conservar os alimentos em lugares frescos.
- Evitar o excesso de bebidas e doces artificiais, como refrigerantes, chicletes e balas.

1. Responda em seu caderno:

a) Quantas refeições você faz por dia? Quais são elas?

b) Quais são os alimentos que você costuma comer no almoço?

c) E no jantar?

d) Você acha que suas refeições são saudáveis? Explique.

2. Imagine que você conhece uma criança que passa o dia consumindo guloseimas: balas, chicletes, sanduíches, salgadinhos, refrigerantes, sorvete, chocolate, batata frita...

a) Essa criança tem uma alimentação variada e nutritiva?

☐ sim ☐ não

b) Agora, complete o quadro abaixo informando o que essa criança deve fazer para ter uma alimentação equilibrada.

alimentação equilibrada	
coma mais	coma menos
______	______
______	______
______	______

3. Procure, em casa ou em supermercados, um rótulo de iogurte ou de leite. Copie-o nas linhas abaixo.

______

______

______

- Qual é a origem desse produto? ______

______

23

Conhecendo o nosso corpo

Nosso corpo é formado por cabeça, pescoço, tronco e membros. Essa divisão facilita o estudo do corpo humano.

Observe:

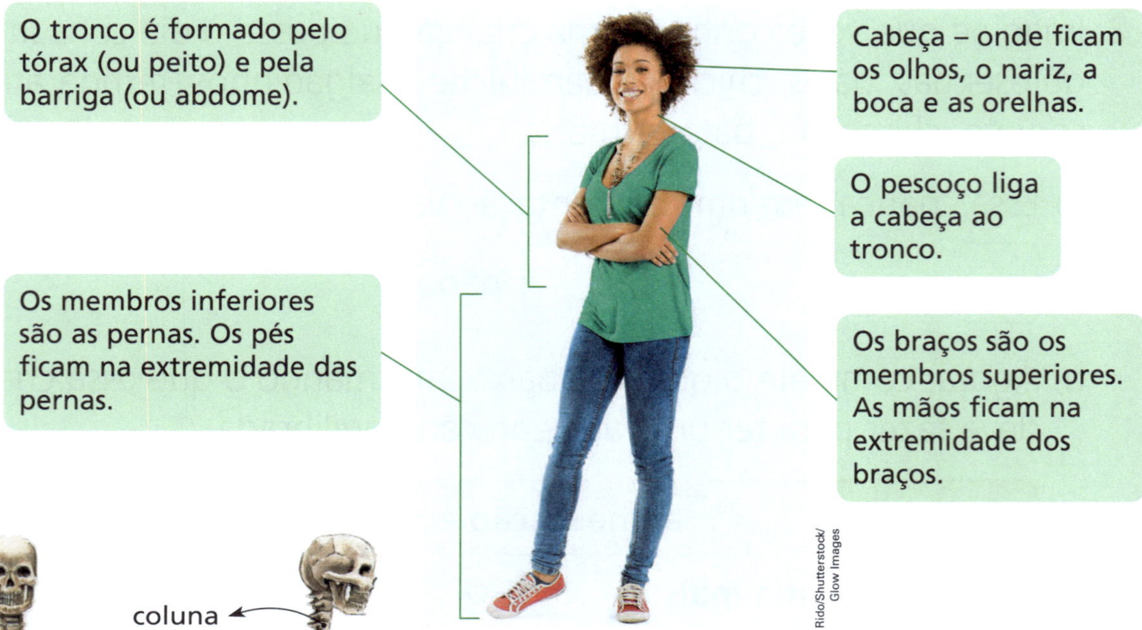

Rido/Shutterstock/Glow Images

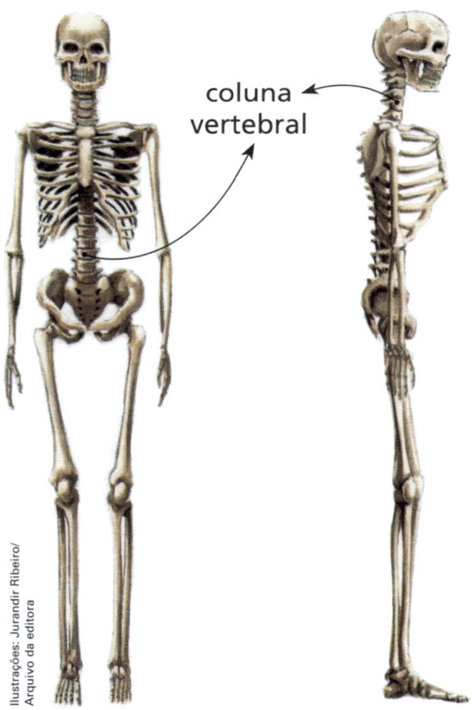

Ilustrações: Jurandir Ribeiro/Arquivo da editora

Todas essas partes de nosso corpo possuem ossos. Eles formam o nosso esqueleto. A coluna vertebral, como já vimos, também faz parte do esqueleto.

Algumas partes do corpo dos meninos são diferentes das do corpo das meninas. Na adolescência, aparecem outras diferenças: pelos no corpo, barba, seios, etc.

1. Complete as frases:

a) Os membros inferiores são as ______________ e os ______________.

b) O tronco é formado pelo ______________ e pelo ______________.

c) Na cabeça estão situados os ______________, as ______________, o ______________ e a ______________.

d) O ______________ liga a cabeça ao ______________.

e) Os membros superiores são os ______________ e as ______________.

2. Vamos medir sua altura e a de seus colegas de classe? Pegue um pedaço grande de barbante, meça a altura de um colega e corte o barbante no comprimento exato que você mediu. Cole uma etiqueta com o nome dele no barbante cortado. Depois, peça a ele que, com outro pedaço grande de barbante, faça a mesma coisa com você.

Ilustra Cartoon/Arquivo da editora

Por fim, prenda cada barbante com fita-crepe em uma das pontas em uma parede da classe. Organize-os, com a ajuda do professor, do menor para o maior.

- Agora, responda:

a) Todos os alunos têm o mesmo tamanho?

____

b) Quem é o mais alto? E o mais baixo?

____

____

24

Percebendo o ambiente: os sentidos

A visão nos permite ver as pessoas e as coisas.

Com a audição podemos ouvir as músicas, as conversas e outros sons.

O olfato nos faz sentir os bons e os maus cheiros.

A gustação nos permite saborear os alimentos.

Com o tato podemos saber se algo é macio, duro, pontudo, frio, quente...

A visão, a audição, o olfato, a gustação e o tato são nossos cinco sentidos. Eles informam nosso cérebro o tempo todo a respeito daquilo que nos rodeia.

Mini Larousse dos cinco sentidos. Tradução de Naiara Raggiotti. São Paulo: Larousse do Brasil, 2007.

Ilustra Cartoon/Arquivo da editora

É com nosso corpo que percebemos tudo o que acontece ao nosso redor.

Visão, audição, tato, olfato e gustação são os cinco sentidos que nos permitem perceber o mundo e tudo o que existe nos diversos ambientes.

Com seus colegas, observe o local onde vocês estão neste momento e conversem:

- O que vocês estão vendo que mais lhes chama a atenção?
- Que sons estão ouvindo?
- Estão sentindo algum cheiro?
- Tapem as orelhas com as mãos. O que aconteceu?

1. Complete as frases com as palavras do quadro.

orelhas	pele	nariz	língua	olhos

a) Com as ______________________, Paulo escutou um barulhão que vinha da casa ao lado.

b) Com o ______________________, Liana sentiu o cheirinho gostoso que vinha da cozinha.

c) Com a ______________________ de seu corpo, Bruno sentiu o calor do Sol.

d) Com os ______________________, Ana viu os colegas entrarem na sala.

e) Com a ______________________, Tadeu sentiu o sabor do chocolate.

2. Observe as figuras. Converse com os colegas sobre os sons representados e, depois, escreva o que cada um significa.

Ilustrações: Ilustra Cartoon/Arquivo da editora

______________________ ______________________ ______________________ ______________________

______________________ ______________________ ______________________ ______________________

______________________ ______________________ ______________________ ______________________

3. Sentir cheiros pode ser muito importante para a nossa segurança. Que cheiros você acha que podem nos alertar sobre perigos?

____

____

4. Imagine que você colocou um alimento em sua boca e percebeu que estava estragado.

a) O que você faz? ____

b) Qual foi o sentido que avisou a você que o alimento estava estragado?

____

25

Prevenção de doenças

Prevenção é tudo aquilo que se faz para tentar evitar as doenças: boa alimentação, hábitos de higiene, prática de exercícios físicos, entre outros cuidados.

As doenças contagiosas, como o sarampo e a catapora, são aquelas que podem ser transmitidas de uma pessoa para outra. Muitas doenças contagiosas podem ser evitadas por meio da vacinação.

Veja no quadro abaixo as principais vacinas que devem ser tomadas pelas crianças:

antipólio (Sabin)	Protege contra a paralisia infantil. Deve ser tomada pela primeira vez aos 2 meses de vida.
tríplice (DTP)	Protege contra a difteria, o tétano e a coqueluche. Deve ser tomada pela primeira vez aos 2 meses de vida.
tríplice viral (SRC)	Protege contra o sarampo, a rubéola e a caxumba. Toma-se em dose única aos 12 meses de vida. Dos 4 aos 6 anos deve-se tomar o reforço dessa vacina.
BCG	Protege contra a tuberculose. Toma-se em dose única logo após o nascimento. Dos 6 aos 10 anos deve-se tomar o reforço dessa vacina.

Conheça alguns cuidados para a prevenção das doenças contagiosas:

- Evitar contato com pessoas que estão com alguma doença contagiosa.
- Ter bons hábitos alimentares e de higiene.
- Tomar as vacinas recomendadas.

O ano de 1989 foi um marco para as crianças brasileiras, pois desde esse ano não se registra nenhum caso de paralisia infantil no Brasil.

Para que a situação continue assim, é necessária a participação de todos sempre que o governo anunciar uma campanha de vacinação.

Informe seus familiares sempre que souber de campanhas de vacinação. Não se esqueça também da vacinação da vovó e do vovô.

A dengue e a febre amarela

A dengue e a febre amarela são doenças transmitidas pela picada de um mosquito, parecido com um pernilongo.

Quando esse mosquito pica alguém, ele pode deixar no sangue da pessoa o vírus que causa a dengue ou a febre amarela.

Os vírus são seres vivos tão pequenos que só podem ser vistos com o auxílio de um microscópio capaz de ampliar a imagem milhares de vezes. Eles só conseguem viver dentro de outro ser vivo.

Este é o mosquito transmissor da dengue e da febre amarela. Ele se reproduz em água limpa e parada.

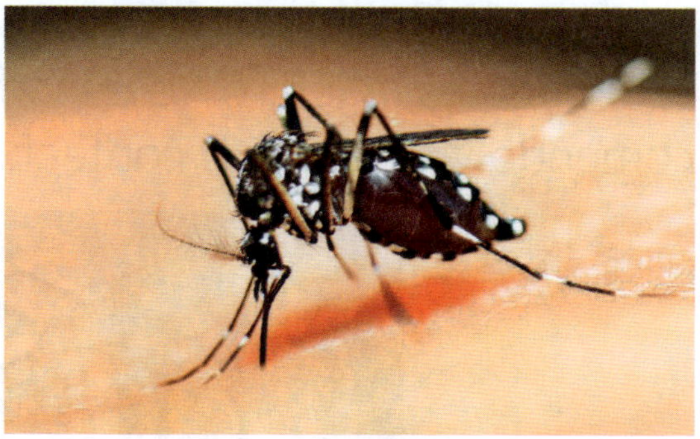

mrfiza/Shutterstock/Glow Images

Mosquito *Aedes aegypti* (ampliado)

Para evitar essas doenças, é importante:

- Não deixar fora de casa, ao ar livre, pneus velhos e vasilhas onde a água da chuva pode ficar acumulada.

Ilustrações: Fabiana Shizue/Arquivo da editora

- Guardar garrafas vazias com a boca para baixo.

- Encher os pratinhos dos vasos com areia.

- Manter sempre a caixa-d'água fechada.

As verminoses

As verminoses são doenças causadas por vermes parasitas que se instalam em nosso organismo, causando grande mal-estar, como dor de barriga, enjoo e fraqueza.

parasitas: organismos que vivem em outro organismo, dele obtendo alimento e não raro causando-lhe dano.

Entre os vermes mais comuns estão a lombriga e a solitária.

Parte dos ovos desses vermes é eliminada com as fezes da pessoa infectada. Nos locais onde não há vaso sanitário e rede de esgoto, as fezes podem contaminar o solo, a água e os vegetais regados com ela.

Podemos ingerir ovos de lombriga bebendo água contaminada ou comendo vegetais que contenham esses ovos.

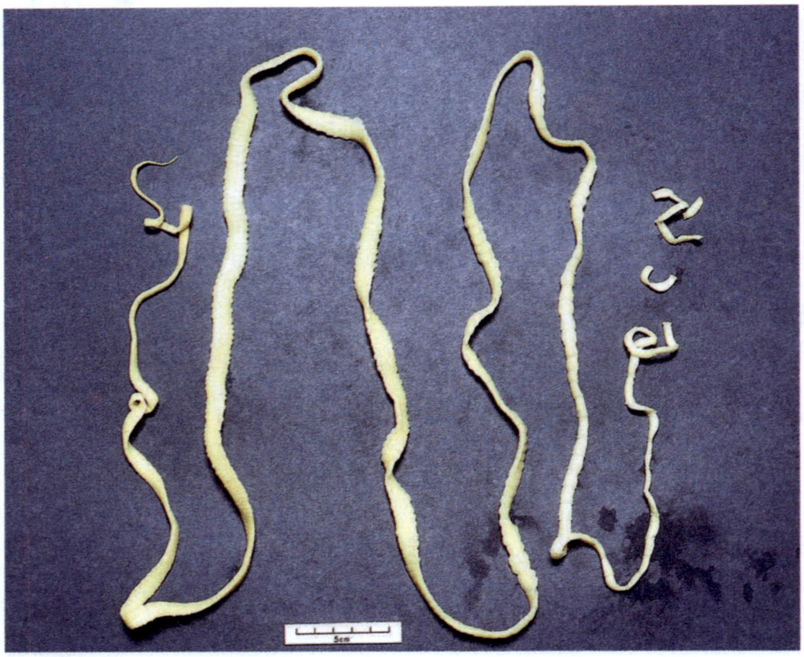

Medical-on-Line/Alamy/Latinstock

solitária

A doença causada pela solitária pode ser adquirida quando se come carne malcozida de boi ou porco que se alimentou de vegetais contaminados ou bebeu água contaminada.

Para evitar essas verminoses devemos tomar alguns cuidados:

- Lavar bem as verduras e as frutas.
- Lavar bem as mãos antes de se alimentar e após usar o vaso sanitário.
- Só beber água mineral, filtrada, fervida ou tratada com cloro.
- Cozinhar bem as carnes.

E, o mais importante, devemos exigir do governo água e esgoto tratados.

1. Por que é importante ser vacinado contra as doenças?

____

____

2. Pergunte em casa se você já teve alguma doença contagiosa. Em caso afirmativo, registre-a aqui.

____

____

3. Maria acha que está com dengue.

Ilustra Cartoon/Arquivo da editora

a) Em sua opinião, o que ela deve fazer?

- [ ] Procurar um posto de saúde.
- [ ] Tomar algum remédio sem consultar o médico.

b) Por que você acha isso?

____

____

4. Além das doenças vistas aqui, faça uma pesquisa e preencha a ficha a seguir.

Doença: verminose. ______________________________

Causador: ______________________________

Sintomas: ______________________________

____

Como é adquirida: ______________________________

____

26

Dicas para sua segurança

Todos nós corremos o risco de sofrer acidentes em casa, na rua, na escola ou em qualquer outro lugar. Alguns acidentes podem ser muito perigosos ou mesmo fatais.

Há acidentes que acontecem por falta de atenção e cuidado; outros, por desconhecimento.

Veja alguns dos perigos que você pode evitar:

Ilustrações: Ilustra Cartoon/Arquivo da editora

Caso não saiba nadar, não entre na água sem boia nem desacompanhado de um adulto.

Não tome remédios sem orientação de alguém responsável nem ingira produtos que você não conhece.

Não mexa no fogão nem brinque com fósforos, isqueiros, álcool ou gasolina, pois há perigo de você se queimar ou provocar incêndios. Além disso, o gás do fogão faz mal à saúde.

No carro, ande sempre no banco de trás e com cinto de segurança.

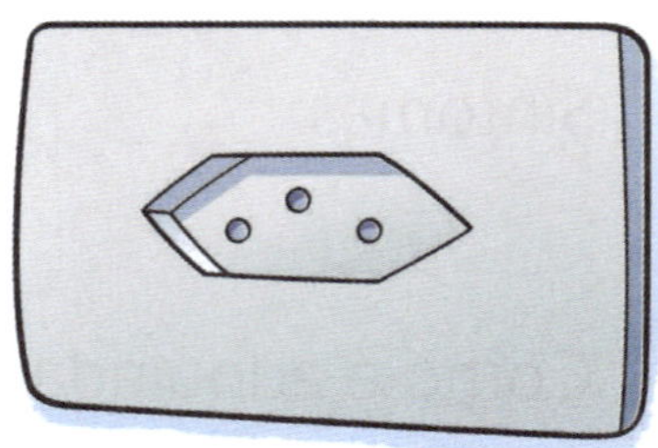

Não mexa em tomadas ou em instalações elétricas, pois há risco de choques.

1. Converse com seus colegas de classe e descubra por que estas crianças estão correndo perigo. Desenhe em uma folha à parte o que deveria ser feito para evitar esses perigos.

Ilustrações: Ilustra Cartoon/Arquivo da editora

2. Durante a aula de Arte as crianças desta turma trabalham com tesoura. Observe as figuras e marque com um **X** a criança que poderá acidentar-se por não estar utilizando o material adequado.

3. Você já sofreu algum acidente? Em caso afirmativo, conte aos colegas qual e como você foi socorrido. Como esse acidente poderia ter sido evitado?

De olho na receita

Bolo de casca de abacaxi

Quase tudo o que alimenta o ser humano vem da natureza.

Você sabia que é possível aproveitar todas as partes dos alimentos?

A seguir você vai ler uma receita para fazer com a ajuda de um adulto.

Ingredientes

Ilustra Cartoon/Arquivo da editora

- 2 xícaras de chá de caldo de casca de abacaxi;
- 2 ovos;
- 2 xícaras de chá de açúcar;
- 3 xícaras de chá de farinha de trigo;
- 1 colher de sopa de fermento em pó.

Modo de preparo

Afervente a casca de um abacaxi em 5 xícaras de chá de água, por 20 minutos.

Bata a casca no liquidificador, coe e reserve o caldo e o bagaço separadamente. Bata as claras em neve, misture as gemas e continue batendo. Misture, aos poucos, o açúcar e a farinha de trigo, sem parar de mexer.

Acrescente 2 xícaras de chá de suco de casca e o fermento. Misture bem. Asse em forma untada em forno moderado. Depois de assado, perfure todo o bolo com um garfo, umedeça com o restante do caldo e, se preferir, coloque a casca como cobertura.

Disponível em: <www.akatu.org.br/Content/Akatu/Arquivos/file/nutricao(2).pdf>. Acesso em: 27 abr. 2011.

SUGESTÕES PARA O ALUNO

Livros

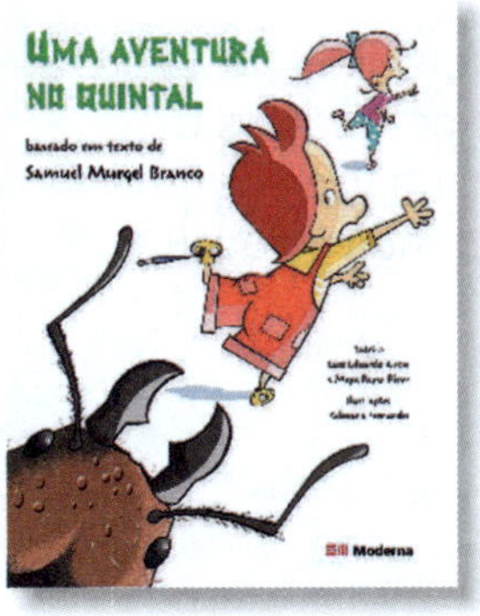

Reprodução/Editora Moderna

Uma aventura no quintal,
de Luiz Eduardo Ricon, Maya Reyes Ricon e Samuel Murgel Branco. São Paulo: Moderna, 2008.

Sua casa tem quintal? Você sabia que ele pode conter uma infinidade de seres vivos, ambientes e histórias? Acompanhe esta história em quadrinhos que fala de grandes aventuras ocorridas em um quintal.

Reprodução/Editora Biruta

Por quê?,
de Lila Prap. São Paulo: Biruta, 2008.

Alguém perguntou "Por que as hienas riem?". Um respondeu: "Elas têm um parafuso solto". Outro disse: "Porque são alegres". Será que é isso mesmo? Descubra a resposta para essa e outras perguntas sobre os animais.

Reprodução/Duna Dueto Editora

A minha floresta,
de Lucíola Morais. São Paulo: Duna Dueto, 2005.

Existe uma floresta que apenas a personagem deste livro conhece. Na verdade, cada um tem a sua própria floresta. Quer descobrir a sua?

Reprodução/Editora Girafinha

Por que somos de cores diferentes?,
de Carmen Gil. São Paulo: Girafinha, 2006.

Um dia perguntaram para Marta e seus companheiros de acampamento por que eles eram de cores diferentes. Cada um deu a sua hipótese, mas parece que ninguém acertou.

Filme

Reprodução/Moro Filmes

Brainforest – a floresta é nossa,
de Paulo Munhoz. Brasil, 2011. 85 min.

A Vila dos Brichos, que fica no meio de uma floresta brasileira, está ameaçada. Há pessoas muito más querendo explorar os recursos da floresta para ganhar dinheiro. Elas querem transformar a vila em uma grande cidade. Mas os habitantes desse lugar gostam muito do jeito como ele é.

Sites

Reprodução/<http://www.akatumirim.org.br>

<www.akatumirim.org.br>

Este *site*, mantido pelo Instituto Akatu, vai ajudar você a agir de forma sustentável e responsável de um jeito muito divertido. Além de jogos *on-line*, ele possui vídeos interessantes e instruções para fazer brincadeiras diferentes com os amigos.

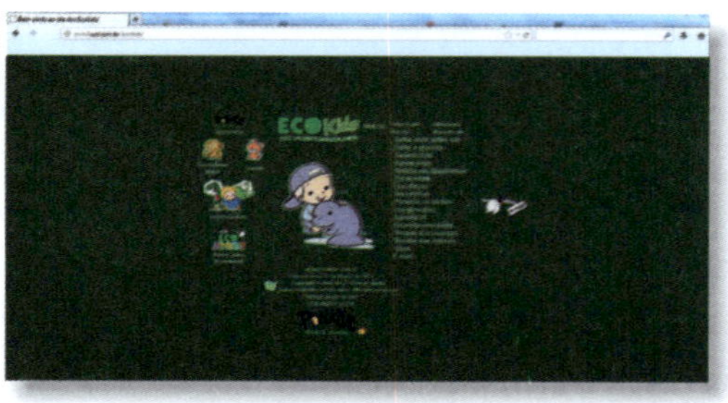

Reprodução/<http://www2.uol.com.br/ecokids>

<www.uol.com.br/ecokids>

Quer entender um pouco mais de Ecologia, mas acha esse assunto muito difícil? Este *site* traz informações de forma muito mais fácil!

Inglês

Autores
César de Oliveira Nyaradi e
Luiza Auxiliadora Pavon de Oliveira

SUMÁRIO

1

Greetings

Ilustrações: Evandro Luiz/Arquivo da editora

- Check the greetings.

- [ ] Good afternoon!
- [ ] Good morning!

Ilustrações: Evandro Luiz/Arquivo da editora

- [ ] Goodbye!
- [ ] Hello!

- [ ] Good afternoon!
- [ ] Goodbye!

What's your name?

Ilustrações: Evandro Luiz/Arquivo da editora

- Talk to your classmates. Follow the example below.

2

School objects

Evandro Luiz/Arquivo da editora

1. Word search.

board
notebook

teacher
student

eraser
pencil

B	F	H	S	M	B	O	A	R	D	R	A	Y	N
T	O	P	A	K	N	F	G	V	X	Z	X	W	O
E	N	H	T	E	B	C	V	B	T	E	W	P	T
A	B	E	R	A	S	E	R	O	N	D	A	Y	E
C	Y	J	R	S	T	U	D	E	N	T	V	I	B
H	H	J	D	C	I	X	U	J	C	X	S	S	O
E	J	I	P	E	N	C	I	L	I	D	A	Y	O
R	I	P	Y	M	P	U	T	R	E	W	Q	Q	K

2. Listen and check.

a) ☐ ☐ ☐ ☐

b) ☐ ☐ ☐ ☐

c) ☐ ☐ ☐ ☐

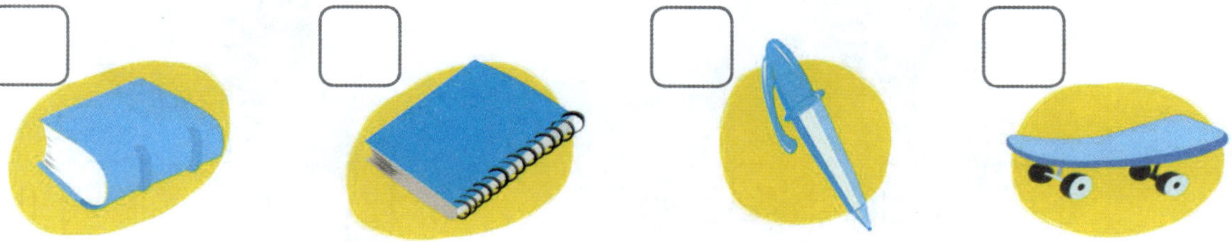

Ilustrações: Evandro Luiz/ Arquivo da editora

Thick or thin

Thin

Thick

- Look and check.

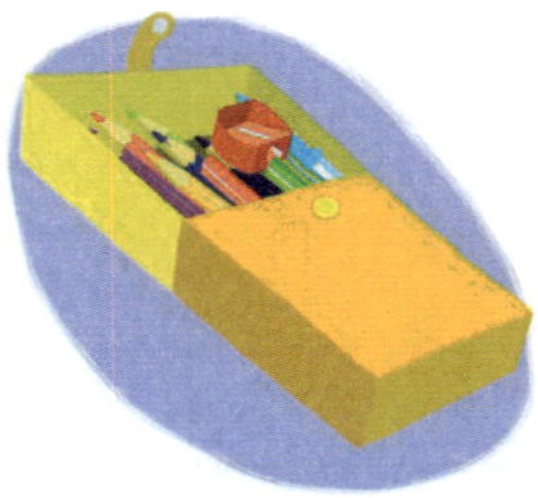

☐ big ☐ small

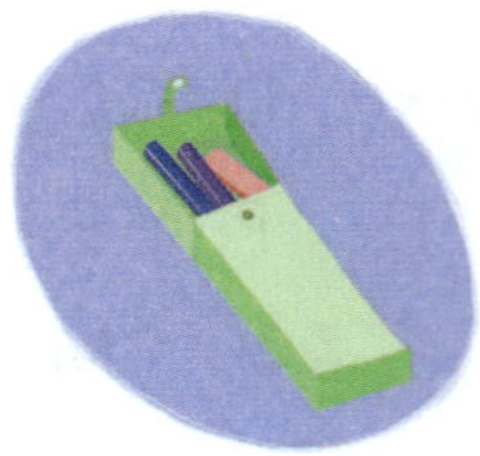

☐ big ☐ small

☐ big ☐ small

☐ big ☐ small

☐ thick ☐ thin

☐ thick ☐ thin

3
Colors

Evandro Luiz/Arquivo da editora

1. Color.

Ilustrações: Evandro Luiz/Arquivo da editora

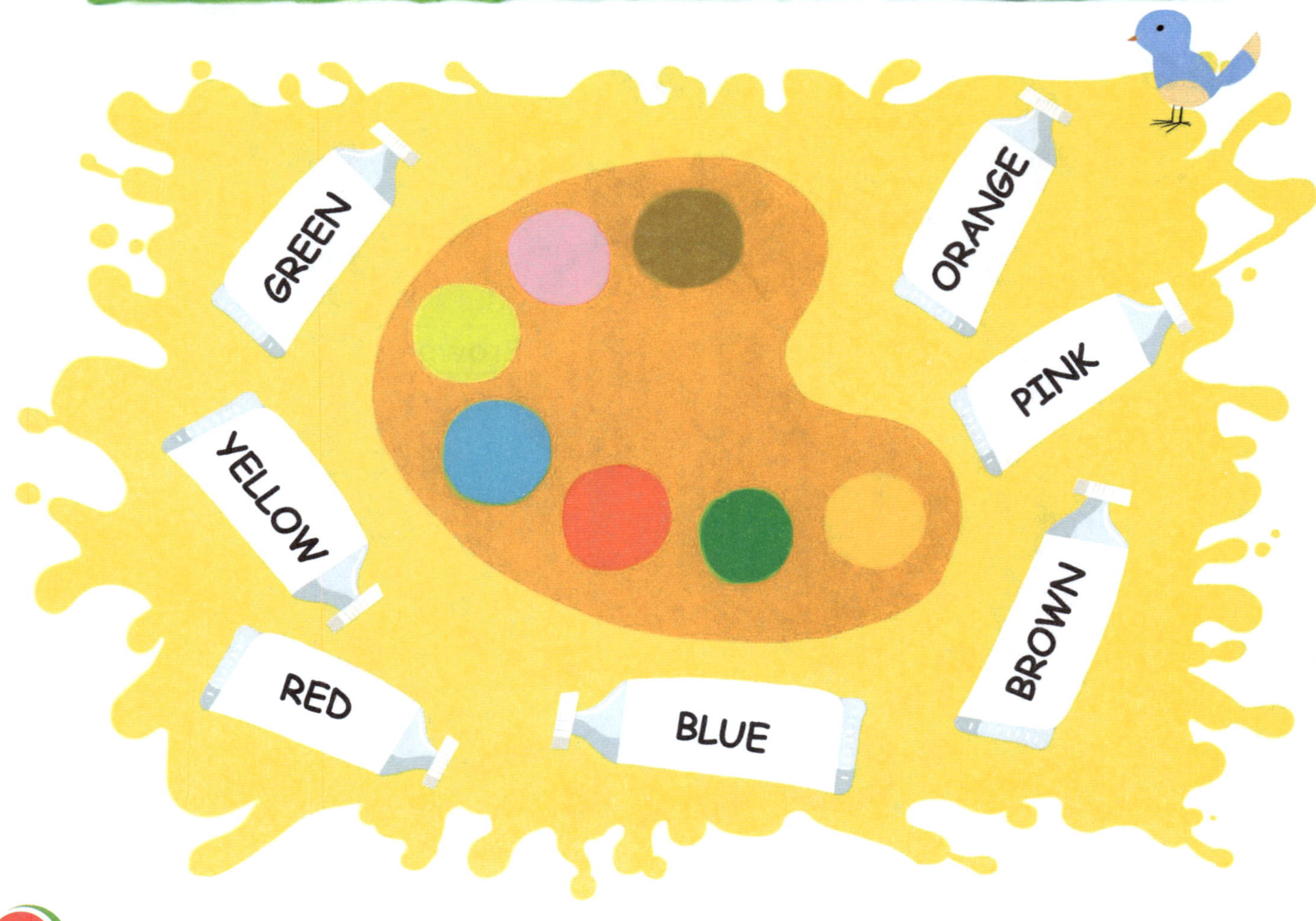

2. Check the colors.

Baibaz/Shutterstock/Glow Images

- [ ] blue
- [ ] red

Eric Isselee/Shutterstock/Glow Images

- [ ] blue
- [ ] gray

Olga Miltsova/Shutterstock/Glow Images

- [ ] yellow and blue
- [ ] pink and green

Africa Studio/Shutterstock/Glow Images

- [ ] white and black
- [ ] orange and green

Lu Huanfeng/Shutterstock/Glow Images

- [ ] red
- [ ] green

Tomislav Stajduhar/Shutterstock/Glow Images

- [ ] white and yellow
- [ ] yellow and pink

Numbers

1

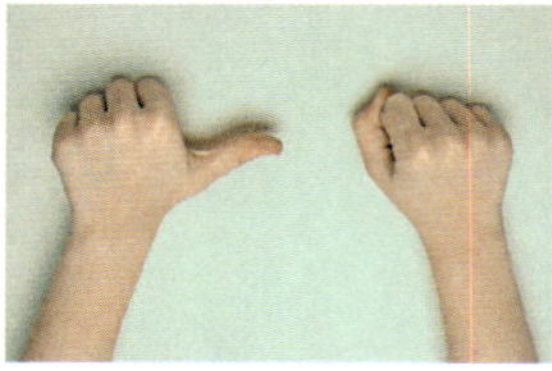

One

2

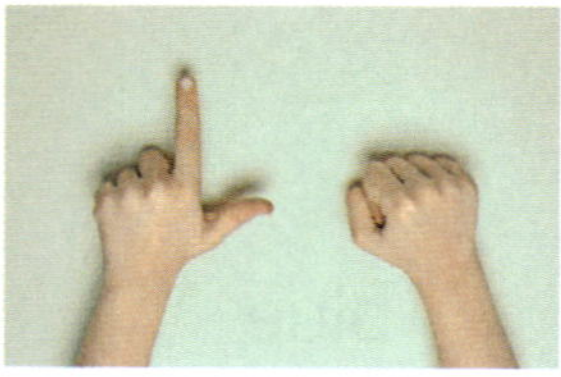

Two

3

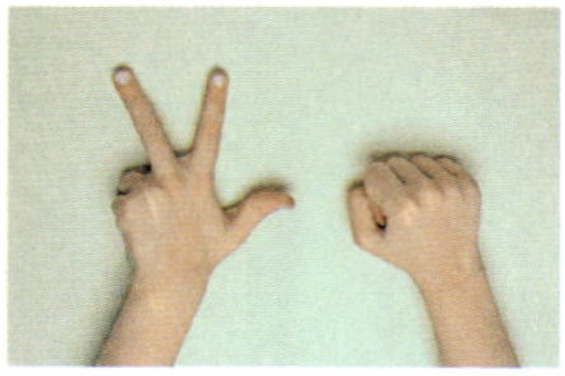

Three

4

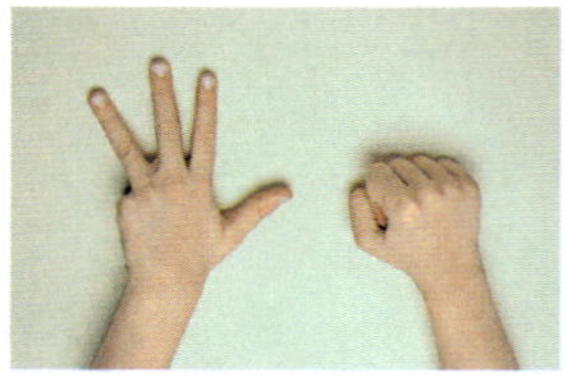

Four

Fotos: Sergio Dotta Jr./The Next

5

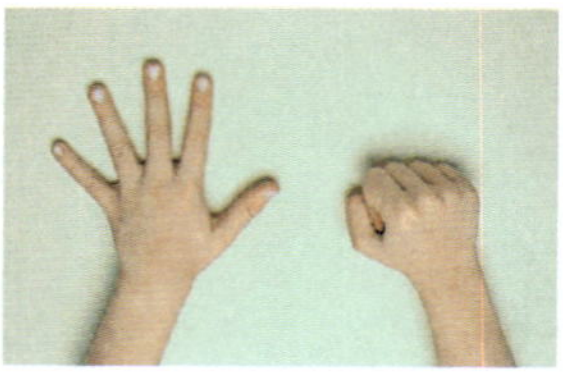

Five

6

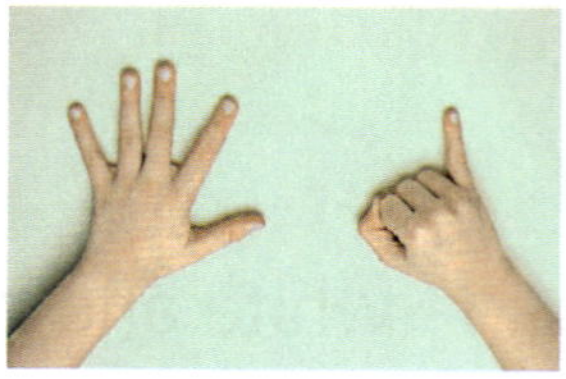

Six

7

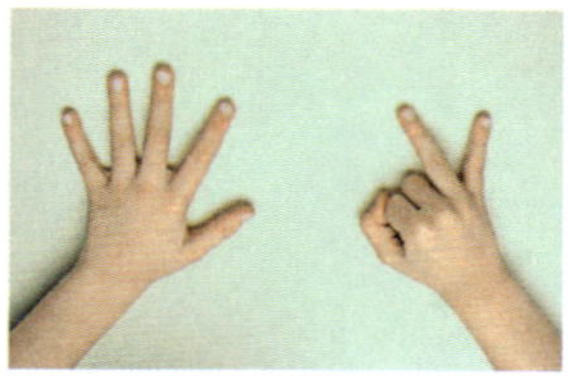

Seven

8

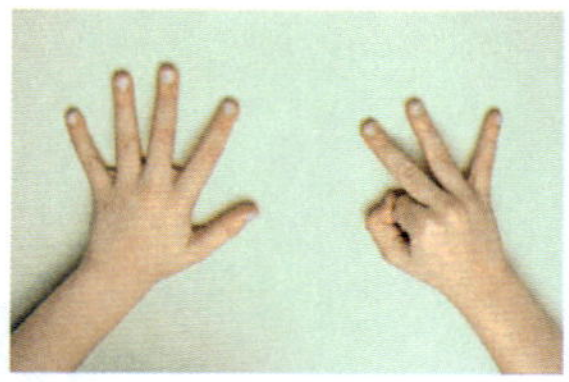

Eight

9

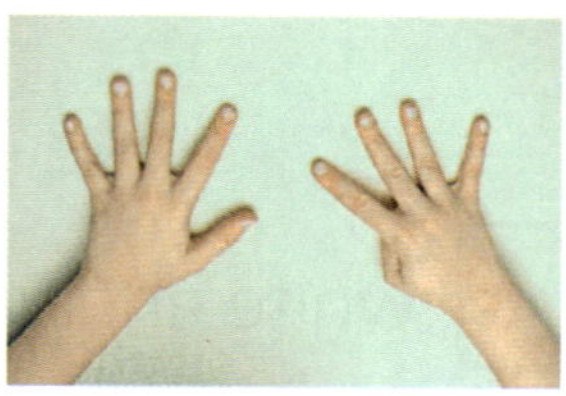

Nine

10

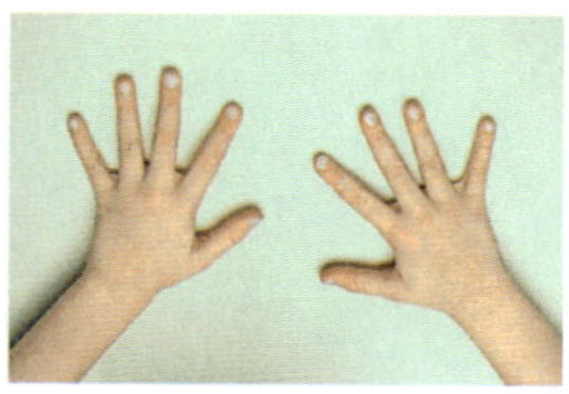

Ten

- Look and count.

☐ red ☐ blue

☐ blue ☐ red

☐ black ☐ yellow

☐ green ☐ brown

Ilustrações: Evandro Luiz/Arquivo da editora

☐ white ☐ blue

4

My body

Christian Knepper/Opção Brasil Imagens

1. Look and write.

Jaimie Duplass/Shutterstock/Glow Images

2. Draw and color your hair.

Evandro Luiz/Arquivo da editora

5

Family

Evandro Luiz/Arquivo da editora

- Glue the pictures of your family.

6

Animals

Sonya Etchison/Shutterstock/Glow Images

Dog

Jackiso/Shutterstock/Glow Images

Bird

sianc/Shutterstock/Glow Images

Cat

Green Jo/Shutterstock/Glow Images

Fish

Cristina Perez/Shutterstock/Glow Images

Turtle

Poznukhov Yuriy/Shutterstock/Glow Images

Chicken

defotoberg/Shutterstock/Glow Images

Horse

1000 Words/Shutterstock/Glow Images

Cow

Igor Stramyk/Shutterstock/Glow Images

Pig

- Word search.

X	C	H	I	C	K	E	N	T	L	P	H	Z	M
W	S	H	B	P	K	L	M	U	X	Z	O	E	B
T	W	F	I	S	H	G	F	R	V	Z	R	R	Q
A	D	H	R	U	M	C	A	T	Q	V	S	O	E
B	O	T	D	I	R	T	E	L	N	T	E	I	T
E	G	K	R	C	O	W	Q	E	K	P	I	G	H

a) 

f____h

b) 

ca____

c) 

d____g

Ilustrações: Evandro Luiz/Arquivo da editora

d) 

b____r____

e) 

t____rt____

f) 

ho____

g) 

c____w

h) 

p____g

i) 

c____k____

7

Fruits

Evandro Luiz/Arquivo da editora

1. Do the crosswords.

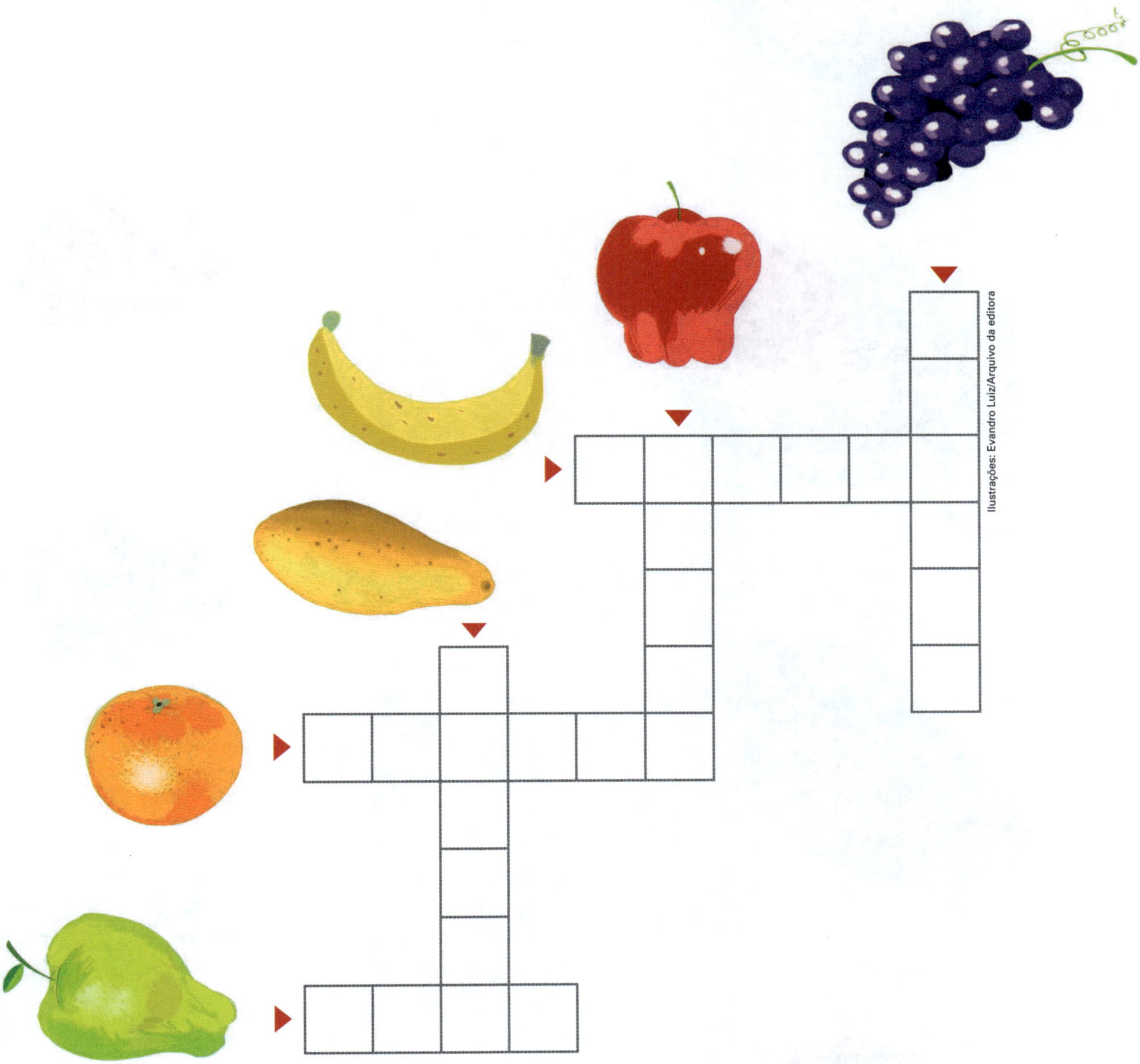

Ilustrações: Evandro Luiz/Arquivo da editora

2. Match the color and write.

Ilustrações: Evandro Luiz/Arquivo da editora

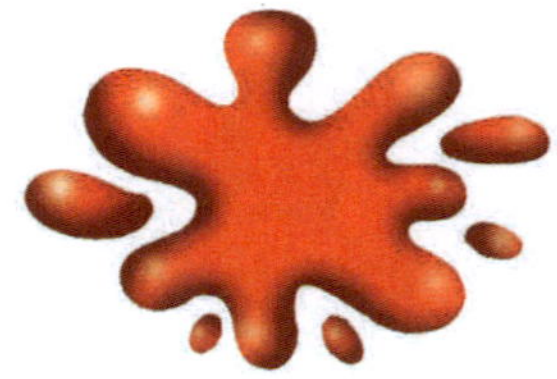

8

Toys

Evandro Luiz/Arquivo da editora

Let’s sing

My toys

I have a big bike
Beautiful like the sky
My bike is white and blue
Blue like the sky

My ball is colorful
Yellow, red and blue
Blue like the sky

Evandro Luiz/Arquivo da editora

1. Draw your favorite toy.

2. Circle.

1

Bike
Doll
Teddy bear

2

Doll
Car
Ball

3

Car
Teddy bear
Doll

4

Car
Teddy bear
Bike

5

Skateboard
Teddy bear
Ball

6

Bike
Skateboard
Doll

Ilustrações: Evandro Luiz/ Arquivo da editora

3. Do the crosswords.

Livro

Little Monster's Book of Numbers,
de Frances Thomas e Ross Collins, Bloomsbury.

Little Monster está aprendendo a contar. Ele observa o mundo à sua volta e conta as frutas das árvores, os aviões que passam no céu, os balões coloridos!

Sites

British Council

<http://learnenglishkids.britishcouncil.org/en/category/topics/colours> (acesso em: 21 jan. 2014)

Neste *site* há várias atividades e jogos que podem ser usados como material de apoio ao conteúdo do livro.

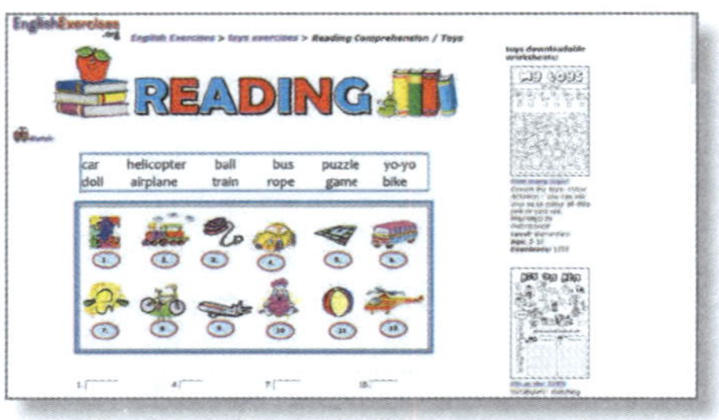

English Exercises

<www.englishexercises.org/makeagame/viewgame.asp?id=5375> (acesso em: 22 jan. 2014)

O *site* oferece várias oportunidades de atividades com as cores.

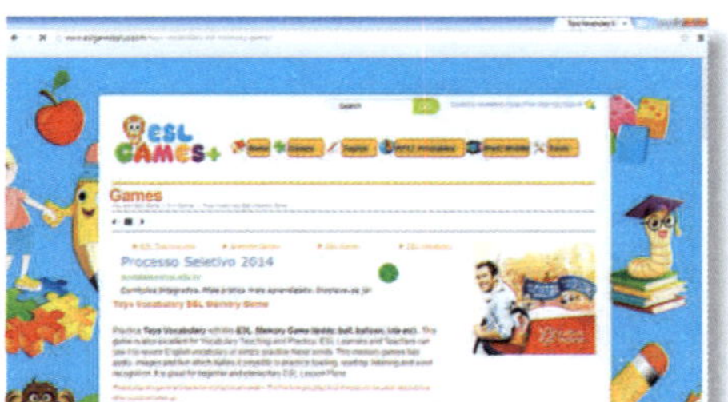

Esl Games+

<www.eslgamesplus.com/toys-vocabulary-esl-memory-game/> (acesso em: 22 jan. 2014)

No *site* há jogos sobre vários temas, entre eles vocabulário relacionado a brinquedos.

Arte

Autoras
Lígia Maria da Silva Rego e
Lígia da Costa Santos

SUMÁRIO

1

Pré-História

Milhares de anos atrás homens e mulheres moravam em cavernas e alimentavam-se dos animais que eles caçavam e dos frutos e sementes que coletavam. Esse período ficou conhecido como **Pré-História**. Para saber como era a vida do homem pré-histórico, estudam-se objetos, ossos, esculturas e pinturas feitas nas paredes das cavernas.

Pintura rupestre encontrada em Tassili, região do Saara, cerca de 6000-1500 a.C.

Album/Hervé Champollion/akg-images/Latinstock

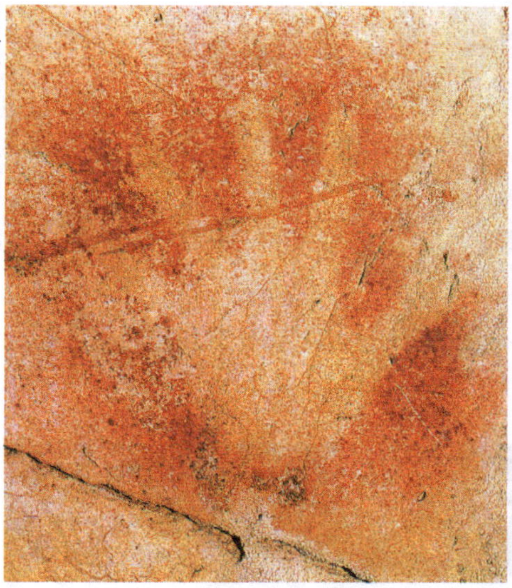

Cova O Castelo, Puento Viesco, Espanha

Pintura rupestre de mão em negativo, em Puente Viesgo, Espanha.

rupestre: que se refere a rocha; arte rupestre é a arte feita nas rochas das cavernas por homens da Pré-História.

As tintas usadas nas paredes das cavernas eram feitas com plantas, pedras trituradas, carvão e até com sangue de animais. Além dos animais, as pinturas ainda mostram cenas que retratam o dia a dia das pessoas daquela época.

- Em uma das pinturas rupestres acima, há a marca de uma mão contornada com tinta. As pessoas da Pré-História também marcavam as rochas com tinta que passavam na palma das mãos. Vamos fazer o mesmo? Entinte a palma de sua mão e carimbe-a em uma cartolina. Faça esta atividade com seus colegas.

Material

- Cartolina
- Pratos descartáveis
- Tinta para pintura a dedo ou guache
- Pano para limpeza das mãos

As linhas

As pessoas da Pré-História usavam vários tipos de linha para desenhar. Veja alguns exemplos:

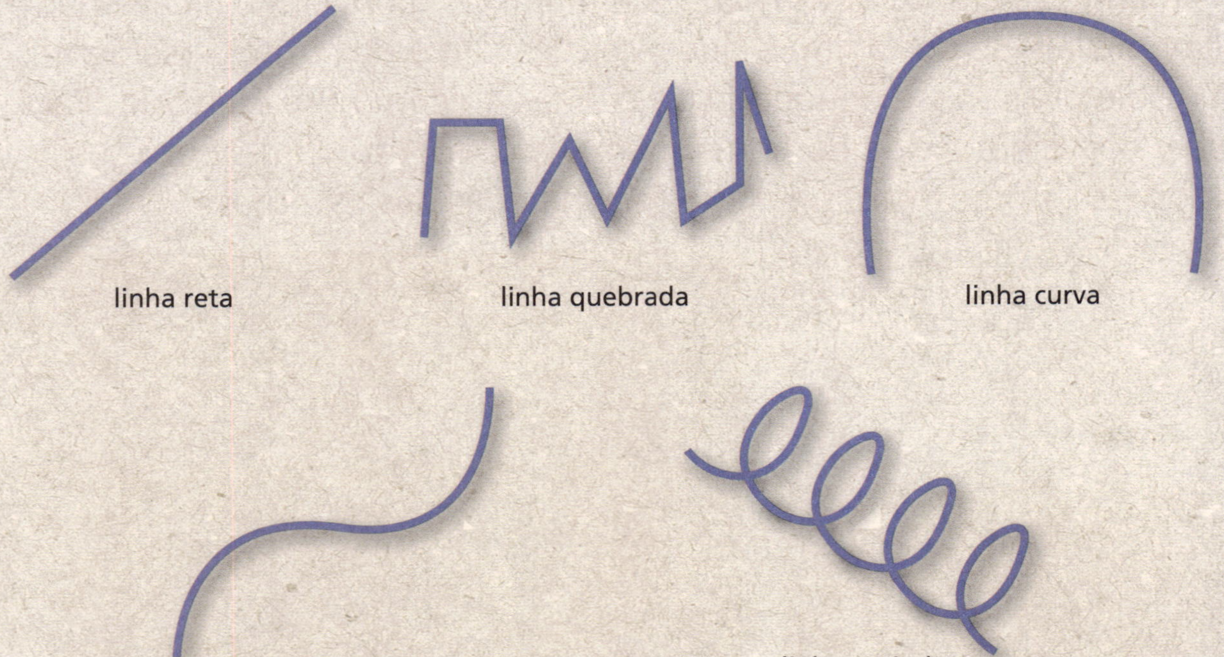

- Observe estas pinturas e converse com os colegas: que linhas foram utilizadas?

Fabio Colombini/Acervo do fotógrafo

Pintura rupestre encontrada no sítio arqueológico do Parque Nacional da Serra da Capivara, no município de São Raimundo Nonato (PI).

Fernando Vivas/Arquivo da editora

Pintura rupestre encontrada na Toca do Cosmos, no município de Xique-Xique (BA).

2

Egito antigo

No Egito antigo acreditava-se que a vida das pessoas continuava em outro lugar quando elas morriam. Os egípcios estavam convencidos de que conquistariam a eternidade após a morte do corpo e de que, em outro mundo, teriam uma vida muito boa, parecida com a que tiveram na Terra. Por isso, o morto precisava levar tudo o que lhe pertencia para esse outro mundo.

Boa parte da pintura, da escultura e da arquitetura egípcia foi feita para garantir uma vida feliz para a pessoa após a morte. Graças a essas pinturas, podemos saber como os egípcios viviam.

Túmulo de Sennedjem, Tebas, Egito

Túmulo de Sennedjem e de sua esposa, em Tebas, Egito, cerca de 1200 a.C.

Faraós e pirâmides

Faraó era o título dado aos soberanos do antigo Egito, considerados deuses vivos na Terra. Eles eram muito poderosos e dispunham de inúmeras pessoas para servi-los, como os sacerdotes, os escribas e os trabalhadores.

Quando um faraó morria, os servos depositavam na pirâmide, que é um túmulo real, todos os seus pertences e pintavam nas paredes os fatos mais importantes da vida do soberano ali sepultado.

Pedro Martinelli/Arquivo da editora

Pirâmides de Quéops, Quéfren e Miquerinos, no deserto de Gizé, Egito, construídas há mais de 4500 anos. Estes monumentos têm, respectivamente, 137 m, 143,5 m e 65 m de altura.

- Veja a pintura abaixo. Em sua opinião, que imagem representa o faraó? Por quê? Troque ideias com os colegas.

Richard T. Nowitz/Corbis/Latinstock

Reprodução de pintura egípcia em mural mostrando o faraó participando de uma colheita.

Lei da frontalidade

Na imagem da página anterior, você deve ter notado como os egípcios representavam as pessoas. O tronco costumava ser desenhado de frente, enquanto a cabeça, os braços e as pernas eram mostrados de perfil. Essa maneira de representar é chamada **lei da frontalidade**.

- Organizem-se em duplas e façam um desenho de observação do colega de acordo com a lei da frontalidade egípcia: o tronco de frente e a cabeça, os braços e as pernas de perfil.

Material
- Papel A4
- Lápis HB
- Lápis de cor
- Giz de cera

A escrita egípcia

Os egípcios registravam em rolos de papiro as histórias da vida do faraó e as informações importantes do cotidiano. Os escribas eram as pessoas responsáveis por fazer esses registros.

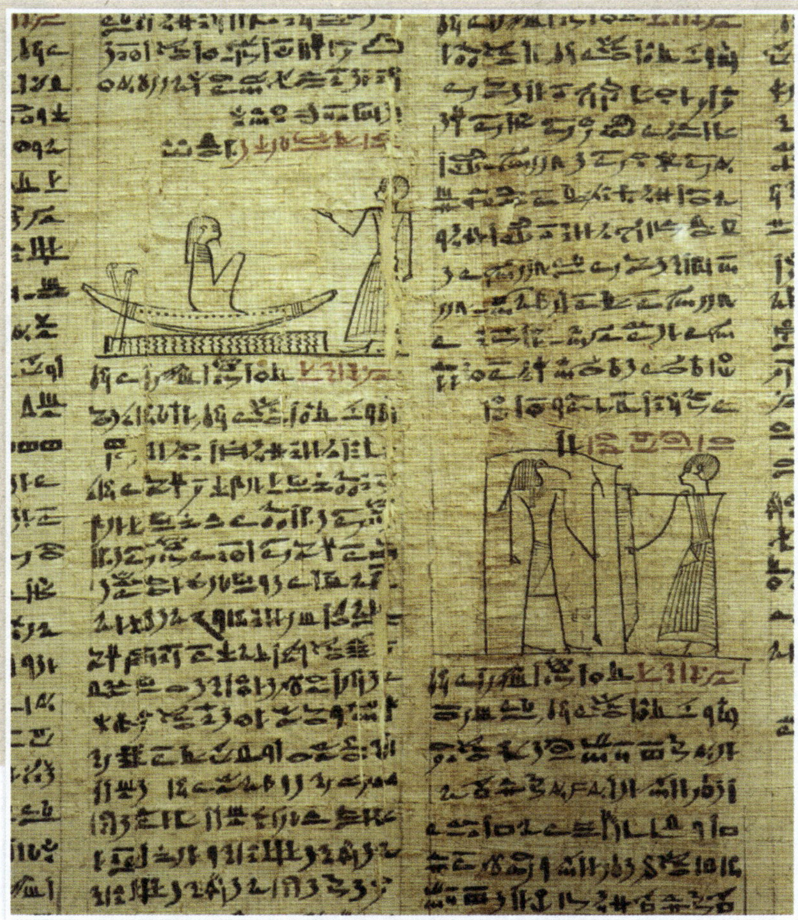

Papiro do **Livro dos mortos**, que mostra o deus Hórus com sua cabeça de falcão, cerca de 1295-1186 a.C.

Werner Forman/Universal Images Group/Getty Images

Os deuses do Egito

Os antigos egípcios acreditavam em muitos deuses. Alguns desses deuses eram representados em esculturas de figuras metade humanas, metade animais.

Escultura em bronze da deusa Ísis amamentando Hórus, cerca de 664-332 a.C. Esta escultura tem 27,40 cm de altura.

J.D. Dallet/Keystone

Escultura em bronze do deus Amon protegendo Tutancâmon, cerca de 1336-1327 a.C. Esta escultura tem 220 cm de altura e 44 cm de largura.

Stock Photos/Art Images Archive/Glow Images

Escultura em diorito da deusa Sekhmet, cerca de 1391-1353 a.C. Esta escultura tem 229 cm de altura.

Mehdi Fedouach/AFP

As pessoas no Egito antigo acreditavam que, se construíssem **templos** para os deuses e lhes oferecessem festas e tesouros, muitos desastres seriam evitados. Por isso os faraós edificavam templos e os ofertavam a seus deuses preferidos.

templo: construção feita para homenagear um deus ou vários deuses.

Templo de Luxor, no Egito, cerca de 1550-1069 a.C. Esse templo foi construído e dedicado ao deus Amon.

Eddie Gerald/Dorling Kindersley/Getty Images

- Se você pudesse inventar um deus da mitologia egípcia com corpo de ser humano e cabeça de animal, como ele seria? Imagine-o e faça um desenho em uma folha de papel. Depois, faça uma escultura do seu deus em argila.

Material
- Papel A4
- Lápis HB
- Argila

3

Grécia e Roma

Os gregos e os romanos antigos estão bem distantes de nós no tempo e no espaço, mas foram eles que criaram e desenvolveram muitas atividades que até hoje fazem parte da nossa cultura, como os jogos olímpicos, o teatro e o circo.

Guido Alberto Rossi/Keystone

Coliseu, uma das principais obras arquitetônicas dos romanos, com capacidade para 50 mil espectadores, século 1. Este monumento tem 188 m de comprimento, 156 m de largura e 46 m de altura.

A figura humana era muitas vezes o tema da arte grega antiga. Os escultores gregos costumavam esculpir detalhadamente a boca, os olhos, o cabelo, a pele e a roupa de suas estátuas.

O **Discóbolo** é uma escultura que mostra um jovem atleta momentos antes de lançar um disco. A posição do corpo e dos membros do atleta confere à obra expressividade e impressão de movimento.

- Vamos procurar imagens de atletas em movimento. Recorte a imagem de que você mais gostar, pinte-a de preto e cole-a em uma folha de papel canson.

Material

- Jornal para forrar as mesas
- Tinta guache preta
- Potinho descartável com água
- Pincel
- Tesoura sem ponta
- Cola
- Papel canson A4

Discóbolo, escultura de Míron, século 5 a.C. Esta escultura tem 21 cm de altura.

akg-images/Latinstock

Os deuses gregos

Os gregos acreditavam que os deuses tinham formas humanas, além de virtudes e defeitos iguais aos dos humanos. A diferença era a imortalidade, ou seja, eles não morriam.

Cada deus cuidava de um aspecto da vida cotidiana.

Hermes, escultura de 370-300 a.C. Esta escultura tem 1 m de altura.

Museu Arqueológico Nacional de Nápoles, Itália

Atena, escultura de 500-490 a.C. Esta escultura tem 1,68 m de altura.

Museu de Acrópole, Atenas, Grécia/Corbis/Latinstock

Afrodite, escultura do século 5 a.C. Esta escultura tem 1,64 m de altura.

Museu do Louvre, Paris, França

Os gregos acreditavam que havia um lugar, conhecido como Olimpo, onde moravam todos os deuses.

Em homenagem a Zeus, o principal deus do Olimpo, eles organizavam em Atenas, a cada quatro anos, os jogos olímpicos. Atletas de várias cidades da Grécia participavam desses jogos.

Saiba mais

Na Grécia antiga, as esculturas em homenagem aos deuses eram colocadas em templos, geralmente construídos de mármore e localizados em altas colinas para protegerem as obras do sol e da chuva. Essa região da cidade era conhecida como acrópole, que significa 'cidade alta'.

Paul Stepan/Photoresearchers/Latinstock

Parthenon, templo construído em 438 a.C. em homenagem à deusa Atena, na acrópole Atenas, Grécia. Este monumento tem 69,5 m de comprimento e 30,9 m de largura.

A cerâmica grega

Os gregos gostavam muito de fazer vasos de cerâmica.

Eles serviam para guardar água, vinho e alimentos, e também eram usados como objetos decorativos. Os vasos eram pintados com cenas do dia a dia e imagens de deuses e outros personagens mitológicos.

Museu do Louvre, Paris, França

Vaso com pinturas retratando a colheita de azeitonas.

Nimatallah/Album/akg-images/Latinstock

Vaso com imagem de dois heróis gregos, Ájax e Aquiles, cerca de 530 a.C.

Museu do Louvre, Paris, França

Vaso grego com imagem de Édipo diante da esfinge, século 5 a.C.

- Os ceramistas gregos costumavam enfeitar os vasos com desenhos geométricos que se repetiam. Imagine que você seja um ceramista da Grécia antiga e continue o desenho abaixo.

Material

- Canetinha preta ou lápis preto

Os romanos invadem a Grécia

No século 2 a.C. os romanos conquistaram a Grécia e ficaram encantados com a arte grega.

Veja a escultura ao lado, feita por um artista anônimo romano. Ela foi inspirada na mitologia grega.

Museu do Louvre, Paris, França

Centauro carregando cupido, escultura em mármore, cerca dos séculos 1-2. Esta escultura tem 1,47 m de altura e 1,07 m de largura.

Gustavo Tomsich/Corbis/Latinstock

Afresco romano com frutas e vaso de artista desconhecido, cerca de 50 d.C. Esta obra tem 35 cm de altura e 33 cm de largura.

afresco: tipo de pintura feita em paredes em que o artista dissolve a tinta em água e aplica-a sobre um revestimento, ainda úmido, de areia e cal.

natureza-morta: gênero de pintura em que se representam animais caçados ou mortos, frutas, flores e objetos.

Havia diferenças entre as formas de arte grega e romana. Os gregos, por exemplo, costumavam representar nos **afrescos** cenas da vida cotidiana; já os romanos gostavam de pintar **naturezas-mortas**.

- Em uma natureza-morta podemos trabalhar a composição. Tragam de casa diversos elementos com cores e formas diferentes, opacos ou transparentes, lisos ou com texturas. Vamos juntos compor esses objetos até que estejam equilibrados. Depois, vamos fazer um desenho de observação.

Material
- Papel canson A3
- Lápis HB
- Pincéis
- Tinta guache
- Copos descartáveis (para preparar e misturar as cores)

Em Roma: o circo

O circo surgiu em Roma como continuidade do teatro grego.

Os espetáculos apresentavam corridas de carros puxados por cavalos, combates de gladiadores e de animais treinados. As lutas entre os gladiadores eram muito populares, pois demonstravam força e coragem, qualidades admiradas pelos romanos.

Roger Wood/Corbis/Latinstock

Detalhe de mosaico com cenas de espetáculo em circo romano.

- Os romanos costumavam fazer mosaicos com figuras de cachorros na entrada de suas casas. Vamos fazer um mosaico também? Desenhe um cachorro em uma folha. Pique papel espelho de uma cor em pedaços bem pequenos e cole-os sobre o cachorro que você desenhou. Use pedaços de papel espelho de outra cor para preencher o fundo do desenho.

Material

- Papel A4
- Lápis HB
- Papel espelho de duas cores diferentes
- Tesoura sem ponta
- Cola

Saiba mais

Mosaico é uma técnica em que o artista coloca, lado a lado, pequenas peças coloridas sobre uma superfície de gesso ou argamassa. Depois essa superfície recebe uma mistura de cal, areia e óleo, que preenche os espaços entre as pecinhas.

4

Idade Média

Na Idade Média, período que vai do século 5 ao século 14, a Igreja católica era muito poderosa na Europa. Por isso grande parte das expressões de arte dessa época, como o mosaico, a pintura, a escultura e a arquitetura, estavam a serviço da Igreja.

A maioria da população não sabia ler e aprendia sobre a vida dos santos católicos vendo as obras de arte.

Capela dos Scrovegni, Pádua, Itália

Último julgamento, afresco de Giotto di Bondone, cerca de 1303-1305. Esta obra tem 10 m de altura e 8,4 m de largura.

Andreas Lechtape/Keystone

A maior parte das igrejas construídas na Idade Média eram muito altas, como se quisessem alcançar o céu. Essa é uma das características da arquitetura de estilo **gótico**.

Catedral de Estrasburgo, na França, inaugurada em 1439. Esta igreja tem 142 m de altura.

Iluminuras

Na Idade Média, a imprensa ainda não havia sido inventada.

Os livros eram escritos, copiados e ilustrados um a um, geralmente por monges, como verdadeiras obras de arte. Essas ilustrações eram chamadas **iluminuras**.

As letras grandes e bordadas no início das páginas e dos parágrafos eram denominadas **capitulares**.

Biblioteca Nacional, Paris, França

Página de livro manuscrito com iluminuras e capitulares, século 12.

Vitrais

Os artistas da Idade Média costumavam construir janelas bem coloridas. Eles faziam estruturas de metal parecidas com uma renda e preenchiam os espaços com pedacinhos de vidros coloridos que deixavam a luz do Sol passar. Essa técnica se chama **vitral**.

Muitos vitrais contavam a história da Igreja e de seus santos.

Angelo Hornak/Corbis/Latinstock

Vitrais da Catedral de Chartres, na França, 1220.

- Vamos ver o mundo com outras cores? Primeiro, monte os óculos do material de apoio. Depois, recorte tiras de papel-celofane um pouco maiores que o espaço da lente dos óculos. Cole, com fita adesiva, as tiras de diferentes cores nos óculos e passeie pela escola. Troque as cores conforme desejar. Qual é a sensação de ver o mundo filtrado por essas cores? Por fim, sobreponha duas tiras de papel-celofane nas lentes e faça o mesmo movimento. O que aconteceu?

Material

- Molde dos óculos (material de apoio)
- Papel-celofane de cores primárias
- Fita adesiva
- Tesoura sem ponta

5

Renascimento

A palavra **Renascimento**, ou **Renascença**, é usada para nomear um período de muitas realizações culturais na Europa, do século 15 ao século 16.

Uma das grandes realizações dos renascentistas foi a criação da perspectiva, que permitiu a representação do espaço com profundidade. Eles usavam tamanhos maiores, cores mais vivas e ricas em detalhes para representar o que estava mais próximo, e cores mais suaves e tamanhos menores para mostrar o que estava mais distante.

Museus e Galerias do Vaticano, Cidade do Vaticano, Itália

Escola de Atenas, afresco de Rafael Sanzio, 1509-1511. Esta obra tem cerca de 5 m de altura e 7,7 m de largura.

No Renascimento os artistas faziam todo material de que precisavam, desde as tintas e os pincéis até as telas.

Saiba mais

O **esfumado** (do italiano *sfumato*) é uma técnica desenvolvida pelos artistas da Renascença.

Por meio dessa técnica, o pintor podia usar tons claros e escuros, tornando a pintura tão perfeita que é possível perceber o volume da figura e quase não se vê a marca do pincel.

Retratos

Os artistas do Renascimento também pintavam retratos de crianças da realeza e de pessoas importantes acompanhadas de seus animais de estimação.

Palácio Pitti, Florença, Itália

Jovem com unicórnio, óleo sobre painel de Rafael Sanzio, 1506. Esta obra tem 65 cm de altura e 51 cm de largura.

Czartoryski Museum, Cracóvia, Polônia

Dama com arminho, óleo sobre tela de Leonardo da Vinci, cerca de 1483-1490. Esta obra tem 54 cm de altura e 39 cm de largura.

O retrato mais famoso feito durante o Renascimento chama-se **Mona Lisa** e foi produzido por Leonardo da Vinci.

Museu do Louvre, Paris, França

Mona Lisa, óleo sobre tela de Leonardo da Vinci, cerca de 1503. Esta obra tem 77 cm de altura e 53 cm de largura.

Material

- Lápis HB
- Papel canson
- Tinta guache
- Água
- Pincel
- Espelho
- Pano para limpeza

- Agora é a sua vez! Faça um retrato de si mesmo, ou seja, um autorretrato. Para isso, use um espelho.

Livros

Reprodução/Editora Scipione

Como seria sua vida no antigo Egito?,
de Jacqueline Morley. São Paulo: Scipione.

A maneira como viviam faraós, sacerdotes, camponeses e escravos no antigo Egito é detalhada de forma divertida e atraente. O leitor vai descobrir o que faziam quando tinham dor de dente, por que as mulheres egípcias raspavam as sobrancelhas, como foram construídas as pirâmides, por que mumificavam os mortos, além de várias outras curiosidades.

Reprodução/Editora Scipione

Leonardo,
de Nelson Cruz. São Paulo: Scipione.

O dia chega ao fim, a praça fica vazia, os portões são fechados. Solitária, a estátua de Leonardo da Vinci ganha vida. De repente o leitor é transportado para o século 15, época em que viveu o genial artista, cientista e inventor italiano, e acompanha Da Vinci em suas criações, observando-o enquanto ele testa seus inventos ou pinta a Mona Lisa.

Reprodução/Editora Larousse Junior

Mini Larousse da Pré-História,
de Pierre Masson. São Paulo: Larousse.

Este livro contém tudo sobre a Pré-História: como eram as habitações, quais eram os animais da época, a caça, a pesca, como os alimentos eram preparados, que utensílios eram usados, e muito mais!

Reprodução/Companhia Editora Nacional

Mosaicos,
de Marie Enderlen-Debuison. São Paulo: Nacional.

Fazer um mosaico é fácil: basta colar pequenas peças umas ao lado das outras, deixando um espaço entre elas. Aprenda, neste livro, a fazer mosaicos com material fácil de conseguir, como grãos, cascas de ovo e macarrão, e crie vários tipos de objetos (cartões, molduras, porta-trecos, caixinhas de tesouros, enfeites com carimbos, cadernetas, etc.).

MARIA TERESA • MARIA ELISABETE • ARMANDO COELHO

MARCHA CRIANÇA 2º ANO

INTEGRADO

LÍNGUA PORTUGUESA • MATEMÁTICA • HISTÓRIA
GEOGRAFIA • CIÊNCIAS • INGLÊS • ARTE

Caderno de atividades

editora scipione

MARIA TERESA • MARIA ELISABETE • ARMANDO COELHO

MARCHA CRIANÇA 2º ANO

INTEGRADO

LÍNGUA PORTUGUESA • MATEMÁTICA • HISTÓRIA
GEOGRAFIA • CIÊNCIAS • INGLÊS • ARTE

Caderno de atividades

editora scipione

MARCHA CRIANÇA
INTEGRADO

Caderno de atividades

Sumário

Língua Portuguesa

1. Observe as ilustrações e circule o que empregamos para escrever.

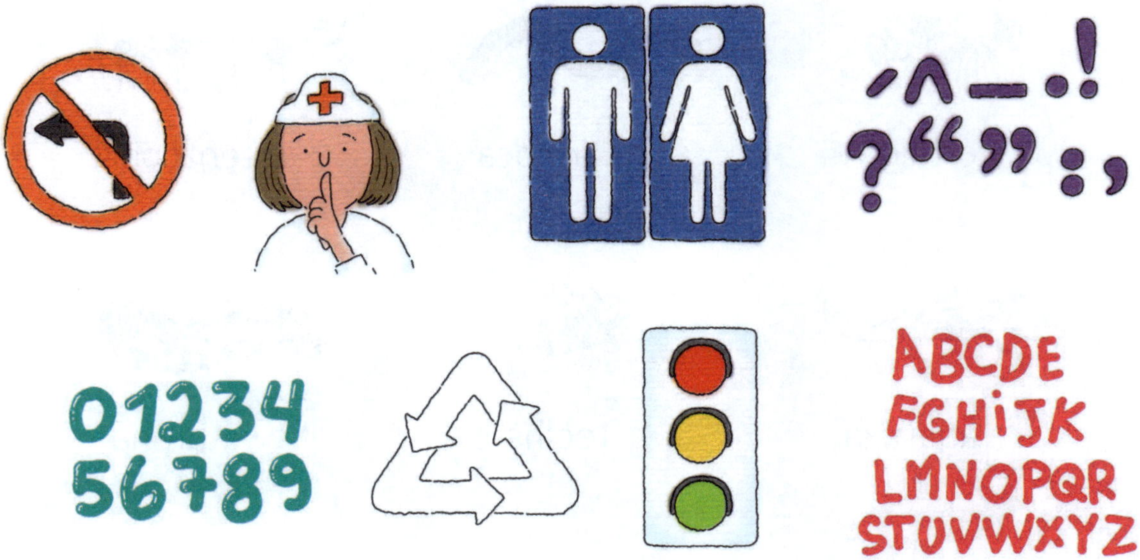

Fábio Sgroi/Arquivo da editora

2. Circule as letras maiúsculas e sublinhe as letras minúsculas do quadro abaixo.

___	B	C	___	___	f	___	h	___
j	___	L	___	N	O	___	q	___
s	___	U	___	___	X	Y	___	

a) Agora, complete o alfabeto com as letras que faltam.

b) Recorte de revistas, jornais e folhetos letras escritas de outras maneiras. Cole-as em uma folha de sulfite e mostre-as a seus colegas.

3. Pinte a primeira letra de cada nome de animal segundo a legenda.

 vogal  consoante

f ormiga

m inhoca

c entopeia

Ilustrações: Fábio Sgroi/ Arquivo da editora

l agartixa

a belha

t aturana

j oaninha

a ranha

t atuzinho

g afanhoto

g rilo

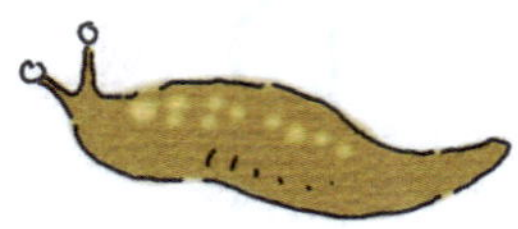
l esma

- Agora, escreva o nome dos animais em ordem alfabética.

4. Leia as palavras e separe as sílabas. Depois, escreva nos quadrinhos a quantidade de sílabas de cada palavra.

rinoceronte: ______________________ ☐ sílabas

cachorro: ______________________ ☐ sílabas

leão: ______________________ ☐ sílabas

araponga: ______________________ ☐ sílabas

dinossauro: ______________________ ☐ sílabas

5. Leia as frases e coloque acento circunflexo (**^**) ou acento agudo (´) na vogal das sílabas destacadas.

a) Comi um **pe**ssego enquanto esperava o **o**nibus.

b) Vo**ce** **ja** brincou com bambo**le**?

c) Onde est**a** seu **te**nis, Marina?

d) A vo**vo** gosta de ouvir **mu**sica no **ra**dio enquanto faz tri**co**.

6. Complete os espaços com **ã** ou **õ**.

liç____o	caminh____es	mel____o
drag____o	drag____es	liç____es
vulc____o	mel____es	p____o
p____es	caminh____o	vulc____es

- Qual é o nome do sinal que está sobre as vogais **a** e **o**?

____

____

7. Escreva o substantivo que corresponde a cada ilustração. Consulte o quadro.

piloto	porta	árvore	avião	prédio
Sol	telhado	nuvem	janela	pássaro

Ilustrações: Ilustra Cartoon/ Arquivo da editora

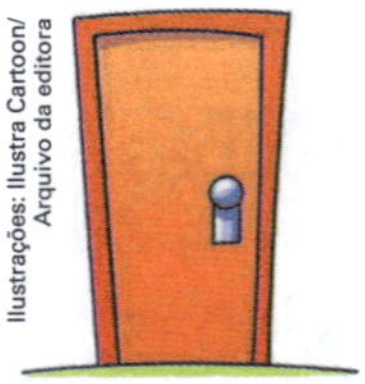

____

____

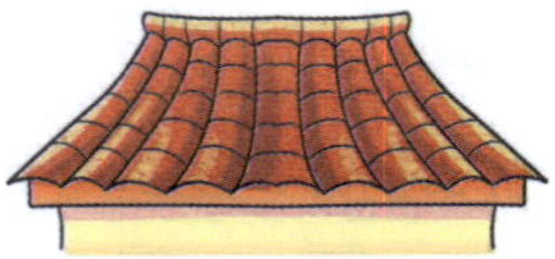

____

____

____

____

____

____

____

____

8. Leia o texto.

O piquenique do Catapimba

Catapimba resolveu organizar um **piquenique** bem divertido. Convidou a **turma** toda: o Caloca, a Mariana, Edu, Beto, Luciana, Armandinho, Valdemar...

[...]

Combinaram fazer o piquenique na represa, porque não era longe e podiam ir a pé.

O dia escolhido foi o **domingo**, porque ninguém tinha **aula**.

[...]

O piquenique do Catapimba, de Ruth Rocha. São Paulo: FTD, 2010.

a) Releia o primeiro parágrafo do texto. Copie os substantivos que indicam pessoa.

____

____

- Esses substantivos são:

☐ substantivos comuns. ☐ substantivos próprios.

b) Observe os substantivos comuns destacados. Escreva-os no espaço correto.

nome de conjunto de amigos	nome de atividade de lazer
nome de atividade que se realiza na escola	**nome de um dos sete dias da semana**

9. Os verbos destacados estão no tempo presente. Complete as frases com os verbos no passado e no futuro.

presente	Na aula de música, eu **canto** com meus colegas.
passado	Ontem eu ________________ na aula de música.
futuro	Amanhã eu ________________ na aula de música.

presente	Durante a semana, eu **estudo** de manhã e **brinco** à tarde.
passado	No último fim de semana, eu ________________ e ________________.
futuro	Eu ________________ agora e, mais tarde, ________________.

10. Observe as palavras destacadas e complete os espaços com o verbo indicado no presente. Veja o exemplo:

a) Todas as tardes, **eu leio** um trecho do livro. [ler]

b) **Eu** ________________ capacete quando ________________ de bicicleta. [usar – andar]

c) **Você** ________________ de leite? **Nós** ________________! [gostar]

d) **Ele** ________________ na praça todas as manhãs. [correr]

e) **Nós** ________________ cenoura no almoço. [comer]

f) Por que **vocês** ________________ tanto? [discutir]

g) **Eles** sempre ________________ o lanche. [dividir]

11. Leia o texto.

Como todos sabem, a Bruxa Onilda leva muito a sério a tarefa de corrigir as travessuras de suas três sobrinhas. Para isto, leva-as a viver aventuras fantásticas, com heróis de contos infantis populares.

O trato é este: a Bruxa vai colocando obstáculos; se as meninas conseguem vencê-los, tudo bem, voltam para casa. Se não, permanecem para sempre dentro da história.

Neste momento, as três irmãs estão no meio de uma guerra de bolinhas de barro. A Bruxa Onilda [...] não deixa passar nem mais um minuto. Sobe na vassoura mágica e voa como uma flecha até o andar do prédio onde elas moram.

As trigêmeas e o Pequeno Polegar, de Roser Capdevila e Mercè Company. São Paulo: Scipione, 2002.

a) Complete os espaços com uma das formas verbais indicadas e leia as frases.

A Bruxa Onilda ____________ as travessuras de suas três sobrinhas. corrigir – corrige – corrigem

As sobrinhas da Bruxa Onilda ____________ aventuras fantásticas. viver – vive – vivem

b) Releia a última frase do terceiro parágrafo.

- Copie os verbos dessa frase: ____________.
- Indique os verbos que se referem à Bruxa Onilda e às suas sobrinhas.

Bruxa Onilda ____________

Suas sobrinhas ____________

Matemática

1. Escreva a quantidade de caixas de cada grupo.

Ilustra Cartoon/Arquivo da editora

_______ caixas _______ caixas

2. Pinte a quantidade de figuras indicada:

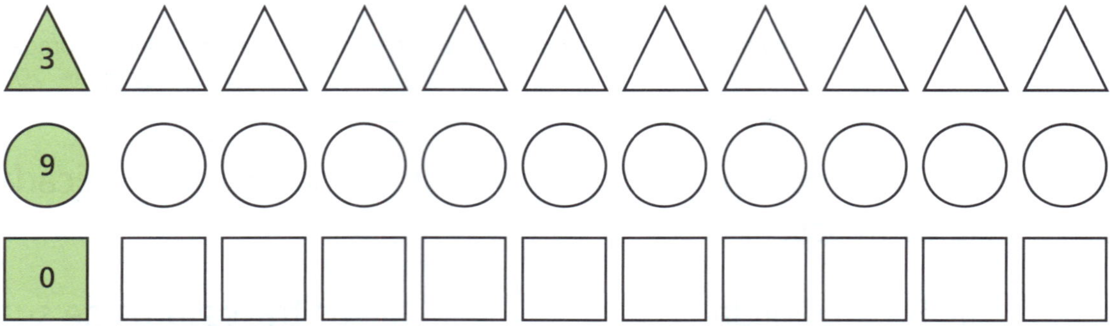

3. Escreva as quantidades e complete usando >, < ou =:

 _______________ 

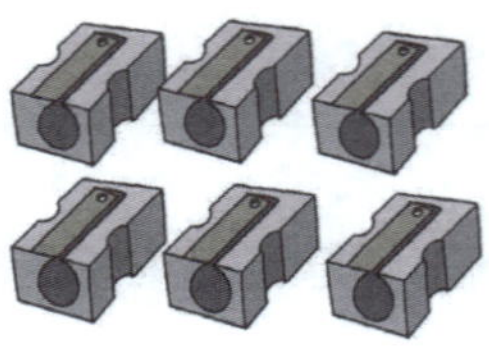 _______________ 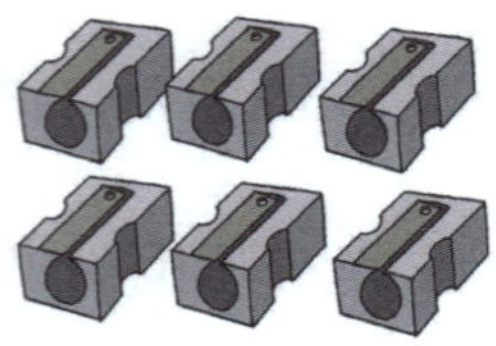

 _______________ 

Ilustrações: MW Editora Ilustrações Ltda./Arquivo da editora

4. Coloque os números em **ordem crescente**.
Use o símbolo < (menor que):

6 4 1 7 3 5

____

5. Complete com os símbolos > ou <:

a) 4 ☐ 3 c) 3 ☐ 4 e) 5 ☐ 9 g) 7 ☐ 5

b) 6 ☐ 8 d) 9 ☐ 8 f) 2 ☐ 5 h) 3 ☐ 8

6. Quantas unidades há em cada grupo? Complete:

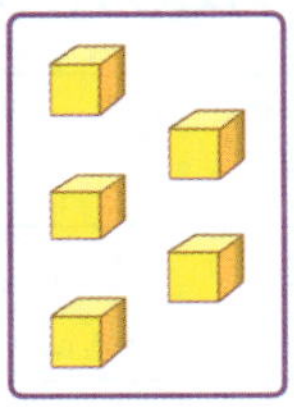

________ cubinhos

________ unidades

MW Editora Ilustrações Ltda./Arquivo da editora

________ flores

________ unidades

7. Decomponha e escreva por extenso cada um dos números.

124

1 centena + ________ dezenas + ________ unidades

100 + ________ + ________

cento e ________________ e ________________

152

________ centena + ________ dezenas + ________ unidades

________ + ________ + ________

________________ e ________________ e ________________

107

________ centena + ________ dezena + ________ unidades

________ + ________ + ________

________________ e ________________

8. Observe as peças do material dourado. Que número elas representam? Esse número é par ou ímpar? Registre.

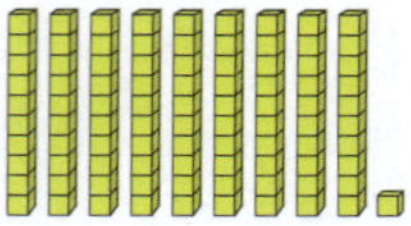 ☐ ______________

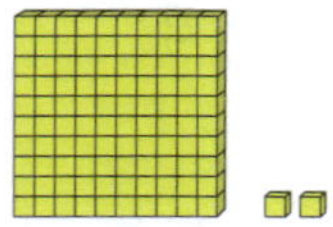 ☐ ______________

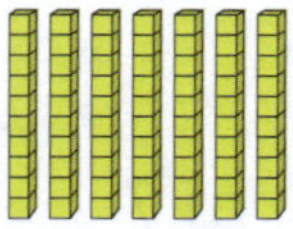 ☐ ______________

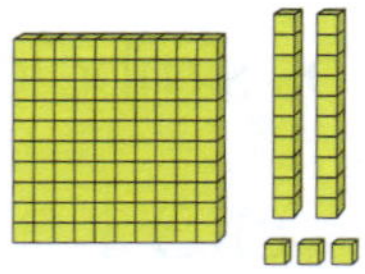 ☐ ______________

9. Escreva o ordinal que vem antes e o que vem depois:

antes		depois
1º	2º	3º
	8º	
	5º	
	9º	
	7º	

antes		depois
quinto	sexto	sétimo
	sétimo	
	nono	
	quarto	
	segundo	

10. Complete o quadro com números romanos ou algarismos.

1 →	→ VI	11 →	16 →
3 →	→ VIII	14 →	19 →
→ V	10 →	→ XV	→ XX

11. Observe os sólidos geométricos e escreva se sugerem objetos que rolam ou que não rolam.

Ilustrações: Ilustra Cartoon/Arquivo da editora

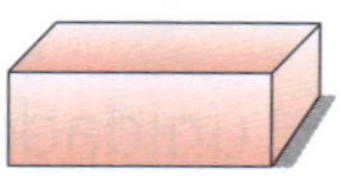 ______________

 ______________

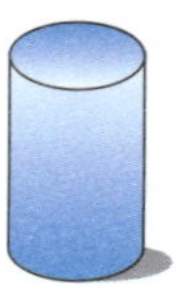 ______________

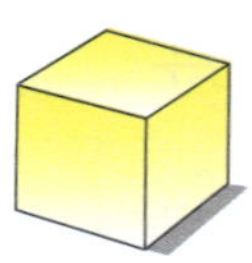 ______________

12. Descubra os números dos quadrinhos.

a)
$$\begin{array}{r} \square\ 3 \\ +\ 2\ \square \\ \hline 7\ 7 \end{array}$$

c)
$$\begin{array}{r} \square\ 6 \\ -\ 6\ \square \\ \hline 2\ 3 \end{array}$$

e)
$$\begin{array}{r} \square\ 6 \\ -\ 2\ \square \\ \hline 1\ 5 \end{array}$$

b)
$$\begin{array}{r} 4\ \square \\ +\ \square\ 1 \\ \hline 9\ 9 \end{array}$$

d)
$$\begin{array}{r} \square\ 4 \\ -\ 5\ \square \\ \hline 2\ 2 \end{array}$$

f)
$$\begin{array}{r} \square\ 4 \\ +\ 3\ \square \\ \hline 7\ 8 \end{array}$$

13. Usando os quadros de ordens, calcule:

18 + 2

D	U

87 + 7

D	U

47 + 5

D	U

64 + 9

D	U

14. Arme as subtrações e calcule:

a) 70 − 16 = _____ b) 63 − 37 = _____ c) 91 − 66 = _____

15. Arme e efetue as multiplicações de acordo com o exemplo.

a) 2 × 13 = _____ b) 2 × 34 = _____ c) 3 × 12 = _____

$$\begin{array}{r} 1\ 3 \\ \times\ \ \ 2 \\ \hline 2\ 6 \end{array}$$

1º – Multiplica-se a ordem das unidades: 2 × 3 = 6
2º – Multiplica-se a ordem das dezenas: 2 × 1 = 2

16. Preencha o quadro corretamente.

número	**8**	**15**	**12**	**6**	**5**
dobro					

17. Observe com atenção e complete:

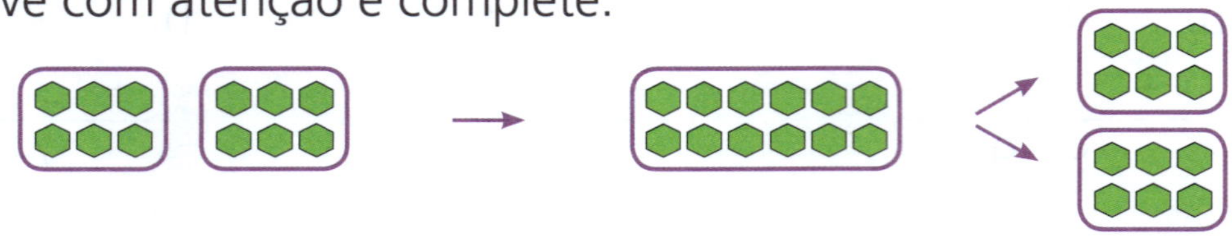

$2 \times 6 =$ ______ → então $12 \div 2 =$ ______ →

```
12 |_2__
 0   ____
```

18. O início das aulas de Davi é às 7 horas e 30 minutos. O término é às 12 horas. Quantas horas ele fica na escola?

Sérgio Cântara/Arquivo da editora

____

19. Complete, escrevendo os meses do ano na ordem certa:

janeiro →	fevereiro →	______
______ →	______ →	junho
______ →	agosto →	______
______ →	novembro →	______

20. Marque um **X** na unidade usada para medir a quantidade de cada um dos produtos a seguir:

Steve Cukrov/Shutterstock/Glow Images

- ☐ litro
- ☐ quilo
- ☐ metro

DJ Srki/Shutterstock/Glow Images

- ☐ litro
- ☐ quilo
- ☐ metro

D7INAMI7S/Shutterstock/Glow Images

- ☐ litro
- ☐ quilo
- ☐ metro

Bork/Shutterstock/Glow Images

- ☐ litro
- ☐ quilo
- ☐ metro

Vinicius Tupinamba/Shutterstock/Glow Images

- ☐ litro
- ☐ quilo
- ☐ metro

Joe Belanger/Shutterstock/Glow Images

- ☐ litro
- ☐ quilo
- ☐ metro

SeDmi/Shutterstock/Glow Images

- ☐ litro
- ☐ quilo
- ☐ metro

Ruslan Semichev/Shutterstock/Glow Images

- ☐ litro
- ☐ quilo
- ☐ metro

História

1. Observe a ilustração abaixo.

Hagaquezart/Arquivo da editora

- Agora complete os espaços com coisas divertidas que você já fez e pinte os quadrinhos de acordo com as cores indicadas.

  O ano em que nasci;

  O ano em que ______________________________;

  O ano em que entrei na escola;

  O ano em que ______________________________;

  O ano em que estamos;

  O ano que virá.

2. Em qual período do dia você faz as ações a seguir? Pinte os quadrinhos usando as cores abaixo.

manhã　　tarde　　noite

☐ tomar banho

☐ fazer lição de casa

☐ dormir

☐ almoçar

☐ ir para a escola

☐ brincar

3. Escreva o nome das pessoas que moram com você e as datas de nascimento de cada uma.

nome	data de nascimento

4. Na escola algumas tarefas são realizadas todos os dias e outras não. Escreva sua rotina escolar no quadro abaixo, com os dias e os horários.

horário	atividade

5. Imagine que você pode inventar uma escola. Escreva nos espaços abaixo:

a) Qual seria o nome dela?

____

b) Como ela seria?

____

____

c) Haveria aula todos os dias? Por quê?

____

____

d) Quais atividades seriam praticadas na escola?

____

____

6. Observe o mapa abaixo e responda às perguntas.

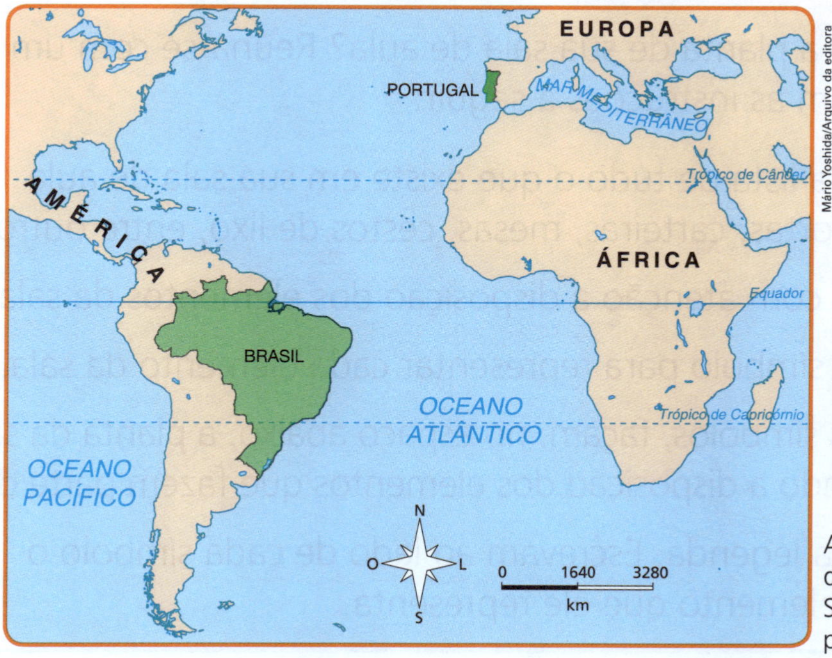

Adaptado de: **Geoatlas**, de Maria Elena Simielli. São Paulo: Ática, 2013. p. 20.

a) Se você for viajar para Portugal, qual meio de transporte você vai usar?

______

b) Por que você escolheu esse meio de transporte?

______

______

7. Pense em seu município e responda:

a) Qual é o meio de transporte mais eficiente para os moradores?

______

b) Você deixaria de usar um meio de transporte se descobrisse que ele prejudica o meio ambiente? Por quê?

______

______

Geografia

1. Que tal fazer a planta de sua sala de aula? Reúna-se com um colega e sigam as instruções a seguir:

a) Façam uma lista de tudo o que existe em sua sala de aula (janelas, portas, carteiras, mesas, cestos de lixo, entre outros).

b) Observem com atenção a disposição dos elementos da sala.

c) Criem um símbolo para representar cada elemento da sala.

d) Criados os símbolos, façam, no espaço abaixo, a planta da sala, considerando a disposição dos elementos que fazem parte dela.

e) Elaborem a legenda. Escrevam ao lado de cada símbolo o nome do elemento que ele representa.

2. Pense no trajeto que você fez hoje de sua casa até a escola.

a) Marque um **X** no que você viu pelo caminho:

- [ ] hospital
- [ ] cachorros
- [ ] farmácia
- [ ] padaria
- [ ] trem
- [ ] lojas
- [ ] ponte
- [ ] ponto de ônibus
- [ ] banco

b) E o que mais você viu durante o trajeto de casa até a escola? Anote abaixo.

____

____

c) Agora faça um desenho mostrando um trecho desse caminho e o que existe nele.

3. Circule os meios de transporte que passam no bairro onde você mora.

ônibus

trem

Ilustrações: Ilustra Cartoon/ Arquivo da editora

carro

charrete

caminhão

bicicleta

a) Os meios de transporte ilustrados acima são:

☐ aéreos ☐ terrestres ☐ aquáticos

b) Há algum meio de transporte que você vê perto de sua casa que não aparece ilustrado acima? Qual?

____

____

4. Observe a rua onde você mora e complete a tabela abaixo com os componentes da paisagem que:

não foram modificados pelas pessoas	foram modificados pelas pessoas

5. Leia o texto a seguir.

Você já reparou que muitas pessoas que nós nem conhecemos participam da nossa vida? É verdade! Alguém fabricou a cama em que dormimos, alguém trabalhou para que a água chegasse até nossa casa, alguém fez o pão, alguém tirou o leite da vaca, alguém plantou e colheu o café e muitas outras pessoas trabalharam para que essas coisas chegassem à nossa mesa.

Em todos os lugares há pessoas realizando as mais diferentes tarefas.

Ilustra Cartoon/Arquivo da editora

- Agora pense em um alimento que você consumiu hoje e escreva o nome de pelo menos dois profissionais que trabalharam para que esse produto chegasse até você.

____

____

____

Ciências

1. Você aprendeu que o ar é um recurso natural muito importante para a manutenção da vida nos ambientes do planeta Terra.

O ar em movimento é denominado vento. Que tal aprender a fazer um instrumento com o qual é possível perceber o vento? Peça ajuda a um adulto e mãos à obra!

Cata-vento

Material necessário

- 1 pedaço de cartolina
- 1 tesoura sem ponta
- fita adesiva
- 1 palito de sorvete
- 1 percevejo

Como fazer

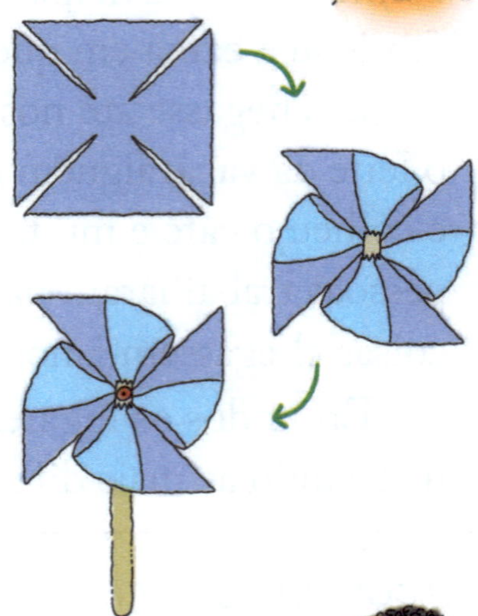

1. Usando a tesoura, recorte um quadrado de cartolina com 15 centímetros de lado.
2. Faça cortes nas pontas até perto do centro do quadrado, como mostra a figura.
3. Leve as pontas até o centro do quadrado e prenda-as com fita adesiva, como mostra a figura.
4. Para prender o cata-vento no palito de sorvete, use o percevejo.

Ilustrações: Fábio Sgroi/Arquivo da editora

2. Os vegetais podem nascer de diversas formas. Alguns tipos de planta nascem a partir da germinação da semente; outros podem se desenvolver a partir de mudas (folhas ou galhos de uma planta adulta). Faça a experiência a seguir e veja como esta planta se desenvolve.

Reprodução dos vegetais a partir de uma folha

Material necessário

- 1 pote plástico com tampa, por exemplo, uma embalagem de margarina
- 1 pedaço de filme plástico (utilizado para embalar alimentos)
- terra para jardim
- luvas
- 1 folha de violeta com o pecíolo (cabinho)

Como fazer

1. Coloque água no pote e cubra-o com o plástico.
2. Faça um furo no plástico com a ponta de um lápis e enfie a folha, de modo que a ponta do pecíolo fique dentro da água.
3. Observe diariamente e espere até que as raízes brotem. Então, retire o filme plástico e a água do pote.
4. Peça a um adulto que faça três furos no fundo do pote e, em seguida, utilizando as luvas, coloque a terra. Use a tampa como suporte; ela será o pratinho do vaso.
5. Umedeça a terra sem encharcá-la. Plante a folha de violeta, cobrindo apenas as raízes com a terra. Não se esqueça de usar luvas enquanto mexe na terra.
6. Coloque o pote num lugar claro e arejado e umedeça a terra uma ou duas vezes por semana.

Ilustrações: Fábio Sgroi/Arquivo da editora

3. Vamos descobrir bichinhos com asas?

Dê um passeio pelo pátio da escola e encontre um animal bem pequeno que tenha asas. Uma lupa pode ajudar você nessa tarefa.

De volta à sala de aula, preencha a ficha abaixo com as características que você observou.

Ilustrações: Ilustra Cartoon/ Arquivo da editora

Observando animais

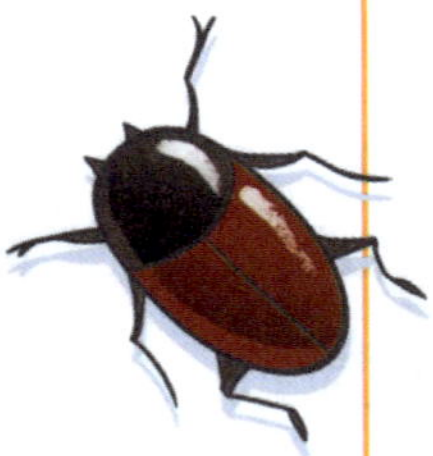

Desenho do animal	Encontrei esse animal
	☐ em flores ☐ em folhas ☐ em pedras ☐ na terra ☐ em outros lugares: ______
nome do animal: ______	número de pernas do animal: ☐

- Compare sua ficha com a de seus colegas. O que os animais encontrados têm em comum?

______

______

______

4. Você conhece o instrumento que a médica está usando? Ele se chama estetoscópio. Ele ajuda a escutar os ruídos internos do corpo e faz o som das batidas do coração parecer mais alto.

Que tal montar um estetoscópio?

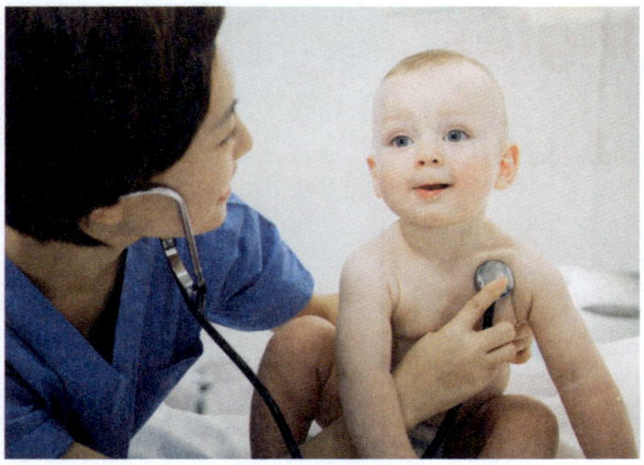

XiXinXing/Shutterstock/Glow Images

Ouvindo as batidas do coração

Material necessário

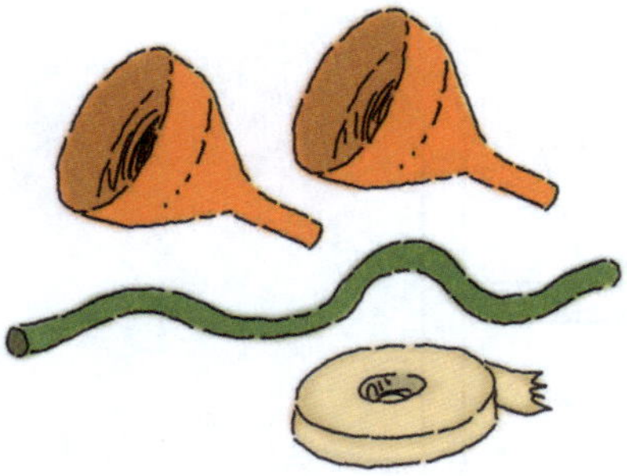

- 2 funis
- 1 pedaço de mangueira fina
- fita adesiva

Como fazer

1. Encaixe os funis nas pontas da mangueira e prenda-os com fita adesiva para que não se soltem.

2. Para ouvir seu coração, coloque um dos funis do lado esquerdo do peito e encoste o outro na orelha. Tente escutar também as batidas do coração de um colega.

Ilustrações: Fábio Sgroi/Arquivo da editora

Inglês

1. Color.

1 2 3

4 5 6

7 8 9

10

2. Look and write.

yevgeniy11/Shutterstock/ Glow Images

Pumpuija/Shutterstock/ Glow Images

HSNphotography/Shutterstock/ Glow Images

TZIDO SUN/Shutterstock/ Glow Images

HomeArt/Shutterstock/ Glow Images

3. Put the letters of the same color together and form names of animals.

B	D	T	C	T
U	H	I	I	D
C	R	R	L	N
O	K	G	E	E

____________________ ____________________

____________________ ____________________

4. Match.

a

Ketsu/Shutterstock/Glow Images

b

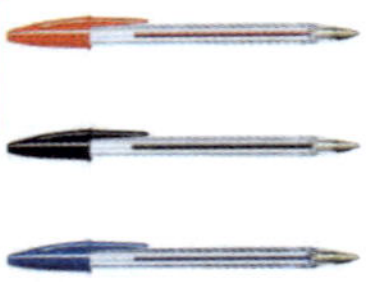

Designsstock/Shutterstock/Glow Images

c

Ljupco Smokovski/Shutterstock/Glow Images

d

Eric Isselee/Shutterstock/Glow Images

☐ One dog.

☐ Two bikes.

☐ Four dolls.

☐ Three pens.

Arte

1. Para fazer vasos, os gregos da Antiguidade pintavam as figuras com tinta preta sobre um fundo vermelho, cor natural da argila. Depois, eles passaram a inverter as cores: deixavam a figura vermelha, na cor da argila, e pintavam o fundo de preto. Veja:

Rogers Fund, 1906/Metropolitan Museum of Art/Nova York

Vaso com figuras pretas, séc. 6 a.C.
Este vaso tem 41 cm de altura.

Rogers Fund, 1906/Metropolitan Museum of Art/Nova York

Vaso com figuras vermelhas, séc. 5 a.C.
Este vaso tem 49,4 cm de altura.

2. Que tal fazer vasos como os gregos? No primeiro vaso, pinte a parte interna da figura de preto e o restante de vermelho. No segundo, deixe a figura no vermelho e pinte o que estiver ao redor de preto.

Ilustrações: José Luis Juhas/Arquivo da editora

MARCHA CRIANÇA

INTEGRADO

**LÍNGUA PORTUGUESA • MATEMÁTICA • HISTÓRIA
GEOGRAFIA • CIÊNCIAS • INGLÊS • ARTE**

A coleção **Marcha Criança Integrado** vem acompanhada de cinco cadernos. Um para cada volume da coleção. Em cada caderno há atividades complementares para todas as disciplinas. Elas contribuem para o aprimoramento da aprendizagem dos alunos.

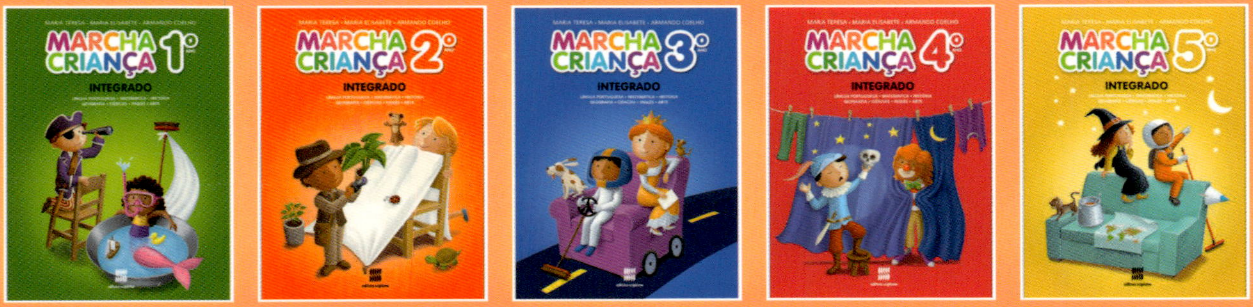

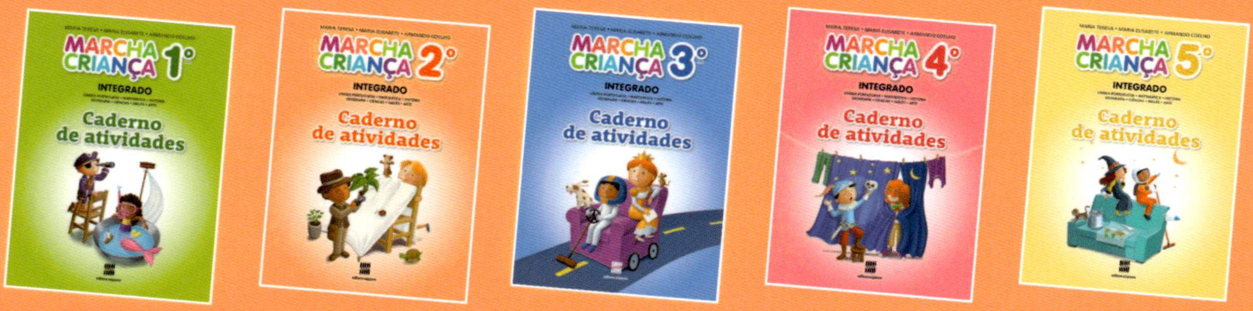

editora scipione

ISBN 978-852629392-2

Material de apoio

SUMÁRIO

LÍNGUA PORTUGUESA

Brincando com as palavras

Número de participantes: 4 ou 5

Regras do jogo:

- Destaque as letras do alfabeto e a cartela.
- Sorteie uma letra do alfabeto e escreva-a na coluna "letra" da cartela.
- Os participantes devem escrever, com a letra sorteada, os nomes pedidos.
- O primeiro a terminar diz *stop* e o jogo é interrompido, ou seja, os outros participantes não podem continuar a escrever.
- Cada participante lê o que escreveu na sua cartela, marcando um ponto para cada acerto.
- Vence o jogo quem fizer mais pontos ao completar a cartela.

A	B	C	D	E	F
G	H	I	J	K	L
M	N	O	P	Q	R
S	T	U	V	W	X
		Y	Z		

	letra	nome de pessoa	brinquedo	animal	fruta	pontos
1						
2						
3						
4						
5						
6						
7						
8						
9						
10						
				Total de pontos:		

MATEMÁTICA

Material dourado

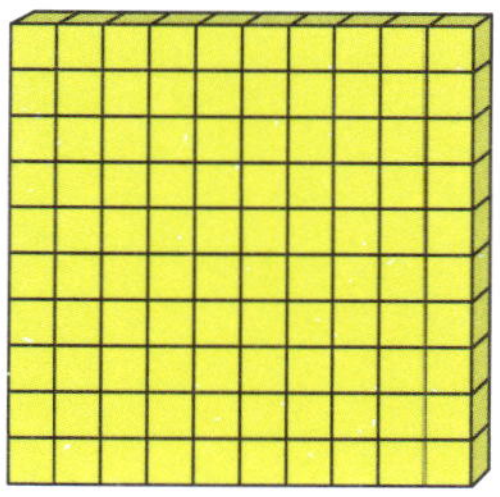
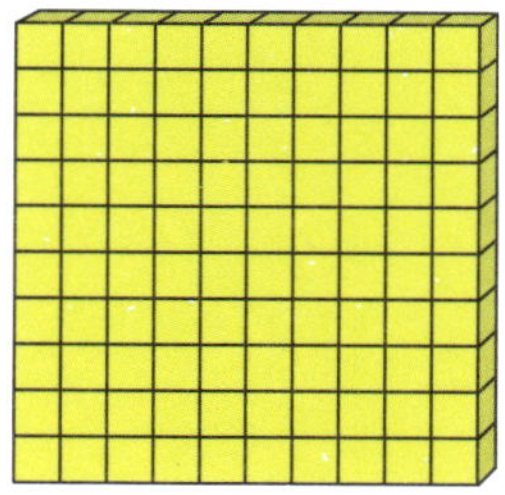
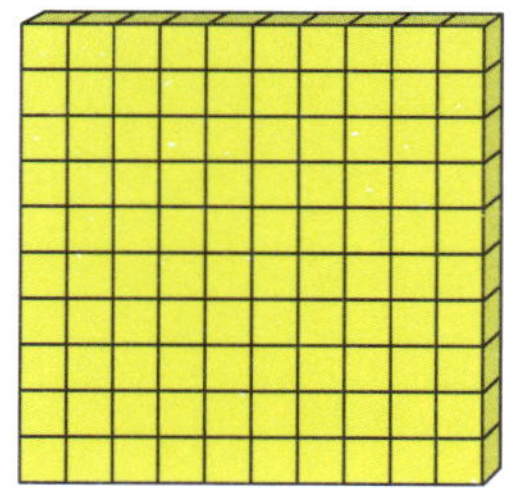
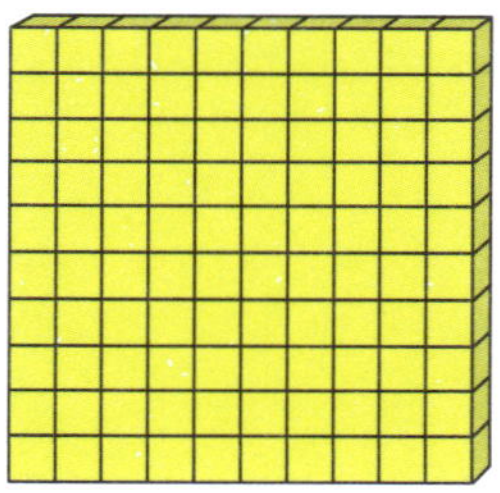
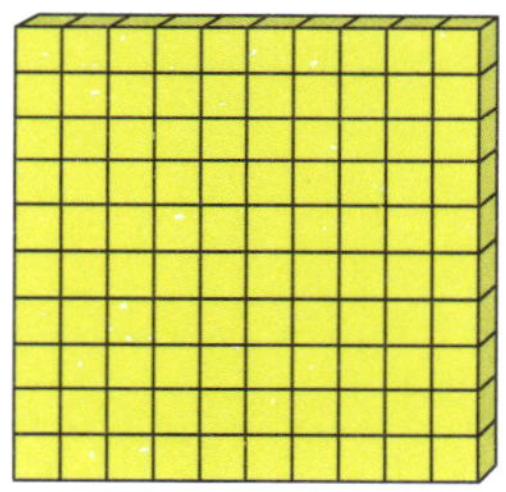

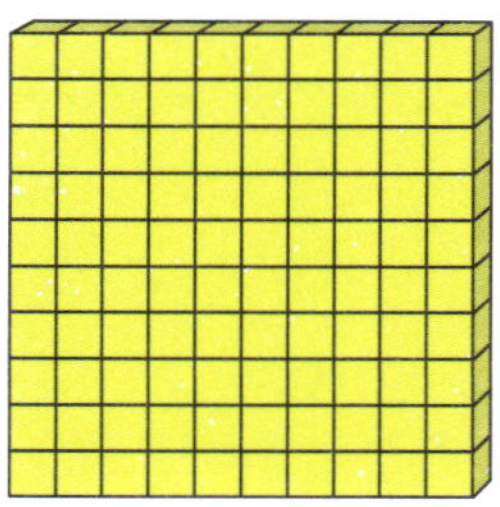
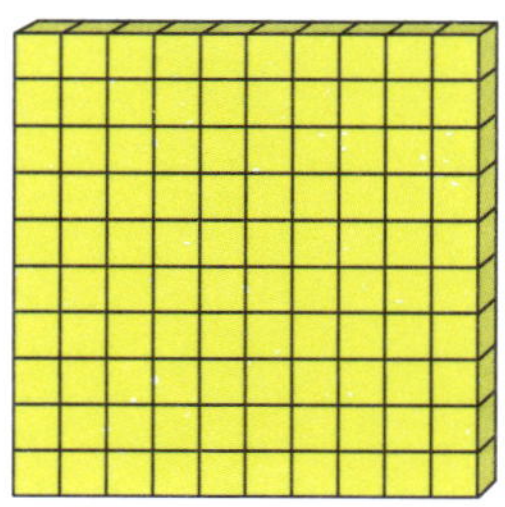
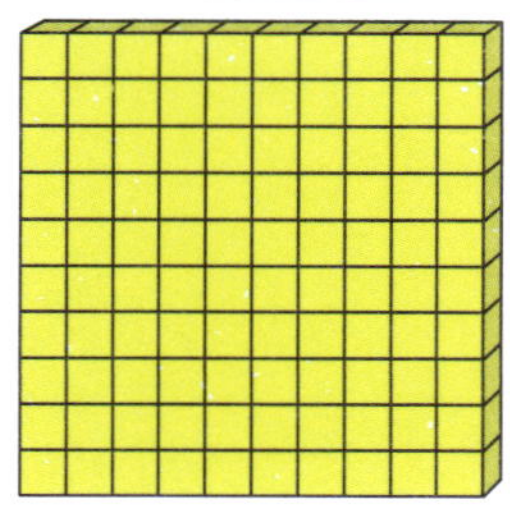

Pirâmide

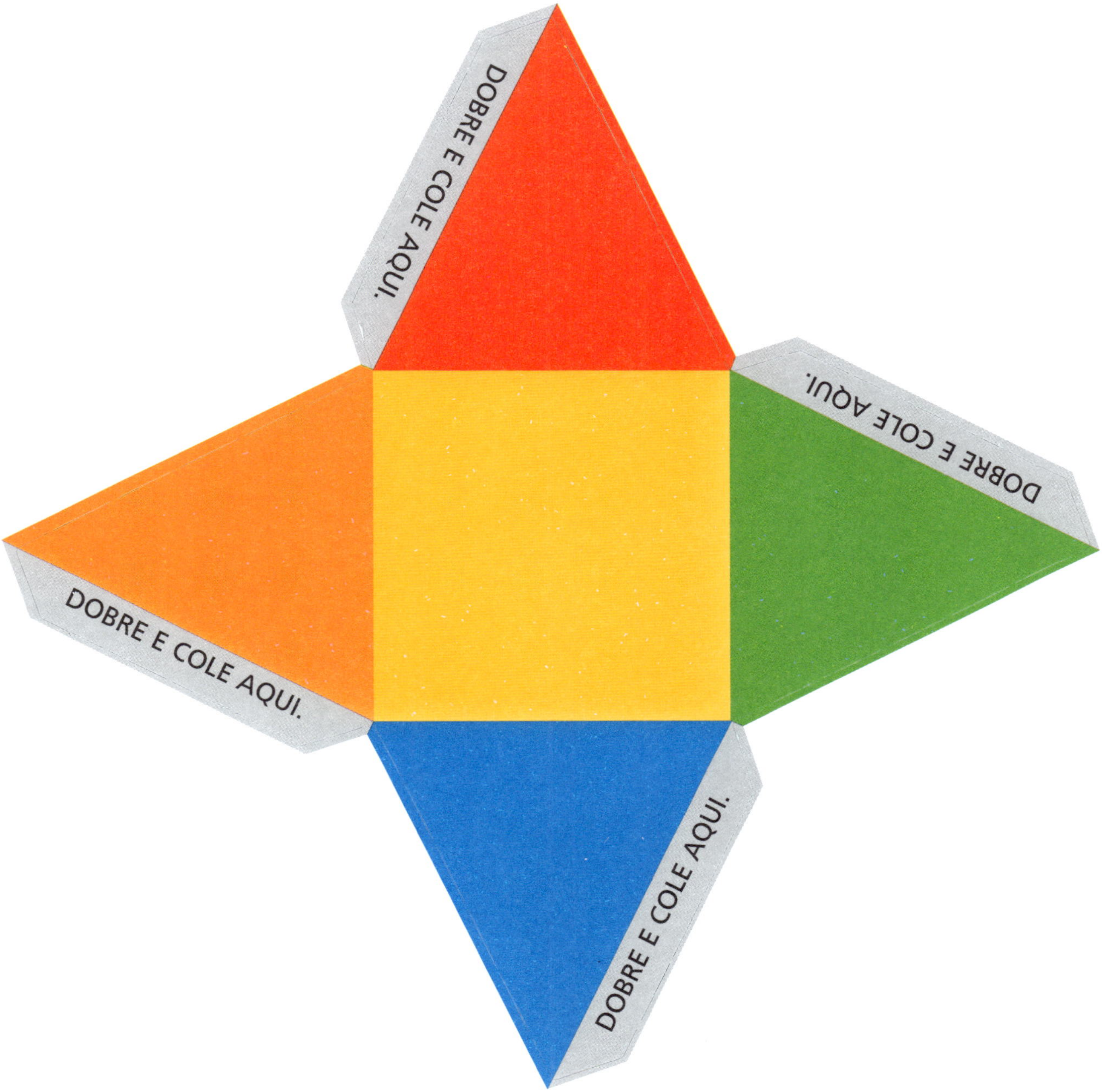
DOBRE E COLE AQUI.
DOBRE E COLE AQUI.
DOBRE E COLE AQUI.
DOBRE E COLE AQUI.

O Real

Fotos: Reprodução/Casa da Moeda do Brasil/Ministério da Fazenda

Fotos: Reprodução/Casa da Moeda do Brasil/Ministério da Fazenda

Fotos: Reprodução/Casa da Moeda do Brasil/Ministério da Fazenda

Fotos: Reprodução/Casa da Moeda do Brasil/Ministério da Fazenda

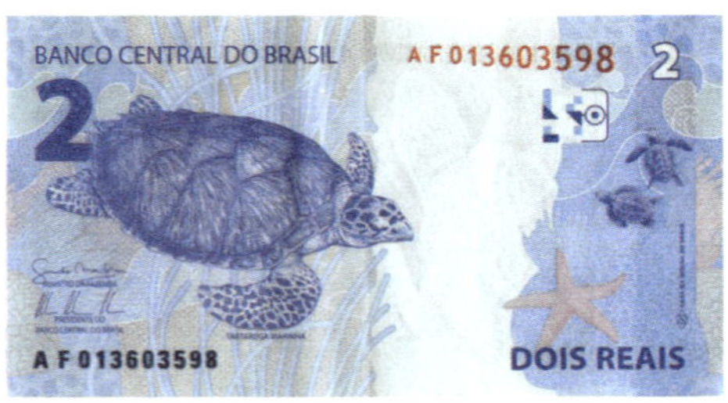

HISTÓRIA

Jogo da memória

Este jogo contém: 16 fichas para destacar

Número de participantes: 2 ou 3

Regras do jogo:

- Embaralhe as fichas com as figuras voltadas para baixo e espalhe sobre a mesa.
- Quem começa o jogo vira uma ficha e depois outra. Se formar um par de figuras, o jogador fica com elas e vira mais duas fichas. Se não formar par, as fichas devem ser colocadas no mesmo lugar, com as figuras voltadas para baixo.
- O próximo jogador continua da mesma maneira, até todas as fichas serem recolhidas.
- Vence o jogo quem tiver o maior número de pares.

Ilustrações: Ilustra Cartoon/Arquivo da editora

Casa de papel

Destaque e cole as peças conforme a indicação.

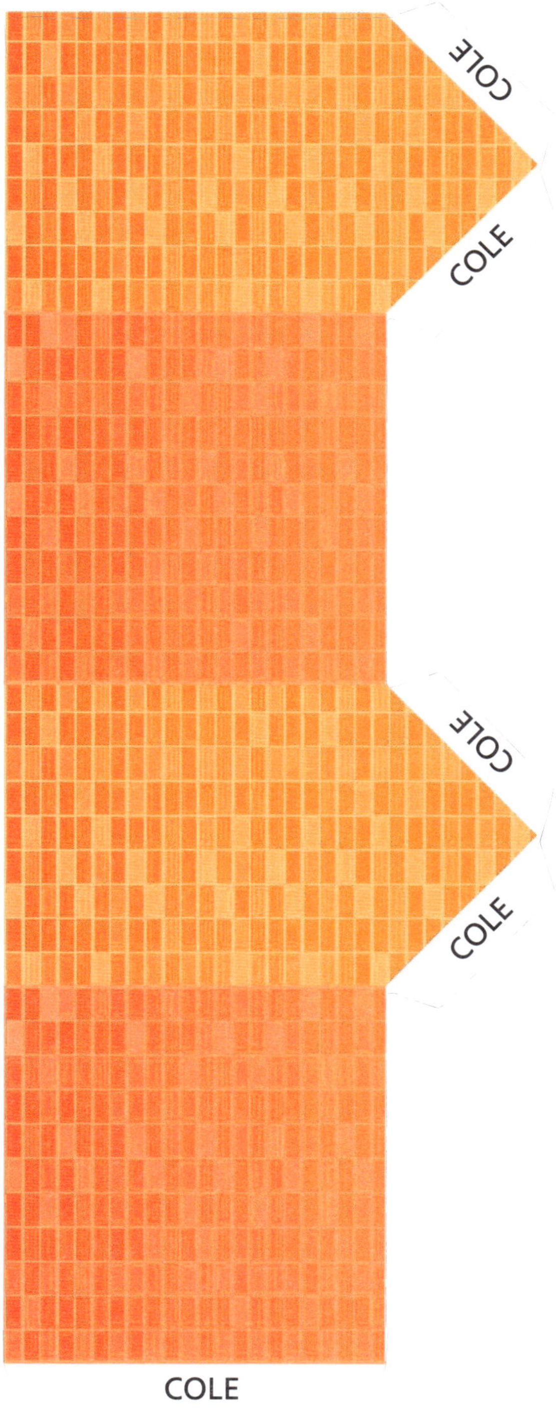

Ilustrações: Ilustra Cartoon/Arquivo da editora

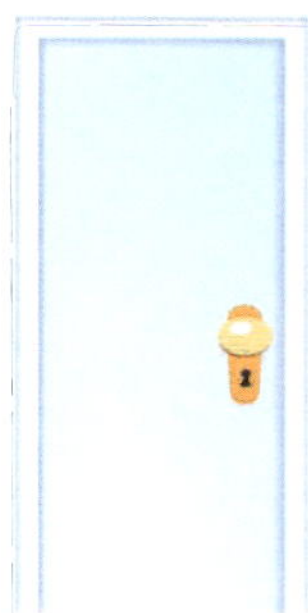

CIÊNCIAS

Conhecer para preservar

Destaque da página 21 as imagens dos animais brasileiros ameaçados de extinção e cole nos espaços abaixo e da página seguinte.

Jaguatirica

Peso: entre 8 e 16 quilos.

Comportamento: vive sozinha, tem hábitos noturnos e se alimenta de aves e pequenos roedores.

COLE AQUI.

COLE AQUI.

Tamanduá-bandeira

Peso: até 40 quilos.

Comportamento: tem hábitos noturnos e usa suas unhas compridas para destruir cupinzeiros e apanhar cupins, seu principal alimento.

Sapo-flamenguinho

Tamanho: 2 centímetros (em média).

Comportamento: ativo em estações chuvosas, recebe esse nome por causa de suas cores vermelha e preta.

COLE AQUI.

COLE AQUI.

Pintor-verdadeiro

Tamanho: 13 centímetros (em média).

Comportamento: vive na floresta, em grupos familiares. Às vezes, visita pomares e plantações.

Ariranha

Tamanho: 1 metro (em média).

Comportamento: vive em grupos familiares de 5 a 9 animais e se alimenta de peixes.

COLE AQUI.

COLE AQUI.

Baleia jubarte

Peso: de 35 a 40 toneladas.

Comportamento: migra em grupos por diversos oceanos durante o ano, em busca de comida.

Cervo-do-pantanal

Peso: de 100 a 150 quilos.

Comportamento: tem hábitos diurnos e se alimenta de vegetais.

COLE AQUI.

COLE AQUI.

Macaco-prego

Peso: cerca de 2 quilos.

Comportamento: vive em grupos e se alimenta de frutas, insetos e ovos.

Juvenal Pereira/Pulsar Imagens

Inacio Teixeira/Pulsar Imagens

Manoel Novaes/Pulsar Imagens

Fabio Colombini/Acervo dofotógrafo

Photoresearchers/Latinstock

Fabio Colombini/Acervo do fotógrafo

Fabio Colombini/Acervo do fotógrafo

Fabio Colombini/Acervo do fotógrafo

INGLÊS

Color dominoes

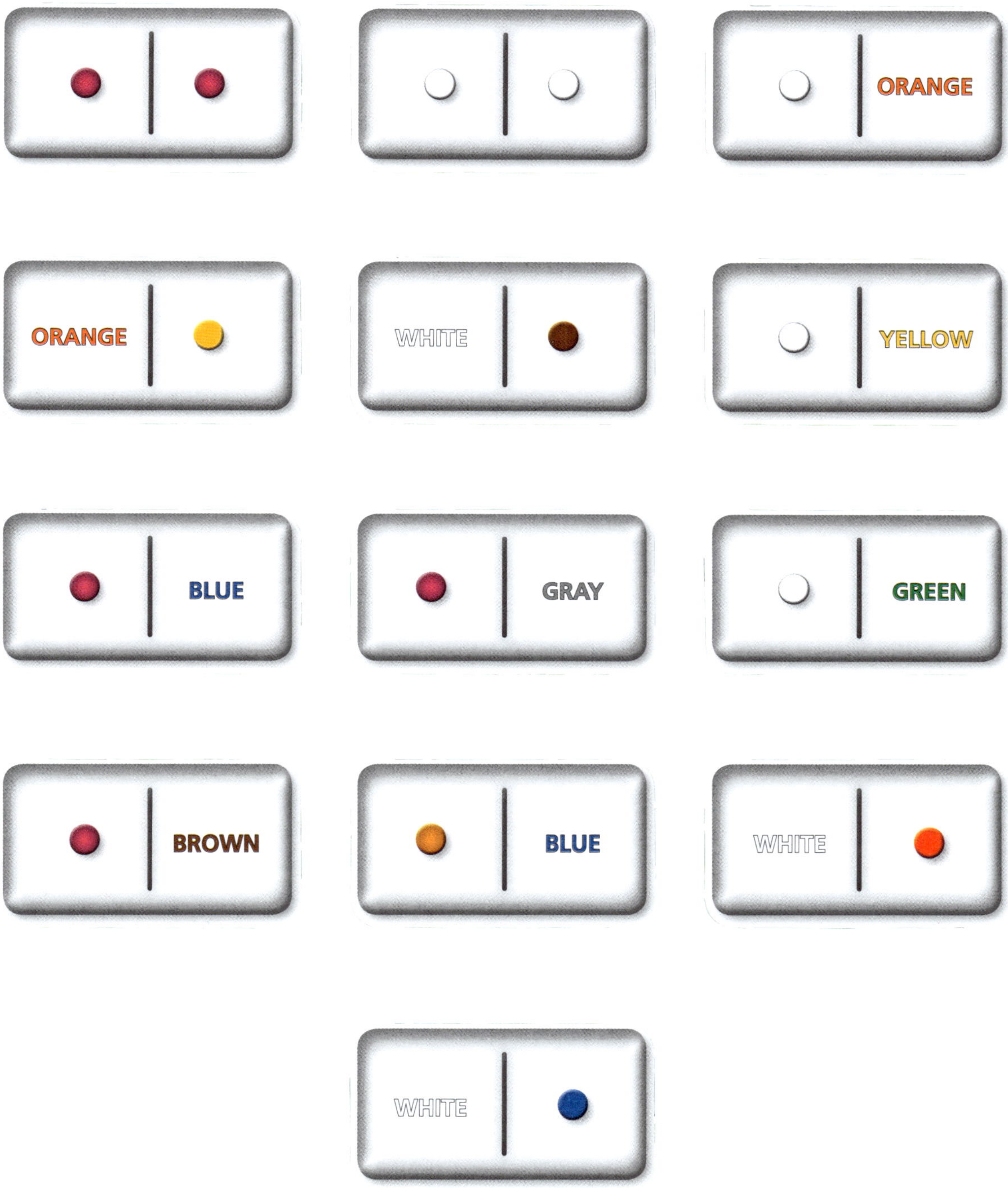

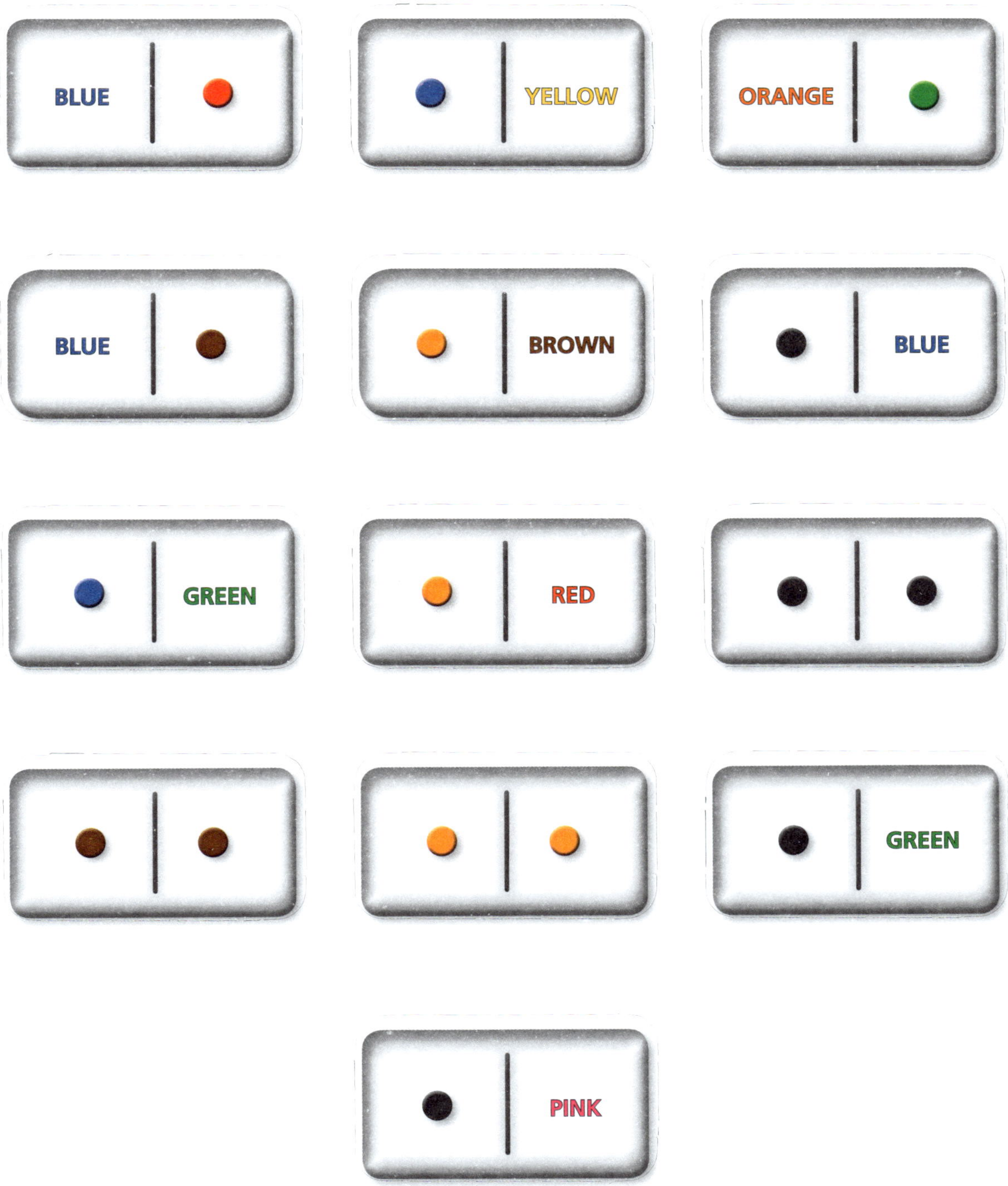
BLUE
YELLOW
ORANGE
BLUE
BROWN
BLUE
GREEN
RED
GREEN
PINK

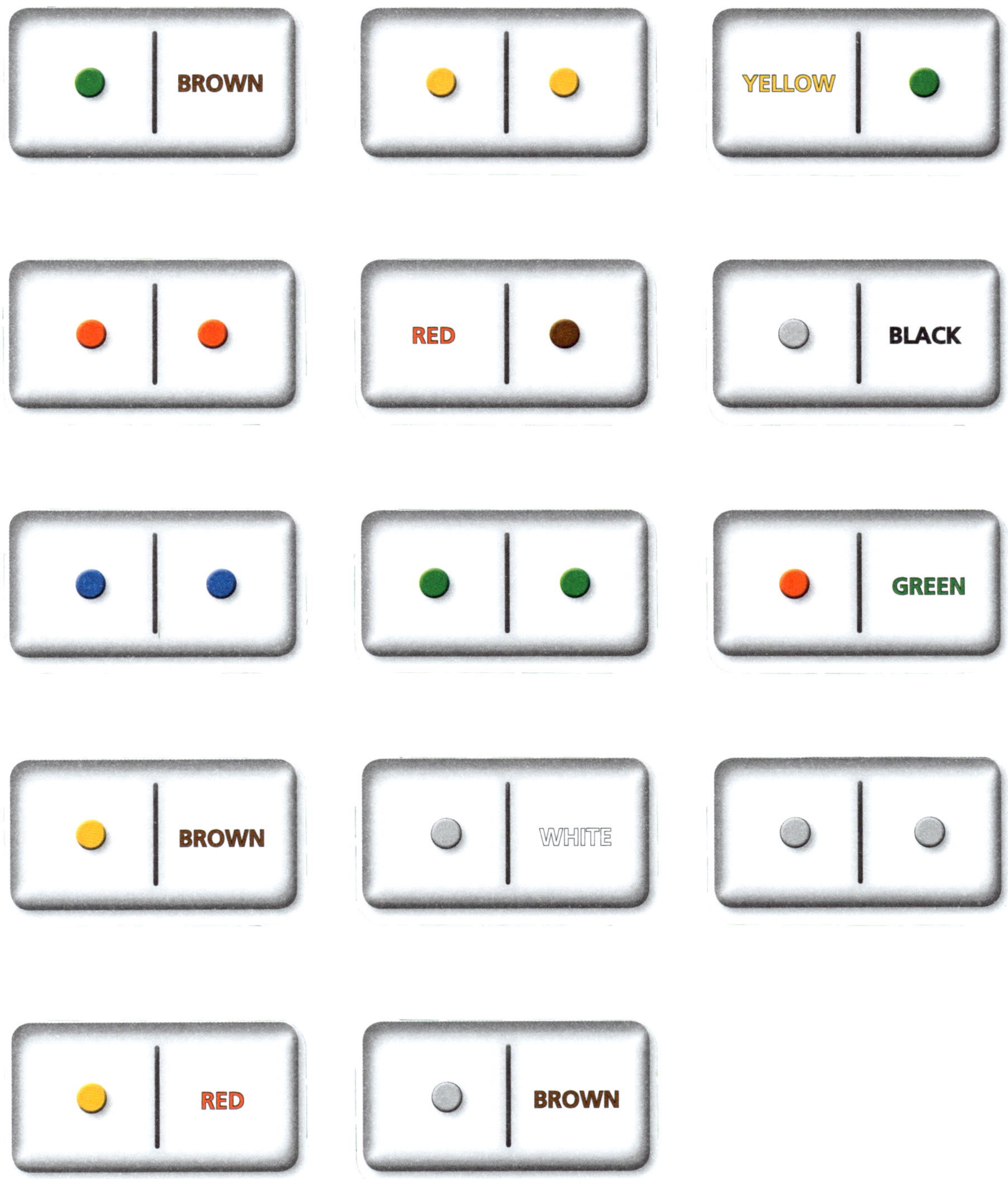
BROWN
YELLOW
RED
BLACK
GREEN
BROWN
WHITE
RED
BROWN

ARTE

Óculos das cores

Destaque os óculos para a atividade da página 413.